世界で一番美しい馬の図鑑

THE MAJESTY OF THE HORSE

世界で一番美しい馬の図鑑

THE MAJESTY OF THE HORSE

タムシン・ピッケラル
川岸史［訳］｜アストリッド・ハリソン［写真］

X-Knowledge

装丁・和文タイプセット：neucitora
本文組版：竹下隆雄
編集協力：小泉伸夫
翻訳協力：喜多直子／(株)トランネット

CONTENTS

FOREWORD | 巻頭言 | パット・パレリ［「ナチュラル・ホースマンシップ」という言葉を生んだ著名なホーストレーナー］

私にとって馬のいない人生など考えられません。私は妻のリンダとともに、馬と馬を愛する人々にとってより良い世界をつくるため、30年以上にわたり力を尽くしてきました。馬とより良く付き合う方法を世界中で教えてきましたし、本書に載っている多くの品種の馬たちともじかに触れ合ってきました。わが厩舎にも現在、17種の馬がいます。これは、世界中からたくさんのすばらしい品種を集めることに情熱を注いできた結果です。

馬と接するときは馬の個性（これを私たちは「パーソナリティ」ならぬ「ホースナリティ」と呼んでいます）を尊重しようといつも言っているのですが、アストリッドはまさにそのように馬と触れ合っているようです。それは彼の写真を見るとすぐにわかります。そこには、それぞれの品種の高貴さ、美しさといった特徴が見事に収められているのですから。

そんなアストリッドの写真とタムシンの文章が融合し、稀に見る傑作が誕生しました。本書は、美しく雄大な写真で馬を愛する者を虜（とりこ）にするだけでなく、馬の進化や歴史から人間社会との関わりまで、実によくわかる構成になっています。本書を世界中にいる私の生徒たちに強く勧めたいと思いますし、馬を愛する人々に広く知ってもらえたらこれ以上うれしいことはありません。

傑作の誕生をお祝いするとともに、私たちにも携わらせていただいたことを心より感謝いたします。そして本書が、馬にとってより良い世界をつくる一助となることを願ってやみません。

パット・パレリ
ナチュラル・ホースマン

INTRODUCTION | 序文

馬は偉大な動物だ。そんな馬の謎を解明しようと、人間は力を尽くしてきた。威厳や美しさ、強い精神を兼ね備えた馬は、数千年にわたり人間によって手を加えられてきたが、家畜化を経てもいまだに本来の野性的な面をさまざまに残している。馬の精神は神秘的かつ慎ましやかであり、そのすべてを理解することは、まだ誰にもできていない。

馬は人類よりはるか昔から地球を闊歩(かっぽ)してきた。それなのに数世紀にわたり、戦場で数え切れないほどの命が奪われたという過去もある。馬ほど人類の歴史や発展に大きな影響を与えた動物はおらず、またその事実を過小評価してはいけないだろう。馬は20世紀まで人間の文化に大きな影響を与え続け、輸送手段として使われたり、農業で使役されたりしてきた。さらに戦場でも、重要な役割を担ってきた。現在ではそのような使われ方をすることは減ったが、代わりに趣味としての乗馬や馬術競技を通して、その美しい姿を見ることができる。

そのほかにも馬は、人間社会のなかでさまざまな役割を担ってきた。たとえば、外交の道具として王侯貴族の贈り物になることもあれば、戦場で兵器として利用されることもあった。彼らは危険を回避する本能を持ちながら、ひるむことなく数世紀にわたり軍人の足となって戦場を駆け回ってきたのだ。実際のところ、馬の運用が国家の命運を左右した時代もあるほどだ。一方で、その美しさ、敏捷性、優れた身体能力により、馬はステータスシンボルとして愛されたほか、頑丈な乗り物としても重宝された。そのため各国の君主たちは、権力を象徴するものとして自身の肖像画に馬を描き込み、乗馬した姿の彫刻をつくることを好んだ。

馬はまた、スポーツの分野においても活躍してきた。彼らは心臓を激しく脈打たせて走ることもできるし、勇気をもって障害物を飛び越えることもできる。さらに、果てしない距離を辛抱強く走ることもできれば、優雅にステップを踏んでみせることもできる。

このように馬は、闘う、駆ける、耐えるなど人間のさまざまな欲望に応えてきた。それはつまり、人間のはかない望みなどやすやすと叶えてしまえるほどの力を持っているということだ。馬たちは、生徒であり教師でもある。人間の意思に従う一方で、馬に耳を傾ける者には理解することと尊敬することについてすばらしい教えを授けてくれる。

本書では、そんなかけがえのない動物である馬と人間の歴史を紐解いていく。馬が世界各地にどのように広がっていったか、どのように繁栄していったかをたどり、重要な品種や影響力の大きな品種を子細に検討していきたい。世界中のすばらしき馬たちに、敬意を込めて。

第1章 | 気高い起源

人類文化の誕生と発展に馬ほど大きく貢献した動物は、ほかにいないだろう。馬は最初に家畜化された動物ではないが(通説では、最初の家畜は犬。1万4000年前に家畜化された)、人類にとってなくてはならない存在だ。実際、人類の発展の初期において馬はその中核となる重要な動物だったし、ある種の神秘性や深遠な精神、さらには機動力などを持っていることから、ほかの家畜とは一線を画していた。体つきや大きさなどを含め、あらゆる点で馬は大きく威厳のある存在であり、また燃え立つような力強さや精神力、思いやりや知性、速力や敏捷性を持ち合わせている。そんな馬たちは飼い馴らしたり、調教したりしても、野性的な魅力が必ずどこかに残っているものだ。

馬の祖先はおよそ6000万年前に北米で誕生し、有史以前の陸橋[訳注:かつて存在した陸地]を経由して南米やアジア、さらにはヨーロッパやアフリカへと渡った。しかし最終氷期(およそ1万年前)の終わり頃、アラスカとロシアをつないでいたベーリング陸橋(今のベーリング海峡)が解氷に伴う海面上昇で水没し、そのおよそ1000年後、南北米大陸にいた馬たちは絶滅した。そして6000年ほど前、馬はユーラシアで家畜化され、それが現在の種の始まりとされている。ユーラシアのなかでも盛んに馬の飼育が行われたのがカザフスタンやモンゴルで、馬文化はこれらの地で形成された。やがて、こうした地域の遊牧民たちは馬とともに広大な内地へ広がっていった。

一説によれば、氷河期および氷河期後に現れた4種の原始的な馬が今日の馬の祖先であり、それらがさまざまな種に進化していったと言われている。そのうちの1種である「モウコノウマ(*Equus ferus przewalskii* / *Equus caballus przewalskii*)」が、現存する唯一の野生種だ。2つ目の種「タルパン(*Equus ferus ferus*)」は20世紀初頭に正式に絶滅が確認されたが、のちに近縁種であるフツルやコニクを品種改良して復活が試みられた。3つ目の「フォレスト・ホース(*Equus caballus silvaticus*)」は絶滅した冷血種、つまり重種馬で、ヨーロッパにおける輓馬(ばんば)[訳注:車やそりなどを引かせる馬]の原種とされる。最後の「ツンドラ」という種も絶滅しているが、現存する馬種にはそれほど影響を与えていない。

20世紀、スコットランド・エディンバラのJ・G・スピード率いる、有史以前の馬の専門家3名が発表した説によると、現存するあらゆる種の祖先である4つの種には、さらなる下位集団が存在した。つまり、馬の家畜化以前は以下の4種の馬/ポニーが存在していたというのだ。

まず、ポニータイプ1。体高122cm以下(12ハンド以下)の小型のポニーで、北西欧に生息。主にタルパンの血を引く。このタイプ1はケルトポニーとも呼ばれ、タフで頑丈、かつ天候の変化にも強い。現存する同等種は、エクスムア・ポニーやアイスランド・ホースなどだ。

次に、ポニータイプ2。体高は144cm以下(14.2ハンド以下)とタイプ1より大型で、ユーラシア北部の寒帯に生息。モウコノウマによく似た、薄墨毛の毛色と、無骨な印象を与えるがっしりとした頭部を持つ。現存する同等種はハイランド・ポニー、フィヨルド、そしてノリーカーなどだ。

続くウマタイプ3は4種のうち最も重要な種で、デザート・ホース(砂漠の馬)とも呼ばれる。彼らの砂漠に生きる動物としての特性は、現存する同等種に受け継がれている。すなわち、がっしりした骨格に、きれいな毛並みと引き締まった体を持っており、余分な脂肪はなく、暑さに強い。主に中央アジアに生息し、絶滅したトルコマンや現存するアハルテケなどの砂漠地帯に住む馬の原種となった。

最後がウマタイプ4。小型の温血種、すなわち軽種馬で、整った体型を持つ。頭部はまっすぐか、もしくは鼻梁がくぼんでおり、尾付きが高い。このタイプ4は西アジアに生息し、タルパンの血を引いていたと思われる。現存する同等種はカスピアン、それからアラブもその可能性があるとされている。

J・G・スピードらのこの説は馬の進化を単純化しすぎているが、一般の人々にとっては、この複雑なテーマを考える際の大まかな指標に

なるだろう。さらに事を複雑にしているのが「品種」という単語であるが、これは基本的には人の手で選択的に繁殖させた馬の種類を指し、品種によって性格にはっきりした違いが見られる。ただし、本書では自然発生した太古の馬も扱うため、人の手による品種改良の有無を問わず、共通の形質を持つ馬に対し「品種」という語を用いる。

馬の品種が多様化した要因は主に2つある。地理的・環境的要因と人間の介入だ。最も初期の原始的な馬は、生息地の気候的・地理的条件に徐々に適応し、繁栄していった。天候の変化に強いエクスムア・ポニーや、山地に住むフツルなどはその典型である。一方で人間は、馬の家畜化に続いて品種改良を始めた。用途に合わせ、それぞれの馬の特徴を調整していったのだ。3000年ほど前にはすでに高度な馬の管理法が確立され、ユーラシアの草原でキンメリアやスキタイなどの遊牧民が実践していた。

実際、南シベリアのパジリク古墳群では、スキタイ流の馬の管理法に関する証拠が発見されているほか、埋葬されたおびただしい数の馬の亡骸も出土している。それらの亡骸は保存状態が良かったため、乗用や輓曳用など馬のタイプがはっきりと区別でき、品種改良の方向性を読み取ることができた。また、当時の馬は去勢され、餌として穀物を与えられていたこともわかっている。さらに鞍敷、頭絡、華美な頭飾り、はみ、鞭などの馬具も残っており、このきわめて高度に発達した乗馬文化の解明に一役買っている。

スキタイの人々が現れるよりはるか昔、およそ5000年前から中央アジアの草原地帯に暮らす遊牧民は、馬を中心とした生活を送っていた。馬たちは大きな群れで飼われ、肉や乳の安定した供給源だった。さらに馬の皮も人々の生活に利用されたほか、腱は糸に、骨もさまざまな道具として活用された。それだけでなく乗用、輓曳用、駄載用［訳注：荷物を背中に載せて運搬させること］の馬もいれば、速さを競うレースやさまざまなゲームなど娯楽に使われる馬もいた。また、個人が所有する馬を見れば身分や貧富がわかるという側面もあった。

こうした馬文化が古代ユーラシアに広がり、乗馬をはじめとする馬とのコミュニケーションが普及していった。そうしたなか、馬の調教方法や管理の仕方をまとめた手引きを初めて作成したと言われているのが、現在のトルコに建国したインド・ヨーロッパ語系民族ヒッタイト（紀元前1800～同1200年頃）のキックリという人物である。紀元前1360年頃のことだ。

ヒッタイトが一時勢力を伸ばした古代メソポタミア（現在のイラク）に

おいては、2つの重要な馬文化が存在した。南は紀元前の約3000年間その支配が続いたシュメール、北は紀元前2000年頃～紀元612年まで勢力を誇ったアッシリアである。アッシリアの古代遺跡、ニネヴェとニムルドの両宮殿の壁面に刻まれたレリーフには、さまざまな動きをする騎手の姿が描かれている。2輪馬車を走らせる、戦う、馬の背から狩りを行う、疾走中に鞍なしで矢を放つ……。こうした技術は長年の時を経て、ペルシア(現在のイラン)国境付近で戦闘を繰り広げたパルティア人によって完成された。パルティア人は体格の良い砂漠地帯の馬(絶滅したトルコマン、現存するイオムードやアハルテケなどと同類)に乗りながら、体を後ろにねじって矢を射る(つまり、退却しながら矢を射る)ことができたと言われている。

そのペルシアは馬の品種改良における初期の中心地であり、ペルシア帝国(紀元前550～同330年)以後、ペルシアウマは評判を呼んだ。特にニサイア種は古代の伝説的な名馬と言ってよく、軍用として広く重宝された。タルパン(ウマタイプ4)とモウコノウマ(ウマタイプ3)を交配させて誕生したニサイア種は、同時代のほかの馬と比べ大きく、かつ速かったため、ペルシアの軍事的優位を確立するのに大きく寄与した。この馬は、トルコマンやアハルテケ、イオムードの祖先である可能性が高い。また、ペルシアにおいては小型のカスピアンも生まれ、現在まで品種改良が続いている。この小さい馬は2輪馬車を走らせるのに広く利用され、その勇気と速さで有名だ。

こうした地域における品種改良の初期段階では、領土を切り開き、国土を広げるのに役立つ馬をつくるのが大きな目的だった。当時は土地の支配が何よりも優先されたため、スキタイやパルティア、さらにだいぶあとになってからもチンギス・ハン(1162頃～1227年)などの遊牧民族が対立し合い、騎馬隊での戦争を繰り返した。その結果、すばやく、身のこなしも軽く、勇敢で、乗りやすい軍用馬を確保する必要が出てきたのだ。

一方で馬は、現在のヨーロッパなどほかの古代文化が発達した地域においては違う役割を担っていた。たとえば古代ギリシャでは、小型の馬に2輪馬車を引かせて戦場へ向かうと、実際の戦闘は馬を使わずに行った。しかしギリシャも紀元前550年頃になると弓騎馬隊を軍事戦略に組み込むようになり、兵士輸送用、装備品を満載した車両搬送用として、大きく頑丈な馬を作出すべく品種改良を行うようになる。ギリシャの国土は馬の繁殖には適していなかったが、それでもギリシャの人々は高度に組織的な社会を築き、そのなかで品種改良の知識を蓄えていった。

ギリシャにおいて馬の品種改良が行われたのは主に、牧草の質が良い北部のテッサリアで、やがてこのテッサリア原産の馬は非常に有名になり、乗用や輓曳用、駄載用などさまざまな用途に使われるようになった。使い勝手の良いノリーカーの祖先はこうしてギリシャで生まれたと考えられ、のちにローマのノリクム(現在のオーストリアにあたる地域)侵攻に伴われてアルプスを越えた。

その後、紀元1～2世紀にかけてローマ帝国がヨーロッパを席巻すると、ローマ人は初期の馬の品種改良の確立に大きな影響を与えることになる。彼らは馬のスペシャリストではなかったが、ギリシャ人と同じようにきわめて組織的かつ体系的に品種改良に取り組み、具体的な用途に合わせて幅広く馬を育て、ヨーロッパ各地に繁殖のための施設をつくった。さらには自分たちの馬だけでなく、征服した地の人々が飼っていた馬も利用したことで、ヨーロッパ中にさまざまな種類の馬が分布するようになった。

なかでもローマ人はブリタニア(現在の英国)の在来種に感銘を受け、特にウェルシュ・ポニーを中心に改良を行った。そうしてローマがブリタニアを支配している間(43～410年頃)に、力強いウェルシュ・コブが誕生したと考えられている。また、その頃にはフリースラント(現在のオランダ北部)の労働者がハドリアヌスの長城(122年頃)の建設に従事するために海を渡り、それに合わせてフリージアンもブリタニアに持ち込まれた。

ローマ人はイタリア南部やヒスパニア(現在のスペイン)、ヌミディア(アフリカ北部にあったベルベル人の王国)の征服時にも質の良い馬に出会った。そのなかでもスペイン馬(またはイベリア馬)や北アフリカの馬は、特に現代の品種に大きな影響を与えた。当時、ローマ帝国は馬を活用して兵士や装備品の長距離輸送、重要なメッセージの伝達を

行っていた。そのためローマの馬は丈夫で速く、強くなければならなかった。こうしてローマ人が品種改良した馬は体重、体長ともに重量級で、現代の輓馬の祖先となった。彼らはまた、驚異的なスピードで走る馬も作出し、戦車競走や競馬などに利用した。

前にも触れた中央アジアの馬たちは、遊牧民文化のなかだけで品種改良が進んだため、小型のままで、見た目の印象もあまり冴えないまま現在にいたっている。その主目的は馬の外見を良くすることではなく、あくまで人間生活の維持・向上に置かれていたからだ。特に遊牧民たちは、持久力と速さを兼ね備え、過酷な環境にも耐えられる馬を必要としていた。

そうした地域の好戦的な諸民族は中国との国境を侵し、対する中国は北境に沿って城壁(万里の長城)を築く一方で、馬の品種改良計画を独自に体系化した。中国では馬具も大きな進歩を遂げ、たとえば梶棒を渡して後ろの馬車を引くための引き具などを発明した。さらにタンデム(縦並びの2頭引き馬車)を初めて操縦したのも、鐙を開発したもの中国人だ。また、秦の始皇帝(紀元前259～同210年)の墓からは、テラコッタでつくられた等身大の馬(600体近く)や戦車、兵士が発見されている。その馬の像はモウコウマ(Mongolian)とよく似ているが、それよりやや大きく、よく肥育され、たくましい体つきにつくられているようだ。

中国馬の品種改良は紀元前2世紀の中頃、前漢の武帝(在位:紀元前141～同87年)の時代に精力的に行われるようになった。武帝はその過程で、当時名馬と評判だったフェルガナ(現在のウズベキスタン東部に位置する地域)の汗血馬[訳注:血のような汗を流して1日に1000里を走ると言われた馬]を大量に得ようと、何度か行動を起こした。その汗血馬とは身体能力が高く、砂漠に適応して進化し、かなりのスピードで走ることができたトルコマンだったと考えられている。前漢では当時、中国馬の質を向上させることが軍事的にも、物流面でも、娯楽目的でも不可欠だったのだ。

そうして唐代(618～907年)にいたり、中国馬の品種改良は最盛期を迎える。この頃にはすでに中国は絹貿易を確立しており、絹とともに茶と馬が頻繁に取引されていた。"外来種"が中国の馬産業に入ってきたのもこの頃だ。唐の建国者らは遊牧民と婚姻関係を結び、彼らを勢力圏に組み込んだ。それに伴って遊牧民にとって最も重要な馬が唐にも伝わり、中国史において最も馬を重視する時代が訪れたのだ。

主にモウコウマに起源を持つ中国馬の性質や大きさを改良するために用いられたのは、フェルガナをはじめとする中央アジア国家の馬たちだった。ちょうどこの時期、おそらくはペルシアの高官によって中国にポロが伝えられた。その結果、中国の馬たちには戦争や輸送の手段としてだけでなく、突如として外見、気品、スピード、ポロのスキルまでもが求められるようになった。現存する唐陶器のなかには馬を模したものもあるが、そのフォルムはきわめて重厚で、非常に美しい。頭と頸はがっしりとして、軽やかな足取りで躍動感がある。加えて手の込んだ装飾が施され、中世ヨーロッパの馬具には見られないような胸懸や鞦がつけられている。

唐が繁栄する一方、はるか西ではムーア人がヨーロッパに侵攻を始めた。イスラム帝国に支配されるという脅威により、ヨーロッパでは騎兵の戦術がにわかに見直された結果、まったく新しい軍馬が誕生することとなった(軍馬の誕生については第2章で詳しく述べる)。

ASIATIC WILD HORSE

モウコノウマ

有史以前－モンゴル－希少種

HEIGHT｜体高
142cm以下(14ハンド以下)

APPEARANCE｜外見
小型で原始的な体形のずんぐりした馬で、無骨な印象を与える大きな頭部、筋肉質で頑丈な頸、短く直立したたてがみを持つ。肩はまっすぐで、き甲は平ら。胸は深く、短めの斜尻に、短く骨太な肢が連なる。楕円形の蹄は小さいが、非常に堅牢。

COLOR｜毛色
基本的に薄墨毛だが、原毛色が月毛の薄墨毛になることも多い。背中に鰻線(まんせん：背骨に沿って走る黒い毛の帯)、肢に横縞模様が入っている個体も多い。

APTITUDE｜適性
野生種。

モンゴルの首都ウランバートルの南西、ヘンティー山脈南麓にホスタイ国立公園の壮大な景色が広がっている。プルツェワルスキーズ・ホース(Przewalski's Horse)とも呼ばれ、現地の言葉ではタヒ(Taki)と呼ばれているモウコノウマは、この見渡す限りの草原を歩き回っている。小柄で原始的な体形をしたこの馬は、並々ならぬ国際的な努力によって元の野生生息地に帰され、今では公園内の保護区に群れをつくって住んでいる。外見は冴えないが、とても重要な馬で、原形をとどめている最古の品種であることは間違いない。また、現存する馬種と、有史以前の大地を闊歩していた原始馬をつなぐ馬でもある。

モウコノウマは中央アジアの大草原で誕生し、有史以前にヨーロッパへ進出した。フランス・アルデッシュ地方のショーヴェ洞窟に描かれた約3万年前の壁画を見ると、数千年以上を経てもこの品種の外見がほとんど変わっていないことがよくわかる。類似の馬の絵は、ほかのヨーロッパの洞窟の壁画にもたびたび描かれている。

モウコノウマは小型で、132cm(13ハンド)を超えることはめったにない。無骨な印象を与える頭部が特徴で、毛色は薄墨毛。暗色の肢に横縞模様が入っていることも多い。たてがみと尾も同様に暗色だが、下腹部は淡色となっている。約20cm(8インチ)のたてがみが直立している点が、他種との大きな違いだ。尾はロバによく似ており、付け根部分の毛は短く、先端の毛は長く房状になっている。

特筆すべきは、66本の染色体を持っていることだ(これに対し家畜馬は64本)。こうした家畜馬との違いと、飼い馴らすのはほぼ不可能とも言えるその荒々しい気性から、モウコノウマが現存する諸種の直接の祖先だとは考えにくい。ちなみに、染色体数の違いはあっても家畜馬との生殖は可能だ。そうして生まれた個体は染色体が65本しかないが、繁殖能力はある。さらに家畜馬との交配を進めていくと、子の染色体は64本になる。

とはいえ、モウコノウマという種が誕生してからの歴史を考えると、広く分布するモウコノウマやチベットの馬などは、やはりユーラシアの原始的な馬の発生に寄与したと思われる。そして家畜にならず、人間と距離を置いて生きてきたその歴史を考えれば、モウコノウマにいまだ多くの謎があり、また矛盾するような説が多数出てきているのも仕方のないことなのかもしれない。

ともあれ、前述したようにモウコノウマは有史以前から古代にかけて中央アジアからヨーロッパに広がったが、人類の文化が花開き、拡大していくにつれ、彼らが暮らせる自然環境は減り始めた。一方でモウコノウマは野性味の強い性質のため、家畜化は難しかった(生まれて間もない子馬のうちに捕獲すれば、多少は家畜化も成功するのかもしれないが)。それでも彼らには食用としての価値があったため、大量に捕獲された結果、さらに僻地へと追われることとなった。

モウコノウマがいつ中央ヨーロッパから姿を消したのかはわかっていないが、この馬種についての記述は、バイエルン貴族ヨハン・シルトベルガー(1381～1440年頃)の15世紀の未刊の回想録において初めて登場する。シルトベルガーは1396年、ニコポリスの戦い[訳注：オスマン帝国がハンガリーなどキリスト教連合軍を破った戦い]においてオスマン帝国軍の捕虜となり、その後、中央アジアの大部分を治めていたティムール(1336～1405年)に引き渡された。そしてティムールが亡くなったあとは、タタールの王子チェキレに従い中央アジアで数多くの任務に就く。そうして王子とともに赴いた天山(テンシャン)山脈で書き起こした記述が、モウコノウマに関する初の文献として知られることになったのだ。

次に文献に登場するのはそれから約3世紀後、スコットランドの医師で探検家のジョン・ベル(1691～1780年)による記述である。使節団の一員としてタタールの砂漠を経由して中国を訪問したり、ピョートル大帝(1672～1725年)の遠征に随行してデルベント(ロシア南西部の古代都市)やカスピの門(現在のイラン・テヘランの東にあった地名)を訪れたりしたベルは1763年、自身の体験を書物にまとめた。そのなかで彼はシベリア南西部で見たモウコノウマについても、こんなふうに記している。「野生の馬が多数いる。毛は栗色。子馬の時期に捕らえても、飼い馴らすことはできない。一般的な馬の体型をしているが、非常に用心深い」

通説では、ロシア帝国陸軍の軍人であり探検家のニコライ・プルツェワルスキー大佐(1839～1888年)が、1879年にゴビ砂漠のはずれに位置する大青山(ターチンシャン)山脈を調査していた際にモウコノウマを再発見し、彼が地元のキルギス人にもらったその馬の皮を動物学者のJ・S・ポリアコフに渡して初めて科学的に分類され、「*Equus ferus przewalskii*」という学名がついたとされている。野生馬生存のニュースは馬のコレクターたちの所有欲を掻き立て、その結果として、この品種の生存にも深刻な影響を及ぼすこととなった。

たとえば1882年には、ゴビ砂漠に近いジュンガル盆地東部で、ロシアの博物学者らがモウコノウマ4頭を捕獲した。その数年後には、イングランド貴族ベッドフォード公爵によってさらに多くのモウコノウマが捕らえられた。そして1902年、ニューヨーク動物学協会に初めてモウコノウマのつがいが送られる。このようにモウコノウマが捕獲されては動物園やヨーロッパの個人庭園に送られるという状況は、時宜を得ていたと言える。というのも、現存するモウコノウマは当時捕獲された個体のうちの十数頭の子孫なのだ。この小さく、有史以前に登場した馬は乱獲により野生下では絶滅してしまい、最後に野生の個体が確認されたのは1968年、モンゴル西部でのことである。

とはいえモウコノウマは飼育環境では繁殖が難しく、1970年代には個体数が危険なレベルにまで減ってきていた。そのため再び野生化させ、本来の生息地に戻す計画がたびたび実施された。中国のモウコノウマ再野生化プロジェクトなどがその代表で、1985年、新疆ウイグル自治区のカラメリー山にモウコノウマの群れが放たれた。

この品種の保全のため、1970年代後半には別の取り組みもスタートしている。オランダのロッテルダムで、ヤンとインゲ・ボウマン夫妻によってモウコノウマ保全保護基金(FPPPH = The Foundation for the Preservation and Protection of the Przewalski Horse)が設立されたのだ。FPPPHではまず、飼育されている各個体を分析。そして綿密な繁殖計画を立て、血統書を電子化した。それからFPPPHは時間をかけてオランダやドイツに半保護地を多数設け、注意深くモニタリングしながら半野生下でモウコノウマの飼育を開始する。そうして1990年、数年に及ぶ調査、検討、交渉の末、再野生化プロジェクトにふさわしい場所としてモンゴルのホスタイ山一帯を選定し、その2年後についにFPPPHはモウコノウマの2つの群れを野生に帰した。

この再野生化の試みは、ウクライナのアスカニアノヴァで精力的に行われていた繁殖計画との共同プロジェクトで、見事成功を収めた。そのおかげでモウコノウマは2008年、「野生絶滅」[訳注:環境省の呼称。WWFの呼称では「野生絶滅種」]から「絶滅危惧IA類」[訳注:WWFの呼称では「近絶滅種」]に再分類された。さらに同地区は、1997年に国立公園にも指定された。

モウコノウマはこうした激動の歴史を経て今にいたっている。現存する個体はまだ少ないが、近縁種のモウコウマ(Mongolian)は中央アジアの草原地帯で繁栄し、アジアやヨーロッパにおいて多くの品種の誕生に重要な役割を果たした。この小さく頑健な馬には美しさや気品といったものが欠けているが、それを頑丈な体型で補い、驚異的な持久力と忍耐力を伝えることで、馬の品種改良に多大な影響を与えたのだ。またモウコノウマ同様、モウコウマも原始的な外見で、大きく無骨な印象を与える頭部を持ち、ずんぐりした体形をしているが、遊牧民の草原での暮らしにおいて中心的な役割を担ってきた。彼らは大きな群れで飼育され、現在も輓曳、乗馬、競技、食肉、搾乳、スポーツなどに利用されている。まさに究極の万能馬と言っていいだろう。

TARPAN

タルパン

有史以前－ポーランド/ロシア－純粋種は絶滅

HEIGHT｜体高
134cm以下(13.2ハンド以下)

APPEARANCE｜外見
頭部が大きく、横顔は凸状。長い耳はわずかに外を向いている。頸は短く、肩は適切な角度で傾斜している。き甲は平らで目立たず、背は長い。胸は深く、斜尻で、頑丈で長い肢を持つ。

COLOR｜毛色
ウマ亜属本来の毛色である薄墨毛、または原毛色が青毛の薄墨毛で、背に鰻線が入っている。肢の下部は黒っぽく、横縞模様が入っている個体も多い。

APTITUDE｜適性
乗馬、軽輓馬。

有史以前の壁画が遺されている、フランスのラスコー洞窟。その壁画には2種類の馬が描かれている。一方はモウコノウマに、もう一方はタルパンに似た馬だ。そこに描かれた3頭のタルパンらしき馬は、いずれも立派な肢部を持ち、エレガントな姿をしている。

タルパンはモウコノウマと同じく、馬の歴史上きわめて重要な品種だ。どちらもすべての馬の品種改良において大きな役割を果たしてきたが、タルパンはモウコノウマ以上に現代の馬に近いとされている。両者には身体的な違いがあるが、どちらも野生種で生息地もほぼ同じだったため、混同されることも多かった。ちなみにタルパンという名前は、テュルク諸語[訳注：トルコ語およびそれと同系の諸言語]で「野生の馬」を意味する。

古代ギリシャをはじめ、エジプトやアッシリア、スキタイ、ヒッタイトなどの古代文明においては、ロシア西部や東欧に広がったタルパンをもとにしてチャリオット(戦闘用馬車)を引く馬がつくられた。特にタルパンの形質が優性遺伝したのは、東欧やユーラシアの軽種だ。一方、モウコノウマの影響が濃いのは、中央アジアから中国を経て、東は日本までである。このタルパンは、小型だが威厳に満ちた風貌のカスピアンと血縁があり、さらに中央アジアの砂漠地帯に住む馬やアラブの誕生とも関係していると言われる。またヨーロッパでは、ポルトガルのソライア(美しいイベリア馬のもとになった)、ルーマニアのフツル、ポーランドのコニクにタルパンの影響がはっきりと見てとれる。

そのうちタルパンに最も近い子孫がコニクで、彼らはタルパンの再生に大きく寄与した。タルパンの純粋種が絶滅したのは、モウコノウマと同じく乱獲が原因だった。野生の最後の1頭は1879年に捕獲作業中に事故死し、飼育下の最後の1頭も1909年にロシアの動物園で死亡した。しかしその後、タルパンを再生させようという機運が高まり、ポーランド政府がタルパンの近縁種を集め始める。そうして集められた繁殖用の馬のほとんどが、コニクだったのだ。その群れを用いてタルパンの再生計画が開始されたのは1936年のことで、ポーランドのタデウシュ・ヴェツラニ教授が指揮をとった。

時を同じくして、ベルリン動物園の園長ルッツ・ヘックと、ミュンヘンのヘラブルン動物園園長ハインツ・ヘックが、コニクやアイスランド・ホース、ゴトランド(スウェーデン・ゴトランド島原産のポニー)などの牝馬とモウコノウマの種牡馬を用いた交配に着手する。その結果、タルパンと身体的特徴の酷似した種が誕生し、ヘック・ホースと名付けられた。ヘック・ホースは1950年代に種牡馬1頭と牝馬2頭が米国に輸出されて以降、現地で人気を博している。また米国では、マスタングとタルパンに似たポニー(おそらくコニクの血統だと思われる)との交配から、タルパンの特徴を持つ新種、ヘガルトも誕生している。

タルパンはその重要性のわりに文献に登場するのが遅く、初めて登場するのは1768年頃のことだ。ドイツの博物学者ザムエル・ゴットリープ・グメリン(1744～1774年)の手によるもので、彼はロシアで捕まえた4頭のタルパンの外見について詳細に記している。そして1912年、このグメリンの描写をもとに、ウィーンにあるシェーンブルン動物園の園長ヘルムート・オットー・アントニウスが、「*Equus caballus gmelini*」という学名をタルパンにつける。アントニウスは現代の家畜馬の改良にタルパンが大きな役割を果たしたと強く主張した最初の人物の1人だ。ただし現在では、「*Equus ferus ferus*」がタルパンの学名として採用されている。

HUCUL

フツル

古代–ポーランド/ルーマニア/チェコ/スロバキア–一般的

HEIGHT | 体高
142cm以下(14ハンド以下)

APPEARANCE | 外見
優美な頭部と、大きく優しげな目が特徴的。体つきはたくましく、丈夫な背から形の整った筋肉質の尻が連なる。頸から前躯にかけては重量感があり、胸も深く幅広。肢は短く、きわめて頑丈。

COLOR | 毛色
栗毛、鹿毛、または原毛色が青毛の薄墨毛。背中に鰻線、肢に横縞模様が入ることも多い。

APTITUDE | 適性
乗馬、軽輓馬。

中欧および東欧にかけてコの字を描くように広がる、カルパチア山脈。このヨーロッパ最長の山脈こそ、カルパチア・ポニーとも呼ばれるフツル誕生の地だ。カルパチア山脈はルーマニア、チェコ、ポーランド、ハンガリー、ウクライナ、セルビア、スロバキアの国境地帯と接しており、その国々の多くが自国でフツルが誕生したと主張し、この美しく強靭なポニーの飼育と改良を行っている。

フツルという名は、ウクライナの高地民族フツル人から来ている。彼らは馬中心の生活を送り、その歴史は数世紀にもわたる。だが、フツルの馬種としての歴史はフツル人より古く、紀元前のダキア人(現在のルーマニアに住んでいた山岳民族)によって改良され誕生した。ダキア人の生活には輓馬や駄馬(だば)[訳注:荷物を運ぶ馬]、そして軍馬として使える、丈夫で忍耐強いポニーが不可欠だった。フツルは現在でも乗用に使われるが、当時は輓馬としての利用が主だった。ほかの馬が歩行できないような険しい山岳地帯でも移動できたためだ。

また、ダキア人との戦争の様子を描いたローマ時代のモニュメントのなかにも、現在のフツルと身体的差異がほとんどない、フツルに似たポニーの姿が見られる。このようにフツルと密接な関係にあったダキア人は、紀元106年に首都サルミゼゲトゥサが陥落し、ダキアがローマの属州になってもこの馬の改良を続けた。

フツルが生息する山岳地帯は荒涼とした僻地であり、種の純度が維持されたため、やがて彼らは質の高い馬種として確立した。そんなフツルは、タルパンの直系(「マウンテン・タルパン」という古い記述もある)だとする説と、中央アジアの遊牧民が持ち込んだ東洋産のモウコウマやモウコノウマとタルパンを交配した結果生まれたとする説がある。いずれにせよ、このような影響を除いてはほぼ手つかずの状態だったフツルだが、19世紀後半になると、他種との交配による改良が何度か試みられた。それでも、類を見ないと言っていいほどの忍耐力や小柄な体型に見合わぬ強靭さ、山岳地帯の在来種にはあまり見られない外見的な美しさといった、フツル固有の特徴は受け継がれた。

フツルはその生息地の中でも特にポーランドやルーマニアで珍重されており、ルーマニアでは1856年にフツルに特化した種馬牧場が世界で初めて設立された。その主な目的は、オーストリア=ハンガリー帝国陸軍の軍用馬を生産することだった。だが、ラダウツィに建てられたこの牧場での取り組みは数年経っても軌道に乗らず、1876年に改善が図られた。その結果として生まれたのが、ピエトロスル、フロビ、ゴーラル、グーガル、オウショーといった血統だ。なかでもゴーラルは良質な馬種として名を馳せている。

その後1922年になると、33頭のフツルがルーマニアからチェコスロバキアに送られる。そこで軍事利用を目的とした改良が行われた結果、グーガルの新種が誕生したが、2度の世界大戦によってフツル自体の数は激減した。しかも第二次大戦後に産業の機械化が進んだことで活躍の場が失われ、その頭数はさらに減っていった。

だが1950年代になると、チェコスロバキアのムラン平原国立公園森林総局の指揮のもと、個体数を増やす取り組みが開始され、さらに1972年には同国の自然景観保護協会が設立したフツルクラブによって、より効率的な保全計画が実施されるようになった。そこへポーランドやルーマニア、ウクライナ、ハンガリー、オーストリアも加わったことにより、この取り組みは大成功を収めた。今では、ロシアでも独自にフツルの繁殖が行われている。

AKHAL TEKE

アハルテケ

古代–トルクメニスタン–希少種

HEIGHT｜体高
144～163cm(14.2～16ハンド)

APPEARANCE｜外見
全体的に華奢な骨格で、長い筒状の体と斜尻を持つ。長く細い頸は体に対してほぼ垂直になっており、砂漠生まれの馬特有とも言える瞼の厚い目や、細い顔といった特徴的な頭部がついている。たてがみと尾毛はまばらで薄い。被毛は光沢があり、非常に美しい。

COLOR｜毛色
金属光沢のある薄墨毛から青毛、鹿毛、月毛、芦毛までと非常に幅広い。

APTITUDE｜適性
乗馬、競馬、エンデュランス(長距離走)、ショーイング、馬場馬術、障害飛越競技。

アハルテケは現存する最古の純粋種であり、きわめて重要な品種だ。アラブやサラブレッドなどほかの軽種の誕生に大きな役割を果たし、歴史的、文化的にも価値が高いとされている。にもかかわらず、その知名度は現在にいたるまで低いままだ。

アハルテケは、絶滅したトルコマンの直系の子孫である。そのトルコマンはトルキスタンで進化を遂げた、有史以前および古代のスーパーホースとも呼べる存在だ。トルキスタンは中央アジアに位置する広大な地域であり、東はゴビ砂漠、西はカスピ海、北はシベリア、南はイラン、アフガニスタン、パキスタンにまで及ぶ。この地域では歴史のかなり早い段階から馬の家畜化が始まっており、馬の品種改良の発祥地とも考えられている。

実際のところ、さまざまな民族がこの地域の馬を用いて品種改良を行った。その際には目的を持って選択交配を行うことも、ランダムな交配を行うこともあったが、モウコウマなどのずんぐりした草原地帯に住む小型馬より敏捷性や体格、持久力などさまざまな面で優れていたトルコマンの特徴は、今も現地の馬に受け継がれている。

体が大きく敏捷なトルコマンはウマタイプ3と身体的特徴が似ているため、そこから進化したと考えられている。彼らはそのスピードと頑健さから、広大な草原地帯において戦いを繰り広げていた古代遊牧民の間では非常に人気の高い馬だった。かつての遊牧民は今よりも流動的だったため、トルコマンもそれに伴って広大な地域に広がり、その優秀さも噂として広まった。

トルコマンはスキタイの馬文化において重要な役割を果たしたこともわかっている。スキタイはペルシア(現在のイラン)に興った好戦的な遊牧民族で、紀元前1000年頃、トルコマンを使ってレースをしていたという記録も残っている。その500年後、トルコマンはダレイオス1世統治下のペルシアにおいて、バクトリア人の騎馬隊に広く利用された。さらに、現在のイラン北東部を支配し、その馬術と戦闘能力で広く知られていたパルティア人も、紀元前7世紀からトルコマンに乗り、草原地帯で猛威を振るったとされている。

またギリシャでは、アレクサンドロス大王の父、マケドニア王国のフィリップ2世(紀元前382～同336年)がフェルガナから大量のトルコマンを手に入れた。フェルガナは現在のウズベキスタン東部に位置する地域であり、古代においては馬の品種改良の中心地として評判を得ていた。アレクサンドロス大王はそれらの馬を軍隊で用いた。定説では、大王の愛馬ブケファロスはギリシャのテッサロニア産の馬だとされていたが、実はトルコマンだったのだ。大王はまた、ペルシアで手に入れた大量のトルコマンをヨーロッパの在来種と交配させ、大きいうえに強くて速い馬を誕生させた。この交配種はのちに、ローマの騎馬隊で幅広く用いられることとなった。トルコマンの血は、このようにしてヨーロッパ中に広まったのだ。

古代、アレクサンドロス大王も用いたフェルガナのトルコマンは「最速の馬」と評され、人々の尊敬を広く集めていた。そしてその毛には金属光沢があったため、「天国の馬」「黄金の馬」などと呼ばれた。アハルテケは、古代で重んじられたこの毛色を受け継いでいる。また、"血のような汗"をかく(汗が血液のしずくに見える)こともトルコマンの不思議な魅力のひとつとなっているが、この汗についてはさまざまな説がささやかれている。そのなかで最も説得力があるのは、ルイーズ・フィールーズ(カスピアンの保護に努めたことで知られる著名なホース・ブリー

AKHAL TEKE | アハルテケ

ダー。2008年に死去)の説で、「ゴルガーン[訳注:イラン北部の都市]やフェルガナの川に生息する寄生生物は、一定の周期で感染動物の皮膚の中で孵化する。それが微量の出血につながり、汗に混じって赤く見える」というものだ。

トルコマンはまた、分布範囲やその規模を考えると、競走馬であるアラブ、特にムニキ・アラブまたはムナギ・アラブと呼ばれる品種の誕生に寄与した可能性もある。古代に生きていたトルコマンはおそらく初期の温血種であり、カスピアンと同じ地域で進化した。そしてトルキスタンを越え、サウジアラビアに進出し、アフリカに広がった点から、イベリア馬の誕生に重要な役割を果たしたアラブやバルブの誕生に影響を与えたと考えることもできるのだ。さらに、サラブレッドの三大始祖の1頭であるバイアリーターク(1684年頃生まれ)はトルコマンだとする記述がある(正確には「ターク種」と書かれているのだが、これはトルコマンを指している)ため、トルコマンは英国産のサラブレッドの誕生にも影響を与えたと言える。実際、サラブレッドが進化した17〜18世紀の英国には大量のトルコマンが輸入された。

そのほか絶滅したトルコマンからは、現代のトルコマン[訳注:現代のトルコマンは絶滅したトルコマンとは別種だが、よく似た特徴を備えているため名称を受け継いでいる]も生まれた。なお、英語圏ではトルクメニスタン育ちのトルコマンを「Turkmenian」と呼び、イラン育ちのトルコマンを「Turkoman」と呼ぶ。しかし生息地と呼び名が違うだけで品種としては同じである。

前述したようにアハルテケはトルコマンの直系の子孫であるため、現代版トルコマンとも言えるだろう。彼らはほぼ例外なく純粋種である(20世紀にはサラブレッドをアハルテケと交配させて体つきを大きくする試みもなされたが、失敗に終わった)。トルクメニスタンに住むテケ族の言葉で「純粋」や「オアシス」という意味を持つアハルテケは、トルクメン人の厳格な管理のもとで体系的に改良されてきたのだ。

トルクメニスタンの首都であるアシガバードは紀元前1000年以降、アハルテケやその祖先の繁殖の中心地となった。現在では同地のほかに、カザフスタンやタゲスタン、ロシア、コーカサス北部、米国の一部、英国、ヨーロッパの一部でも繁殖が行われている。その際には足の速い子馬のみを育て、スピードや持久力といった特長を極限まで高めるといった伝統的な手法も用いられている。外見に関して言えば、ヨーロッパの温血種と比べるとアハルテケは独自性が強いと言える。余分な脂肪がつきにくい、筋肉質で引き締まったスレンダーな体つきがその最たるものだ。

そんなアハルテケの持久力は群を抜いており、スピードとスタミナではどの品種もかなわない。加えて、近縁種のイオムードと同じように、最低限の水と食糧で生きられる。そのためアハルテケは、馬版のマラソンとも言えるエンデュランス競技向きの馬種として有名だ。さらに彼らは運動能力がきわめて高いため、障害飛越競技や馬場馬術にも秀でており、1960年のローマ・オリンピックではアハルテケの牡馬、アブセントが馬場馬術で金メダルに輝いている。

一方でアハルテケは、遊牧民の間でもすばらしい働きを見せている。彼らは5歳前後で成熟するが、働き始めるのは2歳足らずという若い年齢からだ。ちなみに遊牧民は、アハルテケの体調を整えるために日中は厚手のフェルトブランケットで馬体をくるんで汗をかかせ、朝と晩に働かせる。このようにきわめて才能豊かな馬種であるにもかかわらず、依然として彼らの知名度が低いのは不思議でならない。さらに不幸なことに、アハルテケの個体数は悲劇的と言っていいほどに激減してしまった。1980年以降、頭数を安定させ、増やす試みがわずかに成功したが、いまだ希少種であることに変わりはない。

アハルテケの近縁種であるイオムードはさらに希少であり、原産地であるトルクメニスタン以外ではほとんど見ることができない。イオムードも砂漠で育ち、驚くべきスタミナを持つなど、アハルテケとの共通点は多い。だが、たくましさやエレガントさを含めて見ると、アハルテケには及ばない。イオムードはがっしりした体躯に、太く短い頸と、優美な頭部を持ち、毛色は芦毛か栗毛で、たてがみと尾毛はまばらで薄い。スピードでもアハルテケに劣るが、エンデュランス競技後の回復が早いことはよく知られている。

イオムードの大きな特徴は、古い品種であることと、生息地が完全な砂漠か半砂漠地帯であるということだ。彼らは過酷な環境で育った結果、きわめて丈夫になり、最低限の水でも生きられるようになった。育種の初期段階では、モウコウマやカザフなど、中央アジアの草原地帯に住む頑丈な馬と交配されたのだろう。その影響は現在にいたるまで残っている。イオムードにはまた、アラブの影響も感じられる。そんなイオムードの数を増やすべく、1920年代からはアハルテケとの交配が進められたが、残念ながら依然としてイオムードの頭数も少ないままである。

CASPIAN

カスピアン

有史以前−イラン−希少種

HEIGHT｜体高
101～121cm(10～12ハンド)
APPEARANCE｜外見
洗練された短頭で、アラブに似た外見を持つ。後頭骨の影響で、瞼が半分閉じているように見える。鼻孔は広く、鼻の低い位置にある。肩は傾斜し、き甲はよく抜けている。非常にスリムだが肢は骨太。蹄は楕円形で堅牢。
COLOR｜毛色
鹿毛、栗毛、芦毛、青毛。
APTITUDE｜適性
乗馬、軽輓馬、ショーイング、馬場馬術、障害飛越競技。

小型で美しいカスピアンは、現存する品種のなかで最も歴史が古く、最も重要な馬のひとつだ。軽種はすべて、カスピアンおよびその祖先の血を引くと考えられている。つまりカスピアンは、初期の馬属と現代の馬の目に見える接点と言えるのだ。

この美しい馬は、何世紀も発見されることなく見過ごされてきた。彼らはイラン北部の岩山や密林に住み、1965年に米国生まれのイラン人、ルイーズ・フィールーズに"再発見"されるまで平穏な暮らしを送っていた。イランに乗馬学校を設立したフィールーズは、学校に適したポニーを求めてカスピ海の南岸を旅行中、3頭の美しい小型馬に遭遇した(カスピアンは小さいが、その馬格と特徴から、ポニーではなく小型の馬だとされている)。彼女は、この馬の重要性をすぐに見抜いた。紀元前500年頃につくられたダレイオスの印[訳注：ペルシア王ダレイオス1世の乗った2輪馬車を、2頭の美しい小さな馬が引く様子を描いたレリーフ]などの古代の工芸品に見られる馬によく似ていたためだ。

そこでフィールーズはカスピアンの生息地に身を置き、5年の歳月をこの馬の研究に費やした。その結果、カスピ海の南岸に約50頭が生息していることがわかり、さらにその馬たちには祖先の強固な遺伝子的基盤が保持されていることが判明した。彼らが発見された地域は広大で、完全な純粋種はいないのではないかと思われていただけに、これは驚きの研究結果だった。

この研究をきっかけに、カスピアンの歴史を紐解くべく、より詳細な調査が始まった。そして骨格検査から、カスピアンは現代の馬に固有の特徴を持っている一方で、有史以前の馬研究の第一人者、F・エブハルト、J・G・スピード、E・スコーコフスキー、R・ダンドラーデらが提唱したプロトタイプのひとつ、ウマタイプ4に酷似していることも明らかになった。また、ダレイオスの印だけでなく、オクサス遺宝(紀元前5～同4世紀)などの有史以前の多くの工芸品にカスピアンと思われる馬が使役されている様子が描かれているが、その系譜を追っていくと、小型で繊細かつ優美なこの馬は、有史以前から現在までユーラシアに広く生息するアラブや砂漠地帯に住む馬の祖先であることもわかった。

ほかにもカスピアンは、有史以前および古代の記述や遺物にたびたび登場する。これは当時、この小型馬に高い価値があった紛れもない証拠だ。実際、小型ではあるが、カスピアンは戦車競走にも用いられ、スピードと持久力には定評があった。

そんなカスピアンはほかの馬種と違い、かなり早い段階(たいていは生後6カ月)で成馬の体高に達し、それから徐々に太り、成熟する。性成熟も2歳までには迎える。ただし、牝馬は分娩後最長で1年は排卵しないため、継続的な繁殖計画を組むことは難しい。そこでフィールーズはカスピアンを繁殖させるために種馬牧場をイランにつくったが、志半ばにして悲劇に見舞われる。1976年、牧場にいた繁殖用のカスピアンの群れをオオカミが襲ったのだ。この事件を受けてフィールーズは、種の安全と維持のために、異例なことではあったが、群れの一部を英国のシュロップシャーに移した。この試みはうまくいき、結果としてカスピアンは英国にも定住地を得ることとなった。

今日のカスピアンも、有史以前の祖先からだいぶ改良されてはいるが、非凡な馬としての本質的な要素は保持している。すばらしいアスリートであり、ショーにも適しているカスピアンは、何より大きな歴史的意義を持っており、現存する軽種の誕生に与えた影響は計り知れない。

KAZAKH

カザフ

古代–カザフスタン–一般的

HEIGHT | 体高
144cm以下(14.2ハンド以下)
APPEARANCE | 外見
さまざまなタイプがあり、それぞれ外見も大きく異なるが、どのタイプも小さく、スタミナと忍耐力に優れ、筋肉質な体つきをしているのは共通している。また、肢は非常に頑丈で、安定している。
COLOR | 毛色
主に鹿毛、栗毛、薄墨毛、芦毛。
APTITUDE | 適性
乗馬、駄馬、軽輓馬。

カザフスタンは、西はカスピ海に接し、東はアルタイ山脈、南は天山山脈、北はウラル山脈に囲まれている。この広大で過酷な地に、カザフは大きな群れをつくって暮らしている。美麗な景観と厳しい気候が同居するこの場所では、ほかの馬種ならまたたく間に滅びてしまうだろう。

カザフは非常にタフで、厳しい気候条件に耐えることができ、さらに少ない食糧でもよく育つ。そうした環境で誕生した動物であるため、困難な状況になると成長を止め、食糧が十分に手に入るようになったときにまた成長を始めるということもできるようになった。非常に発達した顎骨を持つカザフは、硬い草や葉も難なく食べる。また、砂漠地帯に住む個体には上唇に沿って太い毛が生えているため、草を口に入れる前に、ついている砂を落とすこともできる。そんなカザフは古代の多くの品種と同じく、耐水性と耐寒性のある2層構造の毛を持っている。

カザフスタンに住む遊牧民の歴史を見ると、カザフは昔から生活の核であり続け、現代においても非常に重要な存在とされている。それは、遊牧民の生活が馬を中心に回っているからだ。遊牧民にとって馬は輸送手段であるとともに、肉や乳の供給源であり、さらには娯楽を与えてくれる存在でもあった。

その一方でカザフは信仰の対象にもなっている。馬を畏怖の対象とする信仰はかつて多くの民族の間に存在し、その一部は今も残っている。そういった信仰のなかでは馬の骨、特に頭蓋骨には超自然的な力が宿るため、敬意をもって扱わねばならないとされており、その頭蓋骨を儀式に用いることもある。また稀にだが、家族の安全を祈願するために、芦毛や白毛(この2色が最も重んじられている)の牝馬が生贄にされることもある。そのほか、馬にはカムバル・アタと呼ばれる全能の守護神がついているという伝承もある。

今日でも、遊牧民の文化では馬は大きな役割を果たしており、距離や時間の測り方さえも馬を基準にして決められている。たとえば、子馬は休憩なしで約10～15km(6～9マイル)、牡馬は30～40km(19～25マイル)走るため、それを距離の基準としている。また、搾乳は1日約5回、1時間半ごとに行われるため、それが時間の基準となっている。ちなみに、その馬乳を発酵させたクミスはとても美味で、40種以上の病気に効くとされている。遊牧民文化ではほかにも、出産や結婚、葬儀、祭事などの伝統的な行事において馬は重要な役割を担っている。

遊牧民とともに生活していくなかで、カザフはさまざまなタイプに進化していった。がっしりして頑丈な使役馬のベリクに、普段使いの乗用馬ツァーダック、そして良質で足も速いツイリキ。このうち最も貴重とされているのがツイリキで、現地で大人気の娯楽であるレースにも利用されている。そのほか、良質の乗用馬であるうえに搾乳にも向いているアデブや、カザフスタンの食にとっては欠かせない存在となっている乳肉用のヤーベなどもいる。このようにカザフのなかには多くの種類があり、バラエティに富んでいる。いずれも見た目はあまり冴えないかもしれないが、驚異的なスタミナと忍耐力を持つという長所がある。

カザフは、ウラル山脈南麓やシベリアのブリヤートで進化したロシアン・バシキール・ホースとの共通点も多い。古代ではこのロシアン・バシキールやモウコウマを核とした馬文化が徐々に広がったため、人間もそれに合わせるようにユーラシア各地へ分散し、ロシアやヨーロッパへ進出していったという経緯がある。

EXMOOR

エクスムア

有史以前–英国–絶滅危惧IB類

HEIGHT｜体高
125cm(12.3ハンド)

APPEARANCE｜外見
大きな頭部と、小さく尖った耳、そして厚い瞼で覆われた大きな目が特徴的。体つきは非常に均整がとれており、それが滑らかで安定した歩様を可能にしている。尾毛はきわめて豊か。

COLOR｜毛色
鹿毛、青鹿毛、薄墨毛。肢部は暗色で、背に鰻線が入ることも多い。また鼻や目の周り、下腹部には白徴(はくちょう:白い毛の部分)が見られることもある。

APTITUDE｜適性
乗馬、軽輓馬、障害飛越競技、馬場馬術、馬術競技。

英国の南西端には、約50km(30マイル)にも及ぶ見事な眺めの海岸線が走り、内陸には森、丘陵、湿原、渓谷が広がっている。ここエクスムア国立公園が、英国最古の在来ポニー、エクスムアの生息地だ。

かつて英国王室の森林であり、猟場だったこの広大な公園には、いまだに開発の手がほとんど及んでおらず、関連する自然保護区や住み分けがなされている地区が多々ある。これはエクスムアの誕生や種の存続において、きわめて重要な要素となっている。とはいえ、20世紀はこのポニーにとって苦難の連続であり、1974年には英国の希少種保護トラストによって「絶滅危惧IB類」に指定されている。

そんなエクスムアは、タルパンやモウコノウマと同じく自然発生した初期のポニーのひとつと考えられている。前述したようにきわめて希少な品種であり、また現在にいたるまでほとんど姿を変えていない。それゆえ、このポニーは科学者の興味を大いに掻き立てている。

そうしたなか、骨や化石の研究から、エクスムアは北米にその起源を持ち、およそ100万年前、北緯45～50度の間で広がっていったことがわかった。そして、アラスカにおいて重要な進化を遂げたと推測されている。つまり、氷河によって過酷なアラスカの地に長い間閉じ込められていたため、厳しい寒さに耐えることのできる断熱可能な独特の毛を持つようになり、かつ最小限の食糧でも生き延びられるように進化したと考えられているのだ。

その後、大陸間の陸橋がまだ存在していた時期に、エクスムアはブリテン諸島に移動し、更新世の終わり頃(およそ1万2000年前)に大陸から切り離された。最後の氷河期が終わり、海面が上昇したためである。この事実上の隔離のなかで、エクスムアの特性が確立し、地形や気候に対する適応性も生まれたと思われる。馬がヨーロッパ本土から英国に輸入されるようになってからも、このユニークなエクスムアがそれらから継続的な影響を受けることはなかった。また、人為的に外国産の馬を交配に用いて改良しようと試みても、エクスムア固有の頑丈さが弱まっただけに終わった。

エクスムアがとりわけほかのポニーや馬と異なる点は、顎骨の構造である。大臼歯が不完全ながらも1本多く生えているのだ。これは北米で発見されたエクスムアの化石にも見られた。エクスムアが持つ原始的な特徴はほかにもある。被毛や尾の構造(その独特な尾は「氷河時代の尾」とも呼ばれる)、そして目の形(眼窩周りの骨が盛り上がっていて、そこへ厚い瞼がかぶさっているためヒキガエルのような目をしている)などだ。前述したようにその被毛の構造は独特で珍しく、生息環境に適応した結果、短い羊毛状の下毛を、油分が多く撥水性の高い上毛が覆う二重構造になっている。また水を弾けるよう、体の敏感な部分ごとにつむじを持っている。こうした被毛が断熱材となり、毛の表面で雪を弾くため、体を温かく、乾いた状態に保つことができるのだ。

この古代の品種を尊重し、保全するために1921年、英国ダルバートンのライオン・ホテルでエクスムア・ポニー協会が結成された。この協会は今も存続しており、エクスムアの保全と繁殖を推進している。エクスムアの繁殖は20世紀初頭と2つの世界大戦の間に最盛期を迎えたが、第二次大戦の際に激減してしまった。軍隊からむやみに発砲されたり、所有者が死んだり、食肉にされたりしたからだ。だが1963年に最初の血統書が刊行されると、種を再生するための試みがようやく開始され、現在もなお精力的に続けられている。

ICELANDIC HORSE

アイスランド・ホース

古代–アイスランド–一般的

HEIGHT｜体高
平均135～142cm(13.3～14ハンド)

APPEARANCE｜外見
知的な印象を与える大きな頭部に、筋肉質の頸。ずんぐりした体つきで、肩は長く傾斜している。肢部は短いが非常に力強く、後肢の飛節は比較的低い位置にある。

COLOR｜毛色
鹿毛、芦毛、月毛、大きな斑のある駁毛(ぶちげ:白と茶、白と黒)など多様。

APTITUDE｜適性
乗馬、ショーイング、馬術競技、繋駕速歩競走。

中世アイスランドの写本『植民の書』によると、この岩だらけの火山の島に最初に入植したのは、ノルウェー人の首領インゴールヴル・アルナルソンだった。彼は874年頃、南西の半島に上陸した。現在では首都レイキャヴィクが位置するあたりだ。そしてインゴールヴルの入植後、ノルマン系のスコットランド人やノルウェー人、アイルランド人の首領たちも家族や選りすぐりの家畜たちを連れ、小さな無甲板船に乗ってこの島にやってくる。火山が煙を上げ、間欠泉が湯気を飛ばす荒涼としたこの地に、こうして初めて馬が渡ってきたのだ。そのときからアイスランドの馬は、遺伝子的にほぼまったくと言っていいほど変わっていない。このようにアイスランド・ホースは純度が高く、ひときわユニークな馬種と言える。

最初にやってきた馬たちは飼い主と同じく、スコットランドやアイルランド、ノルウェーに起源を持つ。それらの馬たちは過酷な環境と生活様式に適応するなかで、現代のアイスランド・ホースとしての特徴を形成していった。アイスランドへの外国産馬の持ち込みがなくなったという記述は残っていないが、古い文献によれば、アイスランドへの入植は60年ほどで完了したという。このことから、移住自体は完全にはなくならなかったにしても、10世紀には馬を連れての移住はなくなったと思われる。ともあれ13世紀後半になると、アイスランドはノルウェー王国の支配下に置かれ、外国との接触がほぼなくなった。まさしく孤島となったわけだが、この状態は以後数世紀にわたって続いた。

アイスランド・ホースはそうした隔絶された環境で生きながらえてきたこともあって、事実上、病気とは無縁だった。だがそれは、一般的な馬の感染症への免疫がないということでもある。そのため感染症がこの島に上陸すれば、アイスランド・ホースは一気に頭数を減らしてしまう恐れがあった。そこで1882年、アイスランド政府は病気の拡大や種の弱体化を抑止するため、馬の輸入を禁止する法律を制定した。これによりこの島のアイスランド・ホースも、一度アイスランドを離れたら再び戻ることはできなくなった。さらに1993年には新たな法律が加わり、使用済みの馬具の輸入も禁止となった。病気が持ち込まれないようにするための措置だ。それでも1998年には馬熱を引き起こすウィルス感染が、2010年には咳を引き起こす細菌感染が発生し、アイスランドの馬産業は大きな打撃を受けた。

アイスランドにおいて過酷な火山地帯を走る車道が整備されたのは比較的最近のことで、それまで住人たちにとって輸送と言えば馬頼みだった。この島に生息する唯一の馬であるアイスランド・ホースは非常にタフであり、ほかの馬が速く走れないような荒地でも走破することができる。しかも大きさのわりに力が強く、エネルギッシュでもある。実際、その大きさから学術的にはポニーに分類されるのだが、アイスランドの人々はそれを無意味なものとみなしている。なにせこの小型馬は、成人男性を1日中乗せて走ることも、走りにくい地形を難なく駆け抜けることもできるのだ。そんなアイスランド・ホースは、昔は乗用馬としてだけでなく、農地で輓馬としても広く利用された。

今日では、アイスランド・ホースは主にレジャー目的で飼育されている。アイスランドでは、美しい景観のなかで乗馬を楽しむのが人気の娯楽となっているからだ。その際には、彼らの歩様が楽しさを倍増させてくれる。また、アイスランド・ホースを用いたスポーツ・イベントやレースも人気があり、隔年で行われるナショナル・ホースショーでは最高のアイスランド・ホースたちがショーを行い、競い合う。これはブリーダーやスポーツライダーたちにとっての晴れ舞台でもある。

過酷な環境での移動手段として馬の誠実さや勇敢さに頼ってきたアイスランドの人々は、アイスランド・ホースをとても大切にしている。小さいながらもタフで勇猛なこの馬は、自国の誇りなのだ。その一方でアイスランド・ホースは、地域の儀式においても重要な存在であり、アイスランド史の初期においては崇拝の対象となり、豊穣のシンボルとも考えられていた。

彼らは多くの神話や言い伝えのなかでも重要な役割を担っている。たとえばパワフルな2頭の牡馬が囲いのなかで闘い、飼い主たちもその戦いに加わって援護したり、励ましたりするという話があるのだが、これは入植時代の初期に闘馬が人気の娯楽だったため、それを反映した話だと想像できる。当時、闘馬に使われる馬としては、アイスランド・ホースは近隣の地域の馬のなかで最も強かった。そのためアイスランドの首領は、外国の王や司教にアイスランド・ホースを献上した。また、アイスランドの人々は神々も馬を有していると信じており、なかでも主神オーディンが乗る、8本の肢を持つ世界最速の馬、スレイプニルはよく知られている。

アイスランドでは、首領が亡くなると愛馬が一緒に埋葬されるという風習もあった。当時、質素な生活を送るこの島の住人にとって乳は特別なものだったが、アイスランドの首領に飼われていた馬は乳や穀物などを豊富に与えられていたという。

さらにアイスランドの伝承では、白毛の馬は神秘的で神聖な存在とされ、古代スカンジナビアの祝祭では白毛の馬が生贄になることもあった。そうしたこともあってアイスランド・ホースのブリーダーは毛色を重視し、繁殖施設のなかにはアイスランドの大地に合った歩様の馬はもちろんのこと、特定の毛色の馬を作出することに力を注いでいるところもある。もちろん、毛色だけを考えて、馬格や歩様を完全に無視したような品種改良は行われていないが、それでもこれまでの品種改良で100を超える毛色が誕生している。たとえばアイスランド南部にあるキルキュバイヤルの牧場では、栃栗毛に淡い亜麻色のたてがみと尾毛を備えた美しい尾花栗毛などが生まれた。

だが美しい毛色も、アイスランド・ホースらしい滑らかな歩様が備わっていなければ意味がない。それゆえブリーダーたちは、交配の際に何より馬の動きに気を使う。アイスランド・ホースの歩様は、スパニッシュ・ジェネット（絶滅種）やアストゥリアン（アイスランド・ホース同様、おそらくケルト起源）などの古代種に近い。常歩や速歩、駈歩以外の優れた歩様を持つ馬種はゲイテッド・ホースとも呼ばれるが、アイスランド・ホースの歩様も滑らかで速いため、長距離の移動も易々とこなすことができる。そのため彼らは、現代のアイスランドでも大活躍できるというわけだ。ちなみにアイスランド・ホースの歩様は、フェトガンガー（常歩）、ブロック（速歩）、ステック（襲歩）、スケイド（側対速歩）、トルト（軽駆け）の5種類がある。そのなかでも最も印象的なトルトは、4拍のリズムを保ったまま、足踏みから速い動きへと変えるというものだ。

アイスランド・ホースの成長は遅く、鞍を載せるのは4歳になってからが一般的だ。だが、労働に従事できる期間は長く、20年ほど働いてくれることも珍しくない。性成熟を迎えるのは2歳頃で、受精率は高いが、牝馬は3歳以上にならないと出産しない。アイスランド・ホースはまた、極度の寒さや湿度にも耐えることができる。現在では、草木がまばらになり、厳しい寒さに見舞われる冬期になると避難場所や飼料が与えられる（夏は広い牧草地で放し飼いにされる）ことが多いが、過去にはそうしたものはなかったからだ。その一方で彼らは、草が十分にある夏の数カ月のうちに体重をすぐ増やせるよう進化した。彼らはそうやって厳しい冬を乗り切ってきたのだ。

アイスランド・ホースは小型の馬だが、非常にエネルギッシュだ。一気に加速してハイスピードで走ることも、そのスピードを一定時間キープすることもできる。しかも機敏でタフであり、なおかつ非常に賢い。そのため現在では、アイスランド・ホースはドイツやデンマーク、スウェーデン、米国など、世界のいたるところで飼育されるようになった。そしてその大半がワールド・フェンガーという血統書に登録されており、繁殖や品評会についての規定はアイスランド・ホースが飼育されているすべての国で共通となっている。

現在、アイスランド・ホースは世界におよそ19万頭が生存している。そのすべてが、1783～1785年に起きたモースハルシンディン（霧の災厄）で生き残った6000頭の子孫だ。モースハルシンディンはラキ火山の噴火後にアイスランドを襲った自然災害で、有毒な霧によって住民の5分の1、馬の4分の3が死亡した。それでも馬の個体数は1世紀以内に回復したため、19世紀後半～20世紀初頭にかけて、炭鉱での使役や繋駕速歩競走［訳注：騎手が乗った2輪車を速歩で引くレース］のために、10万頭を超えるアイスランド・ホースがブリテン諸島やデンマークに輸出された。そして今では世界中で人気の馬種となっていることは前述した通りだ。

CONNEMARA

コネマラ

古代–アイルランド–一般的

HEIGHT｜体高
144cm以下（14.2ハンド以下）
APPEARANCE｜外見
先細の優美な頭部につく小さな耳と、大きく優しげな目が特徴的。頸は長いが、全体的な体つきは均整がとれている。胸は深く幅広で、筋肉質な斜尻が連なる。たてがみと尾は豊か。肢は骨太で、距毛はない。
COLOR｜毛色
芦毛、薄墨毛、青毛、鹿毛、青鹿毛が一般的だが、稀に粕毛や栗毛も見られる。
APTITUDE｜適性
乗馬、軽輓馬、ショーイング、障害飛越競技、馬術競技。

コネマラはアイルランド唯一の在来ポニーであり、アイルランドが生んだ純粋種である。何世紀もかけて進化し、この過酷な生息環境に完全に適応した。アイルランドは良質な馬の生産地として世界的な評価を得ているが、馬やポニーの在来種はコネマラのみだ。

その名前は、アイルランド南部の西海岸線に沿って広がるコネマラ地方に由来する。ゴールウェイ州とメイヨー州にまたがる、起伏の激しい景観が特徴の地域だ。太古からある神秘的な湿地帯と、岩が多い荒れた山々が交差しており、西南北を大西洋に囲まれ、東にはインバーモア川やオーリッド湖がある。海岸線は荒涼として、隠れる場所もない。陸に目を向ければ、崩れかけの石壁や、むき出しの岩が目につく。強い風が吹き、雨が打ちつけるこのような場所で、コネマラは持久力と忍耐力のあるポニーへと進化していった。

だが、コネマラがいつ誕生したのか、歴史をさかのぼっても正確な時期ははっきりしない。それでもアイルランドで発見された馬の化石から、アイスランド・ホースやシェトランドに似たポニーが紀元前2000年頃からこの地に存在していたことがわかっている。この島へは、馬術に長けたケルト人が紀元前6～同5世紀に東洋の影響を受けた馬をアルプスから持ち込んだ。当時、馬は日常生活の中心であり、輸送手段として用いられたほか、戦場でも活躍した。

そのケルト人は貿易を盛んに行い、ヨーロッパ各地で取引をしていたのだが、スペインやガリアなどではイベリア馬や東洋産の馬が交換されていた。そして16世紀までには、最上級のイベリア馬やモロッコの馬、アラビア半島の馬、北アフリカのバルブなどがアイルランドに持ち込まれ、コネマラ地方に生息する在来種と交配された。その結果、優れた性質と美しい容姿が現在のコネマラにも色濃く残ることとなったのだ。

しかし19世紀末になると、コネマラの性質と、完璧と言っていい馬格は損なわれ始めた。それは、当時の農村に貧困が広がり、目の行き届かないところで馬の交配が進んだためだ。そこでほかの馬種（主にウェルシュの牡馬）を交配に用いて、コネマラを改善しようという公的な取り組みが行われるようになった。当初は失敗の連続だったが、改善計画は徐々に効果を見せ始め、やがて質の良い在来種の牝馬と、新たに輸入した種牡馬が交配されるようになっていく。

その際に基礎となった3頭の種牡馬も質が良く、コネマラの優れた特徴を維持する役目を果たしてくれた。その3頭とは、1922年生まれのラベル、翌23年生まれのゴールデングリーム、そして1904年生まれのキャノンボールだ。特にキャノンボールは強いカリスマ性を持つ馬で、地元住民からの人気も高く、死亡時には通夜が行われたほどだった。そのあとはアラブやウェルシュ、アイルランド輓馬、サラブレッドなどが品種改良に用いられた。その結果、コネマラは現在では最も能力が高く、最も魅力のある在来ポニーと言われるまでになった。

そんなコネマラは体こそ小さいが、乗馬はもちろんのこと、馬場馬術や障害飛越競技にも秀でたアスリートだ。また、警戒心が強いものの調教しやすいため、子どもにもよく利用されている。何より注目に値するのは、その滑らかな歩様だ。大きく、低く、一定のリズムを保ったその歩様には、16～17世紀のアイルランドで非常に人気があったアイリッシュ・ホビー（絶滅種）というゲイテッド・ホース（常歩（なみあし）や速歩（はやあし）、駈歩（かけあし）以外の特殊な歩様を持つ馬種群）の影響が見られる。

CONNEMARA | コネマラ

WELSH PONY

ウェルシュ・ポニー

古代–ウェールズ–一般的

HEIGHT | 体高
英国：121 cm 以下（12ハンド以下）
米国：123cm 以下（12.2ハンド以下）／セクションA

APPEARANCE | 外見
小さく美しい頭部に、大きな目と小さな耳がついている。頸はきれいなアーチ状。背は短く、斜尻で、尾付きは高い。肢部は短いがたくましく、距毛はない。蹄は非常に堅牢。

COLOR | 毛色
基本的に芦毛だが、どんな色でも認められる。

APTITUDE | 適性
乗馬、軽輓馬、ショーイング、馬場馬術、障害飛越競技、馬術競技。

ブリテン諸島は、9種の在来ポニーの産地である。どの種も現存しており、またその歴史も古い。ブリテン諸島産のこれらのポニーはマウンテン・アンド・ムーアランドと総称されることもある。岩だらけの荒れ地や高地を中心に生息し、進化してきたからだ。それぞれの種にユニークな特徴がある一方、同じような厳しい環境で育ってきたため共通点も多い。そして9種のうちのほとんどが、有史以前に共通のルーツを持っている。

ブリテン諸島の在来種のなかで最も影響力が大きいのは、有史以前からウェールズの荒れ地を闊歩しているウェルシュ・ポニーだ。現代の馬の品種改良にこのポニーを使い、大成功を収めた例が数多くある。たとえば米国のウェレーラは、ウェルシュ・ポニーとアラブを交配させて誕生した。そんな偉大なポニーであるウェルシュ・ポニーは、絶滅したケルトポニーの子孫だと考えられており、1901年には、その重要性に気づいていた地主たちが中心となり、英国でウェルシュ・ポニー・アンド・コブ協会が設立された。

そして翌1902年、最初の血統書が刊行される。それによると、ウェルシュ・ポニーは進化のタイプによって4つのセクションに分けられるという。ウェルシュ・マウンテン・ポニー（セクションA）、ウェルシュ・ポニー（セクションB）、コブタイプのウェルシュ・ポニー（セクションC）、ウェルシュ・コブ（セクションD）の4つだ。

そのうちウェルシュ・マウンテン・ポニー（セクションA）は最も歴史が古く、発見された化石から紀元前1600年にはすでにウェールズの人里離れた丘に生息していたことがわかっている。彼らは小型だが持久力があり、頑健で、歩様もしっかりしている。厳しい環境に適応するなかで、こうした資質を身につけたのだ。

ウェルシュ・マウンテン・ポニーは、その歴史の初期段階でアラブと交配されたが、それはユリウス・カエサル（紀元前100～同44年）の奨励によるものと思われる。ローマ人は当初、この頑健なポニーを主に軽輓馬として使っていたが、やがてそれ以外にも広く利用するようになった。そうした流れのなか、スピードや敏捷性を高めようとアラブや東洋種を交配に用いるようになったのだ。今日のウェルシュ・マウンテン・ポニーの体質や動きを見れば、アラブの血が入っていることがよくわかる。魅力的な頭部やわずかに反った背中も、アラブの影響と言えるだろう。

18～19世紀に行われた品種改良では、アラブに加えサラブレッドやハクニーも交配に用いられた。特にマーリンという名の、サラブレッド三大始祖の1頭であるダーレーアラビアンの子孫による影響が大きく、ウェルシュ・マウンテン・ポニーはときにマーリンズと呼ばれることもあるほどだ。また、アラブ系の血を引く、1894年生まれのディオルスターライトもウェルシュ・マウンテン・ポニーの基礎となった。ディオルスターライトはどっしりとした芦毛のポニーで、よく似た芦毛の子孫をたくさん残した。今でも芦毛は、ウェルシュ・マウンテン・ポニーの基本的な毛色となっている。

2つ目のウェルシュ・ポニー（セクションB）は、セクションAよりやや大きく、体高は134cm以下（13.2ハンド以下）で、品が良く美しい。両目の位置のバランスも良く、引き締まった頭部に小さな耳がついている。毛色はどんな色にもなりうるが、青毛、鹿毛、芦毛になる場合が多い。馬格の良いこのポニーは優れた乗用タイプで、主に障害飛越競技で力を発揮する。

このウェルシュ・ポニーはもともと、小型のセクションAと、ポニーとしては大型のセクションDを交配させてできたタイプである。したがって初期サラブレッドのマーリンや、アラブ系の血を引くディオルスターライトなど、セクションAの血統と共通する部分が多い。ウェルシュ・ポニーに重要な影響を与えた種牡馬、タニブルフバーウィン(1924年生まれ)も、ディオルスターライトやバルブの血を引いている。そのほかクリバンビクター(1944年生まれ)とソルウェイマスターブロンズ(1959年生まれ)の2頭も、種牡馬としてこのポニーの発展に大きな役割を果たした。このようにして改良されたウェルシュ・ポニーはエレガントかつ自在な動きが特徴で、ほかのセクションのポニーと同様、乗馬と牽引に適している。

3つ目のコブタイプのウェルシュ・ポニー(セクションC)はセクションAやBよりがっしりした体格で、体高は134cm以下(13.2ハンド以下)。外見はコブを反映してたくましく、身のこなしにも威厳がある。一方でセクションAやBの美点もすべて受け継いでおり、筋肉質で美しいアーチ状の頸に魅力的な頭部がつながっている。また、引き締まった体と力強い肩を持つため動きも機敏だ。

最後のウェルシュ・コブ(セクションD)はウェルシュ種のなかで最も大柄で、体高は134cm以上(13.2ハンド以上)。外見や適性はセクションCと似ている。どちらもほかの小型の馬やポニーと同じく乗用と牽引用に適しているほか、障害飛越競技にも向いており、地面をとらえる自然な足運びを特徴とする。毛色は両者ともにどんな色にもなりうるが、青毛、鹿毛、芦毛が多い。

セクションCとDはルーツも共通しており、セクションAにさまざまな馬を交配してつくられた。古くはローマ人が持ち込んだ馬、それからのちに大量のスペイン馬とも交配されるようになった。さらにハクニーや、絶滅したノーフォーク・トロッターなどとも交配された。ウェルシュ・コブはその使い勝手の良さから、特に中世に人気を博し、農耕用、乗用、輸送用として活躍した。また、ヘンリー・テューダーがイングランド王位に就いた1485年には、ウェールズの民兵軍に軍馬としても利用されていた。このたくましく、エネルギッシュなポニーは今も昔も非常に滑らかな速歩(はやあし)で知られており、荒れ地にも無理なく、すばやく適応することができる。そしてその速歩が有名であるだけに、繁殖馬を選ぶときは歩様の質を基準とするようになった。

NEW FOREST PONY
ニュー・フォレスト・ポニー

古代　イングランド—やや希少

HEIGHT｜体高
122～144cm(12～14.2ハンド)

APPEARANCE｜外見
大きく美しい頭部に、筋肉質な頸と適度に傾斜した肩を持つ。体の横幅は狭いが、がっしりしている。歩様は大きく、低く、滑らか。乗り手自身が飼育すれば、(野生種とは対照的に)すばらしい乗用ポニーに育つ。

COLOR｜毛色
佐目毛(さめげ：ピンク色の肌に象牙色の被毛および長毛)、斑紋、駁毛(白と茶、白と黒)を除くすべての色。

APTITUDE｜適性
乗馬、ショーイング、馬場馬術、軽輓馬、障害飛越競技。

ニュー・フォレスト・ポニーは、英国の在来ポニーのなかで最も多種の影響を受けてきた。そのため個性もひときわ豊かだ。そんな彼らは、原野や湿原、森林、開けた牧草地などが点在するイングランド南部の広大な地域、すなわちニュー・フォレストで誕生した。

見渡す限り自然あふれる景観が広がっているニュー・フォレストは、現在では保全地域および国立公園に指定されている。だがこの地域も、英国史の初期においては人々の往来が少なくなかった。686年頃、古代ウェセックス王国(アングロ・サクソン七王国のひとつ)の首都になったウィンチェスターに近いためだ(ウィンチェスターは10世紀にはイングランドの首都となる。その後、1066年のノルマンディ公によるイングランド征服、すなわちノルマン・コンクエストを機に首都はロンドンに移された)。

そこには周辺地域と中心部をつなぐ道が整備されており、人々や家畜が往来していた。つまり、孤立した環境のなかで進化したほかの英国在来ポニーとは異なり、ニュー・フォレスト・ポニーはたくさんの馬乗りが行き交う地域で育ったというわけだ。その結果、ほかの在来種が遺伝子的に純粋であるのに対し、このポニーは進化の過程において、さまざまな種の影響を受けることになったのだ。

ニュー・フォレスト・ポニーが初めて登場した文献は、1016年にデーン朝を開いたイングランド王クヌートが同年に施行した森林法で、その後、ノルマン朝を開いたウィリアム1世が、1079年頃にニュー・フォレストを王家の猟場に指定する。その際、ウィリアム1世は森林に住む住民たちに共同放牧地の権利を与えた。そうして同じ一帯に野生のポニーと家畜のポニーが同居する形になり、私有地に侵入した野生のポニーが家畜のポニーと交配するようになった。

当時、ニュー・フォレスト・ポニーは遺伝子プール[訳注：交配可能な同種個体の遺伝子を集めたもの]が極度に薄まることがたびたびあった。旅行者が連れていた馬がこのポニーと交配することがよくあり、その影響がすぐに出たためだ。体系的な品種改良が初めて行われたのは1208年で、このときは18頭のウェルシュ種の牝馬が用いられた。以後、このポニーとウェルシュの交配は頻繁に行われることとなった。

一方で、1750年生まれのマースクというサラブレッドの種牡馬も、ニュー・フォレスト・ポニーの品種改良に大きく貢献した。マースクは有名な競走馬、エクリプスの父でもあるが、1765年に交配に用いられると、ニュー・フォレスト・ポニーの性質は全面的に改善された。現在でも多くの個体がエレガントな頭部を持ち、品があるのはマースクの名残と言えるだろう。その後19世紀になると、ヴィクトリア女王(1819～1901年)の指揮のもと、新たな品種改良の取り組みが始まった。1852年には女王が所有するアラブの種牡馬ゾラが、さらに1889年には同じく女王所有のアラブ種のアベヤンと、バルブ種のイラッサンも交配に用いられた。

そうして20世紀に入ると、ほかの英国在来種(ハイランドやデールズ、フェル、ウェルシュ、ダートムア、エクスムアら)も交配に用いられ、大成功を収めた。なかでも品種改良に熱心だったのはルーカス卿(1876～1916年)で、アラブ種の子孫であるディオルスターライトの血を引くウェルシュのほか、ダートムアやエクスムアを交配に用いた。そして現在では、この種の多くが半野生の状態でニュー・フォレストに生息している。個体ごとにさまざまな特徴を持つが、歩様がしっかりとしていて、身のこなしが軽いのは共通している。また馬格がきわめて良いため、子ども用のポニーとしても重宝されている。

FELL

フェル

古代–イングランド–きわめて少ない

HEIGHT | 体高
142cm以下(14ハンド以下)

APPEARANCE | 外見
小さく上品な頭部に、知的で優しげな目と、形の良い頸を持つ。背は長く、後躯は筋肉質。肩は傾斜しており、胸は深く広い。肢は頑丈で、踵には距毛が生えている。

COLOR | 毛色
青毛が主だが、青鹿毛、鹿毛、芦毛も見られる。

APTITUDE | 適性
乗馬、軽輓馬、駄馬、ショーイング、馬場馬術、障害飛越競技、馬術競技。

フェルは近縁種のデールズと同じく、漆黒の毛と威厳のある身のこなしが特徴の、個性的で美しい英国の在来ポニーだ。そのルーツは、ローマ人が支配していた時代の英国(当時の呼称はブリタニア)にさかのぼる。紀元前55年頃、ユリウス・カエサル率いるローマ軍が上陸し、馬を持ち込んだのが始まりだ(実際にローマ人がブリタニアを支配していたのは紀元43～410年)。

ローマ人は、現在のスコットランドにあたる地域に住んでいた気性の荒いピクト人と繰り返し戦い、北境を押し広げていた。そして122年、ローマのハドリアヌス帝は巨大な要塞壁の建設を命じ、ピクト人を寄せつけないようにする。後年、ハドリアヌスの長城と呼ばれるようになるその城壁は、東西の海岸を結ぶようにイングランドの北部を横断し、城壁に沿って1.6km(1マイル)ごとに衛兵と警備隊が置かれた。その城壁の建設は稀に見る一大事業であり、大きな歴史的事件であったが、同時にフェルの誕生に関わる非常に重要な出来事でもあった。

当時の在来ポニーは小さく、エクスムアと共通点の多いタルパンに似たポニーの子孫だった。さらに歴史をさかのぼると、有史以前からブリテン島に生息していたポニーは、北イングランドに位置するペナイン山脈の北端と西端に沿った地域で、あるいは同じく北イングランドのウェストモアランドやカンバーランドの未開地で進化した。

なかでもギャロウェイはスーパーホースと呼ぶにふさわしい種であり、しっかりとした歩様で、スコットランドの兵士や家畜商人を乗せて走り回る、疲れを知らないポニーだった。その速歩(はやあし)で広く知られたこのポニーは、スコットランドの最南端にあるギャロウェイ岬で繁殖した。残念ながらギャロウェイはすでに絶滅しているが、フェルやデールズ、ハイランドなど(間接的にはサラブレッド、カナダのニューファンドランドなどにも)、数多くの品種改良に影響を及ぼした。

ハドリアヌスの長城の建設当時、北イングランドに生息していた小さなポニーでは、建設に必要な資材を運ぶことは難しかった。そのため長城の建設が開始されると、フリースラント(現在のオランダ北部)から600名近くの労働者とともに多数の大型馬が派遣され、作業を手伝うことになった。その大型馬というのは漆黒の青毛と堂々とした風格が特徴のフリージアンで、やがてフリージアンと在来ポニーが交配することとなる。

そしてフェルの誕生に最も影響を与えたのも、このたくましいフリージアンだった。ローマ人の撤退後に北イングランドに残された1000頭ほどのフリージアンが在来種と交配した結果、フェルの特徴が確立されていったのだ。実際、今日のフェルにもフリージアンの特徴が色濃く残っていることが見てとれる。一方、ローマ人によってもたらされたほかの外来種(特にアラブや、ほかの欧州原産の馬)は、ギャロウェイを除きほとんど交配に用いられなかったため、遺伝子的にはほとんど影響を受けていない。

フェルはその大きさのわりに非常に力があり、重い荷でも運ぶことができる。そのため乗用馬や輓馬としても使われ、北イングランドでは輸送用として広く活躍した。18世紀までは整備された道路も少なかったため、荒れ地をそれなりのスピードと安定したペースで移動するのに最適だったのだ。だが、19世紀になるとフェルはだんだんと輸送や農業に使われなくなり、代わって繋駕速歩競走によく使われるようになった。そして今日では、子どもや小柄な大人向きの乗用・馬車牽引用ポニーとして使われている。

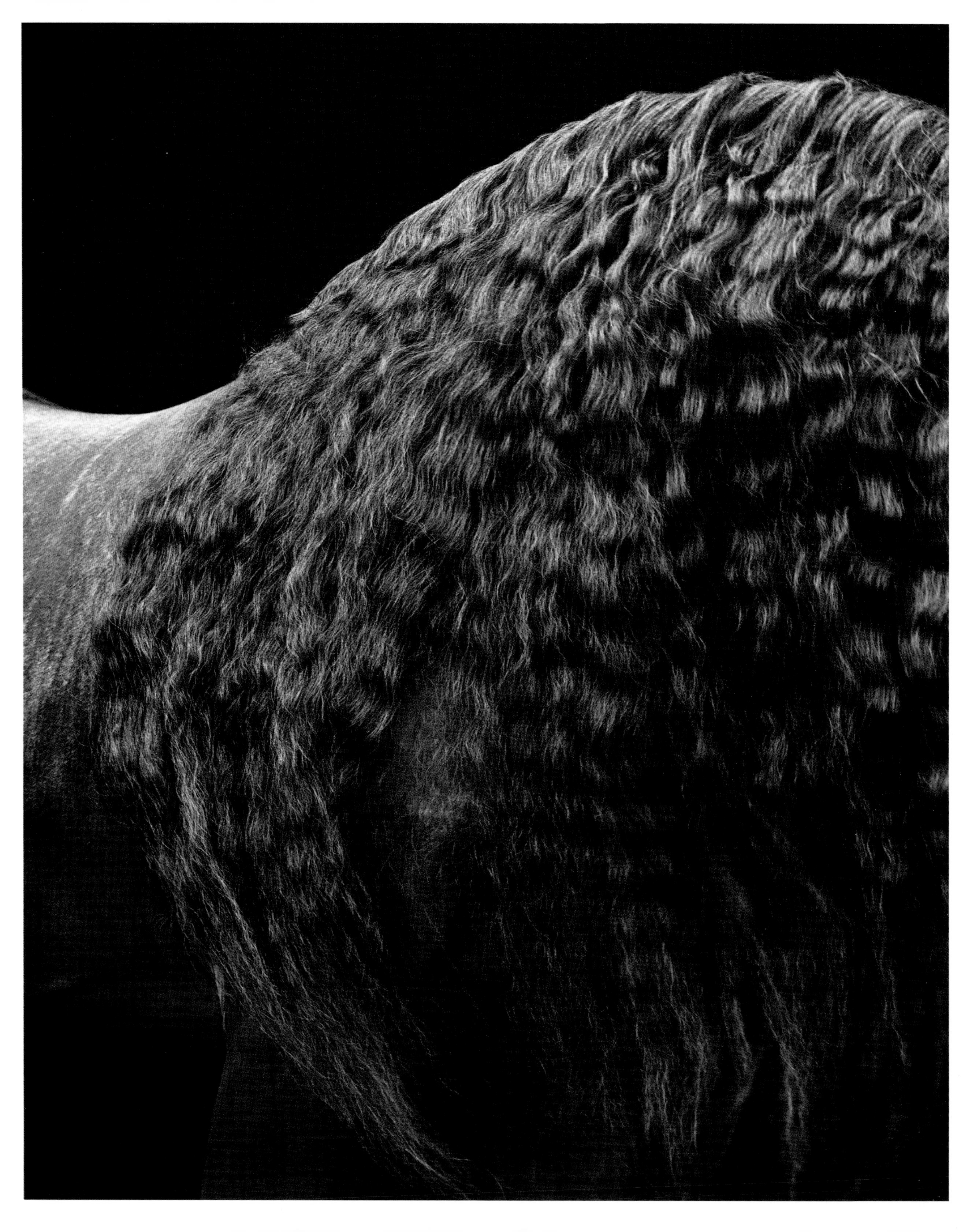

FRIESIAN

フリージアン

有史以前–オランダ–やや希少

HEIGHT | 体高
152～164cm(15～16.2ハンド)

APPEARANCE | 外見
引き締まった美しい頭部と、直立した上品な頸が威厳を醸し出している。大きく優しげで表情豊かな目と、小さく整った耳、そして筋肉質な体躯を持つ。力強い体幹と、がっしりとした距毛のある肢が特徴。

COLOR | 毛色
青毛。

APTITUDE | 適性
乗馬、軽輓馬、馬場馬術、古典馬場馬術、障害飛越競技、馬術競技。

フリージアンは、それほど広く知られてはいないものの、見る者に威厳を感じさせる立派な馬だ。見事な漆黒の青毛と、堂々とした風格、そして卓越した身のこなしで人々を魅了するうえ、気性も申し分ない。この馬は有史以前にルーツを持つが、その歴史を通して見ても、きわめて純度が高いと言える。だが、その歴史にはめまぐるしい変化があり、幾多の困難にも直面した。そのため現在は手厚い保護を受けているが、それでもこの純粋種の頭数はきわめて少ない。

フリージアンはフリースラント(現在のオランダ北部)で、紀元前500年頃に誕生した。その数千年前からフリースラントにいた馬が徐々に進化し、分化して生まれたのだ。この地域で行われた発掘調査では、モウコノウマや、どっしりして頑丈なフォレスト・ホース、タルパン、ビッグ・ホース(*Equus robustus*)など、有史以前の馬の骨が大小さまざま出土した。これらの馬がどの程度交配していたかは不明だが、タイプや馬格から判断すると、フリージアンは大きな体と丈夫な骨を持ったビッグ・ホースから進化したと考えるのが自然だ。

フリージアンはその歴史の初期において、多くの古代種と同じように農耕・輸送・駄載用、さらには軍用馬としてさまざまな作業に従事した。また、122年頃には労働者とともにイングランド北部に持ち込まれ、ハドリアヌスの長城の建設にも従事している。やがて彼らはそこで現地の在来種であるデールズやフェルと交配することとなり、それらの血統に少なからぬ影響を与えた。当時、フリージアンは敏捷性やセルフキャリッジ[訳注:馬が自分でバランスとリズムを保つこと]の能力を買われ、フリースラントの労働者に乗用目的で好まれていた。さらに4世紀になると、イングランド北部のカンブリア州カーライルで、兵士を乗せて走り回ることにもなった。

このようにブリテン諸島に古代から存在したフリージアンは、デールズやフェルだけでなく、オールド・イングリッシュ・ブラック(絶滅種)やリンカンシャー・ブラックなど多くの英国在来種の進化に深く関わった(オールド・イングリッシュ・ブラックやリンカンシャー・ブラックは、英国のアイコン的な品種であるシャイアーの改良に重要な役割を果たした)。さらに16世紀にも、再び多くのフリージアンが英国に持ち込まれた。オランダの技術者たちがイースト・アングリア地方の湿地帯の水はけを良くするために招聘された際に、愛馬を連れてきたのだ。

そうして英国で頭数が増えた中世では、フリージアンは国王の馬として人気を博すようになった。一方で軍馬としての利用も広まり、それがアラブをはじめとする東方の馬と接触するきっかけとなった。オランダがスペインから独立を勝ち取った八十年戦争(1568～1648年)でもフリージアンは軍馬として利用され、このときにはアンダルシアンなどのスペイン馬と出会うことになった。アラブもアンダルシアンもフリージアンの改良に大いに役立ち、やがて肢を高く上げる速歩(はやあし)や鮮やかな身のこなしといったフリージアンならではの特徴が生まれた。

とはいえフリージアンは遺伝子的にきわめて純粋で、他種から影響を受けるよりも、影響を与える側であり続け、フランスのアリエージュ、ドイツのオルデンブルグ、北米のモルガンなどの品種改良に貢献した。さらに彼らは、北米のスタンダードブレッド、ロシアのオルロフ・トロッター、英国のハクニー、ノルウェーのデール(グッドブランダール)やノース・スウェディッシュ・ホース、フィニッシュ・ユニバーサルなどのトロッティングホースにも決定的な影響を与えている。

そんなフリージアンは、17世紀になるとフランスやスペインの乗馬学校で古典馬術の訓練にも利用されるようになり、アンダルシアンやリピッツァナー、ルシターノとともにこの方面でも有名になった。当時の彫刻では、明らかにフリージアンとわかる馬が数多くモチーフとされている。傑出した騎手だったウィリアム・キャヴェンディッシュ(1592～1676年)の記述によれば、フリージアンは馬場馬術や乗馬学校での訓練にうってつけだった。さらに品のある外見や動作から、馬車牽引馬や繋駕速歩競走向きのトロッティングホースとしても人気を博した。

このようにかつては幅広い分野で人気があったフリージアンだが、18～19世紀になると、スマートなヨーロッパの温血種に人気が集まりだした。そして、そういった馬たちが馬場馬術や障害飛越競技などのスポーツ・イベントのために繁殖されるようになると、フリージアンは徐々に国際舞台から姿を消していった。だがオランダでは依然、フリージアンは重要な馬であり続けた。

しかし20世紀に入る頃になると、オランダでもボーヴェンランダーなどのより大きく力のある輓馬が登場したため、フリージアンは農業での活躍の場も奪われ、頭数が激減してしまう。そこでブリーダーたちは、フリージアンをより頑丈に、より輓馬らしくなるよう品種改良を試みた。だがその結果、彼らならではのエレガントさや美しさといったものが失われてしまったうえに、ますます速歩に特化して品種改良されるようになったため、ほかの優れた性質も消失してしまい、品種全体の質が著しく低下した。

こうした状況を改善するため、1879年にフリージアンの最初の血統書が刊行された。だがその甲斐なく、1913年にはオランダに残っていた牡馬はわずか3頭にまで減ってしまった。第二次世界大戦が始まると、燃料費を抑えるという目的から馬の需要が高まったため、状況はある程度回復したが、戦後になると、農業の機械化の波によってフリージアンはまたしても減少してしまう。農家は娯楽に使うためだけに馬を保持する余裕などなく、フリージアンは不要な存在となり始めた。しかし1960年代にまた状況が変わる。フリージアンの熱狂的ファンが集まり、種の質と数を回復させて、以前の栄光を取り戻そうという取り組みが始まったのだ。

その結果、今では頭数はかなり回復しており、英国や北米を中心に世界的にも高い評価を得ている。現在のその大きな外見的特徴は、青毛しか存在しない(以前は栗毛や青鹿毛も生じていた)ことと、威厳のある外貌である。そんなフリージアンは現在、馬場馬術や繋駕速歩競走、障害飛越競技、ショーイングで見ることができる。

ARIÈGEOIS

アリエージュ

有史以前－フランス／スペイン－やや希少

HEIGHT｜体高
132～145cm（13～14.3ハンド）

APPEARANCE｜外見
小さい頭部に、広い額と先細の鼻口部が特徴的。頸は短く筋肉質で、よく発達した後躯と、やや長い背、頑強な肢を持つ。多くの山岳馬と同じく、外反膝（がいはんしつ：いわゆるX脚）の個体が多いが、動きに影響はなく、歩様はきわめて安定している。

COLOR｜毛色
青毛。

APTITUDE｜適性
乗馬、軽輓馬、農用馬、駄馬。

このゴージャスなマウンテン・ポニーはフランス南西部、ミディピレネー地域のアリエージュ県で進化を遂げた。ピレネー山脈東端に位置し、スペインおよびアンドラとの国境を接する地帯である。品種名も地名もともに、イベリア半島を東西方向に走るピレネー山脈を水源とし、北上してフランス南部を流れるアリエージュ川が由来だ。川の流域に広がるこの地帯では非常に美しい景観が見られるが、冬は過酷な環境となる。そのためここで育ったアリエージュは、きわめてたくましいポニーへと成長した。

山岳馬の例に漏れず、アリエージュも歩様が非常に安定しており、岩山や氷で覆われた地帯でも難なく越えることができる。また、過酷な環境で進化したさまざまな種と同じく粗食に耐え、道端に生えている草などで命をつなぐこともできるし、頑健ではない馬がすぐに音（ね）を上げてしまうような場所でも体調を維持することができる。この馬は特に病気に耐性があり、英国の在来ポニーと同様、耐候性の被毛を持つ。

そんなアリエージュは、外見や体質の面では北イングランドのペナイン山脈に住むデールズやフェルとよく似ている。そして彼らと同じように、オランダ北部原産のフリージアンなどの原始種から進化した可能性が高いと考えられている。

アリエージュが有史以前から山岳部を生息地としていたとする証拠がある。そのなかで特に注目すべきは、ニオー洞窟の壁画だ。アリエージュ県の中心にあるその洞窟には、アリエージュらしき馬の絵と、アリエージュ地区より北東部に住むカマルグらしき馬の絵が描かれている。壁画のなかで最も特徴的なのは、アリエージュを包み込むコートのような被毛と、あごひげに似た長い毛だ。この毛は冬になると長く伸びる。

アリエージュに関する最初の文献はローマ時代にまでさかのぼり、ユリウス・カエサル（紀元前100～同44年）によるガリア戦争の回想録のなかで初めて登場する。馬術や馬の繁殖が得意なガリア人は当時、選択交配で多くの在来種を改良した。おそらくはスペイン馬や東洋種を使った交配だと思われるが、カエサルによれば、ガリア人は山岳馬のアリエージュの改良も行っていたという。

実際にアリエージュは、その歴史の初期段階から東洋種の大きな影響を受けている（現代でも1971年にアラブの血を用いて種の改善が図られた）。そしてローマ人による支配が始まると、より大きくがっしりしたローマの馬と交配され、体を大きくされたうえで輓馬、軍馬として利用されたものと思われる。

だが、アリエージュはその後も数世紀にわたりフランス産のペルシュロンやブルトンなどの輓馬と交配され続けたことで、もともと持っていたいくつかの性質を失ってしまった。それでも、この品種が魅力的かつ有益な動物であることに変わりはなく、原産地である山間部の農村においては今でも広く利用されている。彼らは険しい丘の中腹の農地で耕作や馬鍬（まぐわ）、種蒔き、収穫を手伝うだけでなく、バイクや自動車が通れないような場所での往来も可能にしてくれる。また昔ほどの頻度ではないが、駄載や牽引、鉱物や木材の輸送、乗用にも使われている。過去にはスペインとの国境地帯での密貿易に利用されることもあった。

このように働き者で安定した歩様を持つアリエージュは、気性も穏やかで知的であることから子どもや乗馬が苦手な人の騎乗にも向いている。

CAMARGUE

カマルグ

有史以前–フランス–やや希少

HEIGHT｜体高
133 ～ 142 cm（13.1 ～ 14ハンド）

APPEARANCE｜外見
大きな頭部と、筋肉質で太く短い頸、そして直立した肩を持つ。き甲はよく抜けており、背は短く筋肉質。胸は深く幅広で、肢は力強く頑丈。生息地の湿気に適応した幅広の蹄は堅牢で、蹄鉄が不要なほど。一歩がとても大きく、歩様は滑らかで、駈歩も自在。

COLOR｜毛色
芦毛。

APTITUDE｜適性
乗馬、牧畜用馬。

南仏を流れるローヌ川の流域に広がるデルタ地帯の湿原を、白いカマルグがキラキラと光を放ちながら駆け抜けてゆく様は、神秘的なまでに美しい。水面が反射してきらめく地平線に、突如として姿を見せたカマルグ。その額には一筋の汗が流れ、吐息は白く曇って見える。強靭かつ個性的なカマルグのこうした光景を観光客が偶然目にすることができたとすれば、幸運以外の何物でもない。

カマルグは半野生で生きる数少ない種のひとつであり、過酷な環境のなかで小さな群れをつくって暮らしている。生後すぐの毛色は青鹿毛や青毛だが、成長するとカマルグの特徴である純白に生え変わる（毛色の変わる時期には個体差があるが、少なくとも4年はかかる）。その色は、大自然のなかで彼らの神秘的なオーラをさらに際立たせている。

カマルグのルーツは有史以前にまでさかのぼるとされており、その

有力な証拠のひとつがフランス・ブルゴーニュ南部にあるソリュートレ遺跡に残っている。この遺跡にそびえる巨岩の南側の頂から、3万2000〜1万2000年前のものと推察される、カマルグの骨と酷似した形の馬の骨が発見されたのだ。旧石器時代のソリュートレ遺跡は数千年にわたり、食用にする馬のと畜場として、あるいは儀式のために使われていたと考えられている。そのほかフランス南西部ドルドーニュ県のラスコー洞窟（紀元前1万7000年頃）や、アリエージュ県のニオー洞窟（紀元前1万1500年頃）の壁画にもカマルグに似た馬が描かれていることから、カマルグは有史以前にすでに生息していたと考えて間違いないだろう。

カマルグが住むデルタ地帯は、塩湖や汽水性の潟湖（せきこ）、砂洲などに囲まれており、南には葦（アシ）の群生地が、北には乾いた大地にブドウ畑や四角い穀物畑が広がっている。そこは寒く過酷な環境で、冬はミストラル（フランス南東部に吹く強い北風）がローヌ渓谷に吹き荒れ、夏には太陽が照りつける。さらに食欲旺盛な蚊やハエも群棲しており、この土地に暮らす動物たちの暮らしをいっそう困難なものにしている。それでもこのデルタ地帯の湿原には、カマルグだけでなくフラミンゴやイノシシなど、多種多様な動植物が見られる。

このように自然の荒々しさが残るカマルグ湿原地帯は、地理的にも隔絶されているため、結果としてカマルグ種の純度も保たれることとなった。しかし過去には何度か、兵士や軍隊がよその地域から持ち込んだ馬の影響も受けている。たとえば紀元前には、好戦的なインド・ヨーロッパ語族が頑丈なモウコウマを連れてきたし、ギリシャ人やローマ人、アラブ人たちも馬とともにこの地へやってきた。なかでもローマ人はカマルグを高く評価し、ユリウス・カエサルもこの馬の特長について記述を残している。

だが、カマルグに対して最も強い影響を与えたのは、風格ある北アフリカのバルブとイベリア馬だった。バルブとイベリア馬がカマルグ地帯にやってきたのは7〜8世紀、イベリア半島からムーア人が侵攻してきた頃だ。バルブの影響は今日でもカマルグに認められ、それは頭部の形や気品ある身のこなしなどに表れている。また、フランスのカウボーイ「ガルディアン」や、金属かごのような鐙をはじめとする馬具類など、この地域に受け継がれてきた馬にまつわる伝統の多くも、ムーア人が持ち込んだイベリア半島の伝統に由来する。それから10世紀以上経つものの、カマルグにはそれ以外の種の影響はほとんど見られない。

カマルグという土地は、前述したような自然あふれる独特の風土であるため独自の文化が発展したが、カマルグ種はその中心にいると言ってもいいだろう。なにしろこの地域は、いわばフランスにおけるワイルド・ウェスト(開拓時代の米国西部)のような土地で、カマルグに乗ったガルディアンが、気性が荒く好戦的なカマルグ牛を追い立てるといった光景が見られるのだ。

そのカマルグ牛は長い角を持った牛で、美味な肉質を持つことで知られており、肉牛用として、さらには短気な性格から闘牛やブルランニング(ガルディアンが得意とするスポーツで、牛の角の間に置かれた花形帽章を取ってこなければならない)用としても飼育されている。そんなカマルグ牛は、馬のカマルグ種とともに湿原で放牧されていることが多いため、ガルディアンはカマルグに乗り、三叉ほこ(先が三つ叉になった木製の長い棒)を使ってこの牛を一か所に集め、管理しているというわけだ。カマルグの体高は142 cm以下(14ハンド以下)と比較的小さいが、アメリカン・クォーター・ホースと同じように勇敢で、家畜を追いかける本能を持っているため、ガルディアンの大きな助けとなっている。

このように人々の日々の生活に貢献してくれているカマルグに感謝の意を表すため、毎年5月になると「ガルディアンの祭り」が開かれる。その祭りでは、カマルグに乗ったガルディアンが街を練り歩くパレードが行われ、それから巧みな馬術を披露する。この地域で行われるほかの祭りでもカマルグはなくてはならない存在であり、数々の乗馬イベントが催されている。そのイベントとは、ガルディアンが全速力で走る馬から馬へと飛び移ったり、馬に乗って全速力で走りながら美女が持っている大皿からオレンジをつかみ取ったりするというものだ。

しかしカマルグ種は、この土地が外の世界から隔絶されていること、さらにガルディアンが人里離れて暮らしていることなどが理由で、20世紀中頃まであまり知られていなかった。カマルグに対する公的な活動が始まったのは1968年で、この年にカマルグ・ブリーダー協会が発足し、年1回の牡馬調査を含む保護活動が始まった。カマルグが広く知られ、こうした活動が始まるようになったのは、1953年に公開されたフランスのアルベール・ラモリス監督による短編映画『白い馬』がきっかけだった。これは「白いたてがみ」と呼ばれる野生のカマルグの牡馬と少年が絆を深めていく物語で、少年が地元の牧場主の偏見と闘う様子や、馬とともに海を泳ぎ去っていくラストシーンが見事に描かれている。現地ロケを行い、馬が登場するシーンでは本物のカマルグを使ったこの映画は、カンヌ映画祭に出品されたほか、フランスではジャン・ヴィゴ賞という映画賞を受賞した。また、2007年に米国で再上映された際にも批評家から大絶賛を受けた。少年と馬の心温まる関係を優しさあふれるタッチで描いた、子どもだけでなく大人も胸打たれる作品だ。

カマルグが湿原を駆け抜ける姿や、気性の荒いカマルグ牛を追い立てる姿は本当に美しい。外見上は直立した肩や、大きな頭部、太く短い頸といった欠点はあるものの、その忍耐強さは称賛に値する。カマルグは生息環境に完全に適応したため粗食に耐え、ほかの種なら命を落としてしまうかもしれないほど過酷な場所でも、硬い草や湿原に生える葦などを食べて生き抜くことができる。

また、その肢は力強く頑強で、生息地の湿原に適応した幅広の蹄をしている。蹄も堅牢で、蹄鉄が不要なほどだ。前述したように肩は直立しているが、一歩一歩がとても大きく、歩様は滑らかで、軽々と地面を走っていく。その歩様の滑らかさ、心地よさから、地方自然公園に指定されているカマルグ地帯をこの馬に乗って散策したいと望む声が後を絶たない。

カマルグはとても神秘的で、歴史も非常に古い。彼らが他品種から際立って特別視されているのは、こういった特徴を持つからというだけでなく、カマルグという土地にとって大切な存在だからという理由もある。フランス国外にもカマルグのブリーダーはいるが、やはりカマルグと原産地とのつながりは切っても切れないものなのだ。また、猛然と湿原を駆け抜けていく姿からカマルグは「海の白い馬」とも呼ばれるが、その呼び名もロマンティックな魅力を醸し出すのに一役買っているのだろう。

KNABSTRUP

クナーブストラップ

古代−デンマーク−やや希少

HEIGHT｜体高
163cm以下(16ハンド以下)

APPEARANCE｜外見
均整のとれた体つきと、独特な毛の模様が目を引く。毛色重視の品種改良をしたため、大きさやタイプはさまざまだが、均整のとれた体つきに、魅力的な頭部と、美しいアーチ状の頸を持つのは共通している。どのタイプも、き甲はよく抜けており、背は筋肉質で長さは並。後躯もやはり筋肉質。

COLOR｜毛色
駁毛。

APTITUDE｜適性
乗馬、軽輓馬、ショーイング、馬場馬術、障害飛越競技、馬術競技。

駁毛が特徴的なクナーブストラップ自体の歴史は1812年からと比較的浅いが、その起源は有史以前にまでさかのぼる。当時、その独特な毛の模様から高い人気を誇っていたヨーロッパの駁毛の馬たちが、現在のクナーブストラップを含む駁毛の馬種の遠戚であることは間違いない。

駁毛の馬は、フランス南西部のミディピレネー地域にあるペッシュメルル洞窟の壁画(およそ2万5000年前のもので、現存するなかでも初期の馬の描写)にも描かれている。もちろんこれだけでは当時の馬に駁毛がいた証拠にはならないが、絵描きが何か宗教的な理由から模様をつけ足しただけだとみなす根拠もない。いずれにしても、駁毛が薄墨毛と同じくきわめて原始的な起源を持つことも、そしておそらくは擬態[訳注:動物が体の色や形などを周囲の物や動植物に似せること]の一種として進化してきたということも広く認められている。

実際、オーストリアやイタリアで発見された工芸品の装飾から、紀元前800年頃の駁毛の馬の細部を確認できるし、過去に駁毛の馬が中央アジアからやってきたという証拠もたくさんある。たとえば名馬として広く知られ、各方面から求められたフェルガナ(現在のウズベキスタン東部に位置する地域)の馬には、駁毛の個体も多くいたようだ。800年頃には、スコットランドの修道士たちが駁毛の馬を飼育し、品種改良もしていた。コペンハーゲンのスキッビー教会にあるフレスコ画を見ると、10世紀末にはデンマークでも飼育されていたことがわかる。そこには、がっしりとした駁毛の馬が列を組み、3人の若い王子を乗せて運ぶ様子が描かれており、この見事な模様の馬と貴族の当時の関係をよく表している。それからさらに数世紀経つと、駁毛の馬はその美しさから、上層階級の人々の間で珍重されることとなった。

その証拠は、ノルウェーのヘードマルク県にあるバルディショール教会が保有していた13世紀のタペストリーにも残っている。11〜12世紀頃の騎士らしき人物が駁毛の牡馬の背に乗っている様子が描かれているのだ。同時期のスペインの写本『シロスの啓示』にも、紋章をつけた4人の騎兵のうちの1人が駁毛の馬に乗っている姿が描かれている。この頃になると駁毛の馬は、スペインからコンスタンティノープルまで、ヨーロッパ各地で人気を博すようになっていた。現代のイベリア馬やスペイン馬にこうした毛色が出ることはあまりないが、1572年に設立されたスペイン乗馬学校をはじめ、当時のオーストリアでは大きな需要があった。

一方、デンマークでは1562年、フレデリク2世が王立フレデリクスボー牧場を設立し、王室が儀式や騎馬に使うための馬の品種改良を始めた。この牧場ではたくさんのスペイン馬が育てられ、やがて駁毛の馬も増え始めた。そして1683年、フレデリクスボー牧場はスペインの修道院(繁殖施設が最高級馬の産地として知られるヘレス・デ・ラ・フロンテーラにある)から、スペルベと呼ばれる見事な青毛の種牡馬を購入する。デンマークの最古の品種であるフレデリクスボルグの改良が主な目的だったが、このスペルベの血統によって、クナーブストラップの基礎種も生まれることになったのだ。

19世紀に入ると、ナポレオン戦争の際にデンマークに駐屯したスペイン兵が馬を持ち込んだため、スペイン馬が再び数多く交配に用いられることになった。そうしたさなかの1812年、フレーベホッペンという名のスペイン産の駁毛の牝馬が、スペルベの血統を持つ牡馬と交配する。デンマークのホルベックに荘園を構えるジャッジ・ルンに

よって連れてこられたこの牝馬は、危篤状態になったルンの息子を医者のもとへ連れていくため、30 km(18.5マイル)の道のりをたった105分で馬車を引いて走ったという逸話がある。ハーネスでつながれていたもう1頭の馬車馬は死んでしまったが、フレーベホッペンはその翌日にはいつもの仕事に戻ったという。逸話が真実かどうかは意見が分かれるところだが、この牝馬が持久力とスピードに優れていたのは間違いない。ともあれ、そうしてスペルベの血統の牡馬とフレーベホッペンの間に生まれたフレーベスタリオン(1813年生まれ)という名の特徴的な駁毛の子が、クナーブストラップの基礎種牡馬となったのだった。

このようにして誕生したクナーブストラップは汎用性の高い馬だ。もともとはハーネスをつけられて農用車を引き、農地を耕していたが、やがて乗用や競馬用、騎兵用としても使われるようになった。ただし騎兵用馬としては、その目を引く毛色のためターゲットになりやすく、理想的とは言えなかったようだ。実際、1848 ～1852年にデンマークとプロイセン王国などの間で行われた第1次シュレースヴィヒ=ホルシュタイン戦争でもデンマーク将校に利用されたが、多くの馬が犠牲になった。さらに悲劇は続き、1891年にはルンの牧場が火事になり、22頭のクナーブストラップが命を落とした。

その一方でクナーブストラップには、18世紀後半には別の役割も与えられるようになっていた。英国人フィリップ・アストリーによって近代サーカスが確立されて以降、そのプログラムに欠かせない存在となったのだ。これは、彼らの滑らかな歩様、横幅が広く平らな背中が、跳躍などのサーカスでの動きに向いていたためだ。こうしてクナーブストラップは、19～20世紀初頭にはヨーロッパ各地を回り、やがてオーストラリアや米国にまで巡業するようになった。そして現在でも、サーカスで見せるその勇姿は馬愛好家たちを魅了してやまない。

そんなクナーブストラップは、気品のある美しい馬だ。がっしりとして均整のとれた体つきに、力強く頑丈な肢を持っている。しかし毛色を重視した改良が行われたため、大きさは個体によりさまざまだ。こうした繁殖方法は馬に悪影響が出ることもあり、それはこの品種も例外ではなかった。19世紀後半～20世紀初頭にかけて、馬格や動きに衰えが見られたのだ。それでも現在では十分に回復しており、乗馬や馬術競技にも対応できる万能選手となっている。

NORIKER/SPOTTED PINZGAUER

ノリーカー／ピンツガウアー

古代－オーストリア－一般的

HEIGHT｜体高
154～166 cm（15.2～16.3ハンド）

APPEARANCE｜外見
頭部と頸はバランスが良く、がっしりとした体つきも均整がとれている。後躯は筋肉質で、やはり力強く頑丈な肢には距毛がある。たてがみと尾はきわめて豊か。

COLOR｜毛色
ノリーカーの毛色は栃栗毛や白栗毛、連銭芦毛（れんぜんあしげ：銭形の丸い斑点が入っている芦毛）、ブリンドル（黒や茶などの毛色が虎の縞模様のようになっている毛）など多様。ピンツガウアーは駁毛のみ。

APTITUDE｜適性
重輓馬、乗馬、食肉用。

ノリーカーはヨーロッパの重輓馬で、その歴史は非常に古く、有史以前のフォレスト・ホースや、プロトタイプであるポニータイプ2の直系の子孫だと考えられている。ノリーカーという名前は古代ローマの属州ノリクム（現在のオーストリアにほぼ一致する）に由来し、アルプスの山岳地帯に住むローマ人によって育てられていた。ただし、その起源はそれよりも昔、ギリシャ北部テッサリアのピンドス山脈でギリシャ人に育てられていた軍馬だとされている。

当時のギリシャ人はローマ人よりも馬の繁殖に長けており、乗馬もうまく、たくさんの馬を飼っていた。だがギリシャは草があまり生えない気候で、馬の繁殖に適した土地は非常に少なかった。そうした数少ない土地のひとつがテッサリアで、草もそれなりに育つため、古代ギリシャにおける馬の繁殖は必然的に、この地を中心に行われるようになった。そこでは乗用馬、駄馬、輓馬、軍馬といった目的に合わせて品種改良が行われたため、テッサリア産の馬は大いに評判を呼んだ。

その後ローマ人による支配が及ぶようになると、がっしりしたギリシャの軍馬はアルプスを越え、今のオーストリアのあたりに移動することになった。そしてギリシャを手本として、ローマ人も目的に合わせた体系的な繁殖方法をさまざまに確立させ、その過程でギリシャの軍馬からノリーカーが誕生した。ノリーカーは山頂や谷を含む高地で繁殖されたため、非常に肢が強く、頑丈だ。初期の繁殖は主に、ローマ人が建設したユーヴァウム種馬牧場（現在のオーストリア・ザルツブルク付近にある）で行われ、それから数世紀を経てもザルツブルク地区はノリーカーの繁殖が盛んなことで知られた。

ノリーカーはその歴史のごく初期に、重種の汎用馬として重い荷物を引かせたり、山岳地帯で物を積ませたり、乗用馬として使うために改良された。実際、この馬は歩様がとても滑らかで大きいため、汎用馬、乗用馬としてとても優秀だ。さらに知的で気性も申し分ないため、昔から非常に人気が高い。そして現在では、オーストリア産の馬の約半分を占めており、山岳地帯で材木の運搬などに広く利用されている。

中世のノリーカーは小型だったが、その大きさに比して力は非常に強かった。そんなノリーカーは、1565年頃からは繁殖の大半がザルツブルク周辺の修道院で行われるようになり、1574年になるとザルツブルク大司教がオーストリア初となる公立牧場を建て、血統書を刊行した。その後、種馬牧場が立て続けにつくられるようになり、それぞれスペインやイタリア、フランスなどの馬を交配に用いてノリーカーの体高と気品を高めようとした。こうした試みは成功を収め、ノリーカーは馬上槍試合でも用いられるようになり、広く人気を集めることになったのだった。

ノリーカーの持つ気品や自在な動きには、スペイン馬の影響が色濃く表れている。駁毛もスペイン馬から受け継いだものだ。とりわけオーストリア・アルプスに程近いピンツガウアー周辺で多く見られるのが駁毛のノリーカーで、これはピンツガウアー・ノリーカーと呼ばれるようになり、今ではさらに縮めてピンツガウアーと呼ばれるようになった。基本的にノリーカーとの違いはないが、1903年にはピンツガウアー・ノリーカーの血統書が刊行され、彼らの豹（ヒョウ）に似た小斑が公式に認定された。

第2章 勇敢な美質

近代に入ると、馬は概ね娯楽産業の一部となったが、歴史を振り返ってみると、彼らは主に輸送の手段や戦争の道具として使われてきた。そしてこれほどたくさんの品種が誕生することになったのは、やはり軍馬としての役割を担ったからだ。ムーア人が使っていた筋肉質で敏捷な軍馬アラブや、大きくて力の強い騎兵用馬、モンゴル兵が使用していた速く頑健な馬などが、その最たるものだ。地上の支配をめぐってさまざまな戦闘が行われたことで、多様な品種の馬が世界中に広がった。特にローマ帝国(紀元前27～476年頃)の時代や、16世紀のスペインによる南米征服の影響は大きい。

そのスペインの馬はコンキスタドール[訳注：中南米の征服、探検、植民地経営を目的とした人々]に連れられて南米に渡った。そのため今日の南北米大陸の馬のほとんどが、ルーツをたどればスペイン馬に行き着く。この点に関して興味深いのが、アメリカ先住民の反応だ。彼らは、白人の戦士たちが馬に乗って攻めてきたときに初めて馬というものを見た。しかしそれから100年も経たないうちに、先住民は自分たちの文化に馬を取り入れ、乗馬のエキスパートとなったのだ。

戦争に関して言えば、鞍や鐙の発明と利用が騎兵に大きな影響を与えた。鞍では特に、ローマ人が発明したとされる木製の硬い鞍の影響が大きかった。遊牧民であるスキタイの人々の間で使われていた初期の鞍はフェルトや布製だったが、馬の背中で体重を分散させるこの硬い鞍の登場により、馬を過度に痛めることなく、長時間でも乗ることができるようになったのだ。

一方、最古の鐙は紀元前500年頃にインドで生まれたとされ、爪先止めの形をしていた。続いてつくられたのが片方だけの鐙だが、これは馬に乗るときに使われるだけだった。左右ペアの鐙が登場するのは322年頃の中国においてで、それが登場するとすぐにモンゴル人が採用した。彼らは左右の鐙を短くして、鞍を両足で挟みながら立つような格好で騎乗した。戦闘の際に非常に有利になる――つまり、そのまま矢を射ることもできるし、剣で敵を切り下ろすこともできるからだ。鐙がヨーロッパに伝わったのは、おそらく8世紀頃、中央アジアから侵略者がやってきたときだと思われる。

馬の繁殖は、イスラム教の創始者、預言者ムハンマド(570～632年)の登場によって、がぜん重要なものとなった。イスラムの言葉や力を広めたいムハンマドは布教にあたり、砂漠地帯を敏速に走り回れる馬を必要としていたからだ。イスラムにおいて馬は「最高の恩恵」と呼ばれており、畏敬の念を抱かれていたため、飼育と繁殖もそれにふさわしい形でなされた。そして8世紀になると、イスラム帝国は北アフリカ、イベリア半島(現在のスペイン、ポルトガル)、インド、インドネシアをその版図に組み込み、さらに中国の万里の長城に達するほどの勢いを得ていた。砂漠に適したタイプのアラブで戦場を駆け巡ったムーア人は、ほぼ向かうところ敵なしという状況だったのだ。

一方、ヨーロッパではキリスト教信仰が再燃し、ドイツやフランスが協力してイスラムの拡大を食い止めるべく戦略を模索していた。そこで白羽の矢が立てられたのが、フランク王国宮宰(きゅうさい)のカール・マルテル(688頃～741年)が組織した騎兵隊だった。俊敏な砂漠地帯の馬と最小限の装備の騎兵で構成されたムーア人の軽騎兵とは対照的に、マルテルが考えたのは密集隊形で攻撃しつつ鉄壁の防御を誇る、甲冑をまとった騎士(槍騎兵)と馬からなる重騎兵だった。

そして732年、トゥール・ポワティエ間の戦いにおいてマルテルはムーア人を撃破する。フランク軍が使っていたのは初期のフリージアンやル・ペルシェの馬など、ヨーロッパの重種だったと思われるが、いずれせにせよこれは、ヨーロッパ兵が鐙を使用した初期の例であった。マルテルの勝利によって状況は一変し、ムーア人は潮が引くようにヨーロッパから撤退した。この出来事はまた、騎士道の時代の幕開けでもあった。つまり、道徳的理想と、馬に乗った騎士が結びついた時代である。

重騎兵主義は、マルテルの孫のシャルルマーニュ(742頃～814年)にもしっかりと受け継がれた。そして彼は800年に神聖ローマ帝国を建て、ムーア人をスペイン北部から駆逐した。その後も軍馬の需要は続くが、甲冑が重くなるのに合わせて馬のサイズや積荷の重量の底上げを図る必要が出てきた。ちなみに中世ヨーロッパの軍馬は、品種ではなくタイプで分類されることが多かった。そのなかで最も人気があり、最も値も張ったのはデストリア(「軍馬」の意)と呼ばれていた重種で、主に種馬として飼育され、その力強さ、大きさ、速さで知られていた。用途は戦闘時の乗用のみで、騎士は戦場まではパルフレイ(「乗用馬」の意)で移動し、デストリアは引いて連れていった。そうしていざというときにデストリアに乗り換えたのだ。

とはいえパルフレイも高価で、体重が軽く、側対歩[訳注:右前肢と左後肢、左前肢と右後肢を同時に出すのではなく、右前肢と右後肢、左前肢と左後肢を同時に出す速歩(はやあし)の歩様。速歩にはこのほかに「斜対歩」がある]ができるように養育、訓練されていた。その結果としてスムーズな乗り心地が生まれたため、重くて動きにくい甲冑に包まれた騎士はやがてパルフレイを重用するようになった。また、コーセラ(「駿馬、良馬」の意)も戦闘や狩りに用いられた。デストリアより軽く、パルフレイより速い馬だ。そのほかラウンシー(「汎用馬」の意)は、デストリア、パルフレイ、コーセラより安かったため、軍馬としてだけでなく乗用としても用いられた(ただし兵士が利用する際は、限られた任務にのみ使った)。

シャルルマーニュの活躍から200年後、キリスト教世界の騎士たちは新たな行動を起こした。1095年に始まった十字軍の遠征だ。ヨーロッパにおいてキリスト教を回復し、イスラム教徒から聖地エルサレムを奪還するために行われたこの遠征でも、馬は欠かせない存在だった。たとえば、ムーア人に勝利したことでその名が知れわたり、祖国スペインの守り神と呼ばれた十字軍の英雄エル・シド(1040頃〜1099年)の活躍の裏には、バビエカという愛馬がいた。スペイン馬の繁殖で有名なヘレス・デ・ラ・フロンテーラで生まれたバビエカは、アンダルシアンの祖先のひとつで、「イベリアの軍馬」と呼ばれていた。当時、スペインやポルトガルで育った馬は軍馬のなかでもきわめて評価が高かった。改良の結果、体が大きくなり輓曳力が増したうえに、敏捷性や活発さも加わったからだ。さらに彼らは厳しい訓練にも耐える気性を持っていたことから、最高の軍馬とされた。

キリスト教世界の騎士たちが力強い軍馬でヨーロッパを駆け抜け、アラブにまたがったムーア人と戦っていた頃、中央アジアではまったく別の物語が展開されていた。無敵のモンゴル軍団がエレガントとは言えないモウコウマにまたがり、またたく間に東西に領土を拡大していったのだ。チンギス・ハン(1162〜1227年)に率いられたモンゴ

ルの戦士たちは、タフで速く、かつ粗食に耐えるモウコウマとともに中央アジアで派手に暴れ回り、欲しいものは奪い、いらないものは破壊して回るというように暴虐の限りを尽くした。チンギス・ハンが率いた騎兵隊はいつも大規模なもので、総じて実戦準備が万全な状態になっていた。そこには、モウコウマの供給に事欠かなかったという背景がある。そうしてチンギス・ハンはついに地中海から太平洋に及ぶ大騎馬帝国を築き、その過程でモウコウマは中央アジアに広く普及し、砂漠地帯に住む馬の多くに影響を与えた。

16世紀後半～17世紀初期、ヨーロッパ各地で高まっていた重騎兵の需要が落ち着くと、その技術（馬術）と騎兵由来の勇敢さのみが後世に残ることになった。そして以後、乗馬学校が貴族の教育において不可欠な要素となり、それに加えて馬上槍試合もポピュラーなものとなった。馬上槍試合は戦場での一騎打ちを模したもので、もともとは11世紀頃に戦闘技術を磨く鍛錬として始まったが、15世紀にはショー的要素のあるスポーツとなった。

最古の乗馬学校は1532年、フェデリコ・グリゾーネによってイタリアのナポリに開校された。そこでは馬の調教と乗り手の訓練を併せて行い、両者がぴったりと息を合わせて演技できるようにすることが目的とされていた。そのため戦場で実践され、発達してきた古典的なすばやい動き（横歩、旋回、後退、後ろ肢で立つ、尻跳ね）も訓練に取り入れられた。この乗馬学校はまたたく間に大評判となり、学校で使える馬を早急に増やさなければならなくなった。その筆頭に挙がったのがイベリア馬で、それは敏捷かつ上品で、穏やかな気性を持つ点が学校での用途にぴったりだったからだ。

現存する乗馬学校のなかで最も古く、かつ最も有名なのは、1572年にウィーンに設立されたスペイン乗馬学校だ。ハプスブルク家の王宮の一角にあるこの学校では、ウィーン近郊のピーバー牧場で繁殖された、威厳のあるリピッツァナーだけを使っている。1735年に敷地の一部に建設されたバロック様式の豪華なホールでは、現在もこの見事な白馬が日々訓練に励んでいる。

スペイン乗馬学校に限らず、乗馬学校の演習のなかでひときわ目を引くのは跳躍演技だ。演習内容は実戦でも使われていた動きをもとに組まれているが、イベリア馬は実戦でも演習でも優れた資質を見せてくれる。ただし、種目はかつては7種類あったものの、今日残っているのはレバード、クールベット、カプリオールの3つだけだ。まずレバードでは、前肢を曲げた状態で、低くした後肢の飛節に馬体を載せる姿勢のまま数秒間、静止の状態をとる。次のクールベットでは、レバードの状態から前肢を曲げたまま後肢で立つ。そして最後のカプリオールで、クールベットの状態から跳躍し、空中を後肢で蹴って伸ばす。

イベリア馬はまた、馬のなかでもトップクラスの敏捷性を誇るため、危険な闘牛場でも軽快な動きを見せている(乗馬学校でも、授業の一環として闘牛場で演習を行うことがある)。さらに、そのすばやく滑らかな動きは、家畜を後方から追い立てるのにも適しているため、スペインやポルトガルではカウボーイたちにも利用されている。

ヨーロッパでは前述したように重騎兵の需要は16世紀後半から減っていくが、それは火薬を使用する武器が登場したためだった。それにより軍の中心になり始めたのが正規の軽騎兵で、なかでもハンガリーのユサールは軽騎兵の実働部隊として有名だった。彼らは速い馬を使った奇襲(「稲妻の一撃」と呼ばれた)を得意とし、敵に大きな損害を与えたことで知られる。そのハンガリーでは、騎馬民族のマジャール人がカルパチア盆地に移住した9世紀以降、名馬の繁殖法が確立しており、特に数世紀にわたって在来種とアラブを交配させ続けたことで、軍馬の名産地として知られるようになった。そして18世紀になると、2つのハンガリー国立牧場——バボルナ牧場とメズーヘジェシュ牧場——が繁殖の中心地となり、バボルナ牧場ではシャギア・アラブが、メズーヘジェシュ牧場ではノニウスとフリオーソが開発された。さらに19世紀中頃になると、キシュベル牧場でキシュベル・フェルヴァーが誕生した。

その一方で重騎兵も完全になくなったわけではなく、近世に入ると胸甲騎兵と呼ばれた新たな重騎兵が中世の騎士に代わって登場する。これは頭から膝下までを覆う重い甲冑(胸甲)を身につけ、二挺の銃で武装した騎兵で、フランスや英国、ロシア、ドイツなどの軍隊では、小規模ではあったが20世紀まで存在した。そうして軍隊の組織化が進むと、各地で多くの軍馬が繁殖された。たとえばロシアで育ったドンは、1812年冬のロシア戦役で大きな名声を手にした。ロシアの厳しい気候に耐えられず、パリに逃げ帰るナポレオン軍を、ロシア騎士団を乗せたドンは寒さをものともせず追撃し、敗北せしめたのだ。

だがそうした流れのなか、おびただしい数の馬が戦火に巻き込まれるようにもなった。たとえば大英帝国と、オランダ語を話すボーア人が南アフリカに建てたトランスヴァール共和国およびオレンジ自由国が戦った第二次ボーア戦争(1899～1902年)では、英国側だけでなんと40万頭近くの馬——南アフリカの在来種(ボーア・ホース、バスト)、英国の在来種、オーストラリア産のウェラーなど——が犠牲になったと考えられている。第一次世界大戦でも多くの品種が壊滅的な打撃を受け、何百万頭という馬が命を落とした。

その大戦の際、東部戦線[訳注:ドイツおよびオーストリアとロシアとが対峙した中央から東欧の戦線]を支援するために大量の馬が集められ、そして投入されたが、なかでもウェラーの数は群を抜き、数千にも及んだ。一方、西部戦線[訳注:ドイツ軍と連合軍とが対峙したフランス北東部からドイツ西部国境沿いの戦線]ではインドのマルワリが駄馬、軍馬として重宝され、1917年のイスラエル・ハイファでの「ムガル丘陵の突撃」でも勇敢に戦った。第一次世界大戦ではドイツ、ロシア、ポーランド、日本、トルコ、オーストラリア、フランス、米国などの当事国はもちろんのこと、関連する近隣諸国においても馬を軍事目的で活用しなかった国はほぼなかった。第二次世界大戦でも馬は利用されたが、その際にはすでにほかの輸送手段が発達していたため、馬の死亡数はかなり減少した。

戦争や紛争が勃発すると、必然的に東西で品種の移動や交配が進む。これは馬の改良という観点から見ると、現代においても参考になることが多い。そして戦争や紛争が起こるたびに、どの馬種もその勇敢さで大いに貢献してくれた。その功績は計り知れないが、当の馬たちはいたって謙虚な顔をしている。そんな欠くことのできない友に感謝の意を表すべく、世界各地で多くの記念碑が建てられている。

NORTH AFRICAN BARB
バルブ

有史以前―北アフリカ―一般的

HEIGHT｜体高
142～154cm（14～15.2ハンド）

APPEARANCE｜外見
頭部は形良く、凸状の横顔に、アーモンド形の目を持つ。頸はきれいなアーチ状で、肩は傾斜していて力強い。き甲はよく抜けており、背は短く、胸は幅広。斜尻で、尾付きは低い。後躯は筋肉質。

COLOR｜毛色
芦毛、鹿毛、青鹿毛、青毛、栗毛。

APTITUDE｜適性
乗馬、馬場馬術、古典馬場馬術、エンデュランス、騎兵用馬。

北アフリカに生息するバルブ（モロッコ・バルブとも呼ばれる）は古い起源を持つ種で、とても重要な馬だ。だが、いまだに多くの謎に包まれている。現代の軽種の基礎となった品種のひとつであるのは確かだが、歴史がきわめて古いため文献が残っておらず、起源もはっきりとは判明していないのだ。とはいえ、バルブが他種の改良に大きな影響を与えたことは紛れもない事実だ。

一説には、バルブは有史以前の北アフリカで誕生したと言われているが、北アフリカ原産の馬はいないはずなので、おそらく東からやってきた馬か、イベリア半島から有史以前の陸橋を渡ってきた馬から派生したものと思われる。また、アラブとの関連性についても広く議論されており、バルブはアラブの祖先だという説もある。だが、この2つの品種を隔てる大きな身体的・遺伝的差異を考えれば、両者に血縁関係はないとみなすのが妥当だろう。

最も著しい差異としては、それぞれの形態が挙げられる。バルブの特徴は凸状の横顔に斜尻、低い尾付きなどだが、アラブの場合はそのほぼ真逆で、凹状の横顔に平尻、高い尾付きなどを特徴とするのだ。ただ、バルブとアラブが似通った有史以前の遺伝的性質を持っているのは確かなことなので、そこからアラブの祖先説が出たのだろう。ともあれ両者は異なる地域、異なる方法で繁殖を繰り返し、そのなかでそれぞれの特徴が明確になっていったのは間違いない。

バルブは有史以前の砂漠に生きていたウマタイプ3（これに現代で最も近い種はアハルテケ）と似ており、その基礎は、中央アジアに住み、アラブとよく似た性質を持つ砂漠地帯の馬（たとえば古代のトルコマン、絶滅したタルパン、モウコウマ、カスピアン）によって形成されたと考えられている。また、ペルシア人が利用していた古代のスーパーホース、ニサイアもバルブに何らかの影響を及ぼしたと思われる。ニサイアは古代のトルコマンと血縁があると言われており、バルブやイベリア半島原産馬に見られる典型的な特徴である羊頭を持っていた。そのほか原始的な特徴を持つソライアも、イベリア半島から北アフリカに移動してきたのち、バルブに影響を与えた（両種は頭部の形が似ている）。

ヒクソスやヒッタイトなどの好戦的な遊牧民は、紀元前17～同16世紀に馬と一緒に中央アジアから中東に移動してきた。やがて彼らは北アフリカにまで達し、アルジェリアやモロッコ、リビアにおいては特に馬の交配が進んだ。バルブはこうした文化のなかで中心的な役割を果たす一方で、驚異的なスピードと持久力を持つために軍馬として広く利用された。なかでも彼らはヌミディア人（ベルベル系の半遊牧民。紀元前2世紀頃、アルジェリアおよびチュニジア一帯を支配した）に重宝された。ヌミディア人は乗馬の技術が高く、馬の頸周りにつけた手綱だけで馬を自由に乗り回すことができた。カルタゴ（現在のチュニジアにフェニキア人が建てた古代植民都市）はのちに、バルブを乗りこなすヌミディア人を騎兵として雇っている。

ユリウス・カエサル（紀元前100～同44年）も戦場（特にガリア人との戦い）でバルブに乗っていたとされており、これがきっかけでバルブがヨーロッパ全土に広がったと考えられる。そして中世になると、バルブの評価はフランス南東部や地中海周辺諸国で高まり、専用牧場で繁殖されるようになった。16世紀にはイングランドでも飼われるようになり、ヘンリー8世（1491～1547年）はエルサムにある王立牧場でバルブの牝馬を多数飼育した。

中世ヨーロッパでは、バルブはイベリア馬とともに古典馬術を教える乗馬学校でよく使われた。英国馬術の権威でもあった、初代ニューカッスル公爵のウィリアム・キャヴェンディッシュ(1592～1676年)もバルブを使っていたし、彼の師であるフランス人馬術家アントワーヌ・ド・プルヴィネル(1555～1620年)も、パリに拠点を置く彼のアカデミーでバルブを多数所有していた。さらにフランスのルイ14世(1638～1715年)もバルブを好み、サン・レジェール・アン・イヴリーヌの王立牧場で繁殖させていた。ルイ14世の非嫡出子がモロッコのスルタンからバルブの牡馬2頭を得たという説もある(これには相反する説もある)。

その後、バルブは英国で競走馬の基礎種となり、改良を重ねてサラブレッドが生まれた。つまりバルブは、サラブレッドの開発に大きな影響を与えたわけだ。実際、サラブレッドの三大始祖の1頭であるゴドルフィンバルブ(1724年生まれ)はバルブ種だったと言われている(一方で、ゴドルフィンバルブはゴドルフィンアラビアンという名前のアラブ種だったという説もあり、その血統についてはいまだに論争が続いている。ちなみにデヴィッド・モリアが実物をモデルにして制作した絵画には、バルブによく似た馬が描かれている)。

バルブは、現代のイベリア馬(特にアンダルシアン)の開発に欠かせない存在でもあった。8世紀、ムーア人の遠征に伴ってバルブがスペインに持ち込まれた頃、アンダルシアンはすでに品種として確立していたが、バルブによってさらなる改良が進められたのだ。またアイルランドのコネマラも、バルブの血統から派生したと見て間違いない。そのほかカマルグや、中世に突撃用の軍馬として繁殖されたリムーザンなどのフランスの諸種も同様だ。バルブは、最初に家畜化されてから第二次世界大戦にいたるまで、戦場でもよく働いた。そのなかでも特筆すべきは、北アフリカ出身者で構成されたフランスの騎兵隊がバルブを利用していたことだろう。

そんなバルブは暑さに強く、粗食にも耐える。また、歩様がしっかりとしているため、坂の上り下りどちらでもハイスピードで駆けることができるうえ、スピードを落とさず長距離を走破することもできる。必要なときにはその勇ましさを発揮するが、もともとの気性は穏やかで優しいため、レジャー目的の利用にも向く。そしてアラブと同様、飼い主や乗り手に対して忠実で、調教師とも固い絆を結ぶ性質がある。

ANDALUSIAN (PURA RAZA ESPAÑOLA)

アンダルシアン(スペイン馬の純粋種)

古代–スペイン–一般的

HEIGHT | 体高
152～155cm(15～15.3ハンド)

APPEARANCE | 外見
頭部は形良く、横顔は直頭か羊頭。よく動く耳と、大きく優しげな目が特徴的。頸はがっしりとしている。引き締まった体つきに、深い胸と筋肉質で安定した強い肢が、自在な歩様を可能にしている。

COLOR | 毛色
芦毛、鹿毛が主だが、ほかの色も認められる。

APTITUDE | 適性
乗馬、古典馬場馬術、馬場馬術。

ギリシャ神話では、スペイン馬は西風の神ゼピュロスの子とされている。不死の馬であるバリオスとクサントスもゼピュロスの子で、彼らはトロイ戦争でアキレウスの乗った馬車を引いたという。もちろんそれはあくまで神話だが、アンダルシアン(スペイン馬の純粋種)が良質な馬であることは紛れもない事実だ。軍馬として高く評価され、広く利用されたアンダルシアンは、王や貴族はもちろん、闘牛士やカウボーイの使う馬でもあった。今日では競走馬としても人気が高い。

スペイン馬またはイベリア馬というのは、イベリア半島のさまざまな品種の馬の総称であり、これらの馬たちには共通点も多い。その1種であるアンダルシアンは、スペイン南部のアンダルシア州原産の馬だが、紛らわしいことに、かつてはイベリアウォーホース、ジェネット、カルトゥジオ、ルシターノ、アルテ・レアルなどとも呼ばれていた(現在では、それぞれ別の品種として認定されている)。本書でアンダルシアンと呼んでいる馬は、正確にはプラ・ラザ・エスパニョール(略して「PRE」)、つまりスペイン馬の純粋種で、「スペインにおける純粋スペイン馬ブリーダー協会」に登録されている馬を指している。

イベリア馬のルーツはエクウス・ステノニウス(*Equus stenonius*)で、この馬は最終氷期が終わりを迎えるよりも数千年前からイベリア半島に生息し、古代の在来種アストゥリアン、昔から姿を変えていないガリシア、ガラノ、ピレネーに生息するポトック・ポニー、そして現代のイベリア馬の開発に多大な貢献をした。そのエクウス・ステノニウスの現在の同等種はソライアだが、イベリア半島がたびたび侵略を受けたことで、在来種は遺伝子的影響をかなり受けている。

紀元前500年頃には地中海全域の沿岸で貿易ルートが開拓され、金や銀に交じっておそらく馬も交換されていた。このような早い段階でイベリア半島に外部から入ってきた馬は、2つのグループに分類される。東洋種(中央～西アジアの砂漠地帯の温血種)と、ヨーロッパの冷血種だ。そのうち、砂漠地帯の最古の馬を率いてイベリアまでやってきたのは、紀元前1674～同1567年の間エジプトを支配したアジアの遊牧民族、ヒクソスだ。彼らが連れてきた砂漠地帯の馬はトルコマンの祖先だったと思われる。おそらく北アフリカを経由してイベリア半島に入ったのだろう。

そして414年、西ゴート族がスウェーデンからイベリア半島に侵入すると、東洋種の血が再びイベリア馬と交わることになった。好戦的な西ゴート族は紀元前200年頃にポーランドやドイツを経由して、ロシア西部の黒海付近に1世紀ほど定住したが、その間に彼らの馬は中央アジアの諸種の影響を受け、それがのちにイベリア馬にも受け継がれることになったのだ。また、711年に侵入し、この地を支配したムーア人もアラブなど砂漠地帯の馬をもたらした。

一方、ヨーロッパの冷血種はケルト人によって持ち込まれた。そのケルト人は紀元前800～同600年頃、スペインの北中央部やポルトガルの一部などに移住していた。この時期、スペイン南東部では古代イベリアの文化とケルトの文化が融合し、ケルト・イベリア文化が生まれた。ストア派の哲学者ポセイドニオスは、スペイン訪問後の紀元前90年、イベリアとケルト・イベリアの馬について、その質の高さを詳述している。ポセイドニオスによれば、それらの馬はよく訓練され、騎馬として使われていた。

彼はまた、ケルト・イベリアの馬を「ムクドリのような色」と形容したが、これは白地に赤斑のある芦毛のことだろう。当時すでにイベリア馬とフランス産のカマルグの交配が進んでいたため、この毛色の描写はとても参考になる。カマルグは暗色の毛色で生まれてくるが、成長すると芦毛に変色する。この特徴はイベリア馬の1種、リピッツァナーにも見られ、アンダルシアンも主に芦毛である。

その後、ローマ帝国の拡大とともに多くの馬の遺伝子プールがヨーロッパ各地に広がることになるが、アンダルシアンもその例外ではなかった。ローマの歴史家タキトゥス(56～117年)によれば、ローマはヨーロッパ中の騎兵隊にイベリア馬を使わせた。イベリア馬が同時代のほかの馬より大きく、力強く、気品があり、従順かつ忠実であったからだ。こうしたローマ人の記述から、711年のムーア人の侵入以前にすでにアンダルシアンが存在していたことがわかる。

そうして外国に出ていったイベリアの在来種のうち、北アフリカに渡った個体はバルブの基礎種となった。その後ムーア人のイベリア侵入が始まると、今度はたくさんのバルブがやってきて、イベリア在来種とさらに交配を重ねていった。こうして温血種であるバルブの血が入ることにより、イベリア馬は軽くなり、やがて驚異的なスピードとエレガントさを兼ね備えた種が生まれることとなった。

そうしたなか、アンダルシアンは究極の軍馬としての地位をほしいままにした。北欧で普及していた種よりしなやかさや速さといった面で優れていたうえに、一般的な砂漠地帯の馬より大型で、重い荷物を運ぶこともできたからだ。温血の東洋種と冷血のアンダルシアンの組み合わせからはさらに良質な馬が誕生し、王や指揮官などから重宝がられた。このアンダルシアンは、国土回復運動(レコンキスタ)[訳注:711～1492年にかけて行われた、キリスト教徒による、イベリア半島のイスラム教徒からの解放運動]の際にも駆り出され、騎士たちのパートナーとしてアラブに乗るムーア人と戦った。また、スペインの英雄エル・シド(1040～1099年)もアンダルシアンの愛馬バビエカにまたがってムーア人と戦い、見事勝利を収めた。

エル・シドとバビエカがスペインの敵に挑んでいた頃、イングランドでも征服王ウィリアム(1028頃～1087年)がアンダルシアンに乗っていたという記録がある。明確なアンダルシアンの記録としては、これが最古のものだ。また、ノルマン・コンクエスト(1066年のノルマンディ公によるイングランド征服)の刺繍画「バイユーのタペストリー」には数多くの馬が登場するが、このなかにも明らかにアンダルシアンだとわかる馬がいる。それから数世紀のち、アンダルシアンは米大陸を再び闊歩する最初の馬となった。スペインのコンキスタドールとともに南米に渡ったのだ。今日でも、アンダルシアンやほかのスペイン馬の影響は米大陸の馬のほぼすべての品種に見られる。

中世ヨーロッパの騎士の馬は非常に有能で身のこなしが早かった。接近戦ではすばやくかつスムーズに方向転換したし、後肢で立ったり、肢を蹴り上げたり、後退したりすることもできた。さらに、跳躍して敵の攻撃を避けたり、攻撃に転じたりすることもできた。乗馬学校で教えている馬術は、こうした動きをもとにして生まれ(イベリア馬を改良し、乗馬学校の訓練馬にふさわしい馬を開発する試みも同時に始まった)、貴族教育の一部となった。ルネサンス絵画にも馬は多数登場するが、その多くがアンダルシアンだ。それらの絵画は、人々がこの馬に乗っていたこと、また一目置いていたことの証拠となっている。

17世紀に入ると、アンダルシアンはスペイン国王フェリペ3世(在位:1598～1621年)のもとで、わずかな間ではあるが苦難を経験することになった。それは、フェリペ3世がナポリの馬飼育家ファン・ヘロニモ・ティウティを、コルドバの王立牧場の所長に任命したことに端を発した。ティウティはネアポリタノ、フランドル馬、デンマークやノルマンの牡馬を大量に仕入れ、アンダルシアンの牝馬と掛け合わせた。だが、その結果は悲惨としか言いようがなく、アンダルシアンから上品さと敏捷性が消え、体が大きくなり、しなやかさもなくなったのだ。

こうした状況に対してすぐに対策がとられたが、スペイン独立戦争(1808～1814年)後に再び悲劇が襲った。品種として確立していたアンダルシアンと、大量のアラブとの交配が突如進められた結果、頭部がアラブのように小さくなり、アンダルシアンがもともと備えていた威厳や気品のある顔つきが失われてしまったのだ。アラブ自体は間違いなく美しく、基本的には他種に対してもポジティブな影響を残すため、交配に最適な馬だとされていた。しかしアンダルシアンとの交配は逆にネガティブな方向に働き、アンダルシアンは最強の軍馬としての力を失い始めたのだった。

だが幸運にも、アンダルシアンの品位は、ドン・ペドロ・ホセ・サパタ(アルコスデ・ラ・フロンテーラ病院の設立者で、ヘレス・デ・ラ・フロンテーラのカルトゥジオ会修道士でもある)など、熱心なブリーダーによって守られた。彼らは、カルトゥジオという特殊なタイプのアンダルシアンを繁殖させていた。アンダルシアンとしては最も純度が高いとも言われているタイプで、その繁殖は今もヘレス地区で行われている。そして現在は、一般的なアンダルシアンも世界中で広く繁殖されている。

ANDALUSIAN (PURA RAZA ESPAÑOLA) | アンダルシアン(スペイン馬の純粋種)

SORRAIA

ソライア

有史以前−ポルトガル/スペイン−希少種

HEIGHT｜体高
124～134 cm（12.2～13.2ハンド）

APPEARANCE｜外見
頭部は大きく、直頭か羊頭の横顔に、広い額を持つ。耳は非常に長く、先端は内向きに湾曲している。頸は長くエレガントで、き甲はよく抜けており、背は短いが力強い。斜尻で尾付きは低く、肢と蹄はきわめて頑丈。

COLOR｜毛色
原始的な毛色で、主にネズミ色がかった薄墨毛や、原毛色が栗毛または青毛の薄墨毛。背に鰻線、肢に横縞模様が入ることも多い。

APTITUDE｜適性
乗馬、駄馬、牧畜用馬。

スペインやポルトガル、フランスの有史以前の洞窟壁画に、ソライアによく似た馬が描かれている。この小型馬が太古の昔から存在したことの証だ。ソライアはエクウス・ステノニウス（*Equus stenonius*）の同等種で、有史以前の馬と認められる数少ない種である。絶滅したタルパン（および復活した現代版タルパン）との類似点も多い。ソライアはモウコノウマと血縁があるという説もあるが、両者に明らかな類似点はほぼなく、この説にはまだまだ議論の余地がある。ともあれ原始的な馬であることは確かで、人間の介入にさらされたこともなければ、選択的な品種改良によって生み出されたわけでもない。

ソライアは今や希少種となっているが、馬の歴史において重要な役割を果たした種だと考えられている。実際、ソライアは近縁種であ

るガラノやアストゥリアンと同じく、アンダルシアンやアルテ・レアル、ルシターノなど、現代の馬種の多くに直接的または間接的な影響を与えたイベリア馬諸種の開発に大きく貢献した。16世紀、このソライアはイベリア馬とともにコンキスタドールによって、コンテナで南米大陸に運ばれた。その結果、彼らはアルゼンチン・クリオージョやペルビアン・パソなど、南米大陸に生息する多くの馬の基礎種ともなった。

ソライアという名の由来は、ソル川とライア川にある。どちらもスペインとポルトガルを貫流し、自然環境の境界にもなっている川だ。ソライアはこの両河川に挟まれた中間地点に位置する、動植物の少ない広大な平原で進化してきたため、粗食に耐え、暑さや寒さにも強く、頑丈でタフな馬として知られる。また、その孤立した生息環境のため、ほかの種からの影響は皆無に等しく、多くの馬種のようにアラブや東洋種、北欧の諸種の影響も受けていない。

一方、ガラノ・ド・ミーニョ、トラズ・ドス・モンテスというポルトガルの渓谷から北へ進出した近縁種のガラノ(有史以前に起源を持ち、祖先はソライアに似ていた)は、アラブなど外来の種から大きな影響を受けた。そのため今日のガラノは、その祖先との共通点はほとんど見られず、ソライアほど頑丈でもない。それでも彼らは、小型で質の高い乗用ポニーとして人々に広く利用されている。

対照的に今日のソライアは、その祖先とほとんど変わっておらず、特徴的な羊頭を除いて、馬格のあらゆる面で再生したタルパンと酷似している。またソライアには、アンダルシアンのミニチュア版といった外見をしている点もある(ただし性質は異なる)。つまり、体は小さいが肢が長く、がっしりとした頸を持つのだ。そんなソライアは大きさのわりに力が強いため、昔からスペインやポルトガルの牧童とともに家畜を追ったり、駄載用として使われたりしてきた。

この原始的な馬が現存しているのは、ルイ・デ・アンドラーデの尽力に負うところが大きい。彼はルシターノのブリーダーとして有名だが、1920年代にポルトガルの町コルシェでソライアの群れを発見した人物でもある。その際、彼はすぐにこの種の重要性に気づき、群れの一部を自分の土地に移した。そこからソライアと彼の関係が始まり、現在もなおこの馬とアンドラーデ家の関係は続いている。

LIPIZZANER

リピッツァナー

有史–オーストリア–希少種

HEIGHT｜体高
152～163cm(15～16.1ハンド)

APPEARANCE｜外見
大きく気品のある頭部で、直頭か羊頭の横顔を持つ。アーチ状の頸は非常に筋肉質で、よく動く。胸は深く幅広で、き甲は平ら。背は長く力強い。後躯もたくましく筋肉質で、やや斜尻。尾付きは高い。

COLOR｜毛色
主に芦毛。

APTITUDE｜適性
軽輓馬、馬場馬術、古典馬場馬術、乗馬。

芦毛(または白毛)のリピッツァナーは、長きにわたりウィーンのスペイン乗馬学校で飼育されてきた。そこで見られる跳躍演技は実に壮観だ。跳躍演技は、馬場馬術における最高難度の演技なのだ。リピッツァナーは強靭な肉体に、驚くほど穏やかな気性を併せ持っており、心身ともにタフな訓練に耐えられる数少ない種だと言える。

このリピッツァナーは群れをつくらない種であり、動乱の歴史を経験したため、絶滅寸前にまで追い込まれたことがある。その経緯を見れば、この品種が歴史的に果たしてきた役割と、彼らが飼育されているスペイン乗馬学校の重要性が理解できるだろう。リピッツァナーとスペイン乗馬学校の歴史は切り離して語ることはできないのだ。

リピッツァナーは16世紀に誕生した。当時は軍馬や王の護送用として使うことができ、かつ乗馬学校で複雑な運動をこなすこともできる上質な馬が求められていた。乗馬学校での馬術の訓練は、王族や貴族の教育において重要な要素であったからだ。そうした需要はスペインやポルトガルだけでなく、ヨーロッパ全体で高まりつつあり、それには知力、気品、従順な性格を備えているアンダルシアンなどのスペイン馬が適していた。

オーストリアにそのスペイン馬の血がもたらされたのは1562年のことだった。その年にマクシミリアン2世(1527～1576年)がクラドルーブに王立牧場を設立し、そこでスペイン馬を飼育し始めたのだ。1580年になると、マクシミリアンの弟カール2世(1540～1590年)がリピッツァ(現在のスロベニア南西部ピランの近郊)に牧場を増設した。リピッツァの牧場は、石灰岩質のカルスト台地にあった。岩が多く、遮るものがないこの地から、頑丈で安定した肢を持ち、厳しい環境でも生きられる馬、すなわちリピッツァナーの基礎となる馬が生まれた。その特質は、リピッツァナーが快適な環境下で繁殖されるようになり、受胎率がやや低下しても維持された。

そうしたさなかの1572年、ウィーンのスペイン乗馬学校は開校した。クラドルーブに初めて王立牧場ができてから10年後のことだ。当初はその牧場で飼育されていたスペイン馬を使っていたが、リピッツァに2つ目の王立牧場ができるとそこからも馬が提供されるようになった。さらに1717年には3つ目の王立牧場がハルプトゥルンに設立され、新たな提供先として加わった。その過程で、スペイン馬を基礎種として、3つの王立牧場で育った馬を交配させて厳密な意味でのリピッツァナーが誕生し、スペイン乗馬学校にも徐々に送られるようになった。リピッツァナーの繁殖は、1743年のハルプトゥルン牧場の閉鎖後は、主にリピッツァの牧場で行われるようになり、現在でもそのオリジナルの牡馬と牝馬両方の血筋が数多く残っている。

だが、リピッツァナーの繁殖牧場は戦争のたびに危機にさらされ、そのたびに飼育馬はよそへ移送された。第一次世界大戦の際には、リピッツァで飼育された馬はウィーン近郊のラクセンブルクに移送され、その子馬たちはクラドルーブに再移送された。1920年には繁殖活動の拠点も西オーストリアのピーバーに移され、今でもこのピーバーからスペイン乗馬学校に馬が提供されている。

さらに第二次世界大戦が始まると、ピーバーとスペイン乗馬学校にいた馬たちも深刻な脅威に直面することとなった。そこでピーバーの馬たちは1942年、ドイツ最高司令部の命令でチェコスロバキアのホストウニに移送され、ウィーンのスペイン乗馬学校で飼われていた牡馬は1945年に同国のセントマーティンズへ移された。後者は、乗馬学校校長のアロイス・ポダイスキー大佐が馬の安全を危惧して行ったことだ。ポダイスキーは、当時セントマーティンズ付近に駐留していた、乗馬愛好家でもあった米国陸軍のジョージ・パットン大将(1885～1945年)に所有するリピッツァナーを披露したのち、その運命を託した。そしてパットンの尽力により、リピッツァナーの牡馬たちはついに1955年、スペイン乗馬学校に戻ることができたのだった。

一方、ピーバーからホストウニに移されたリピッツァナーたちは、チャールズ・リード大佐(1900～1979年)率いる米国の第2騎兵連隊によって、多くの連合軍の捕虜とともに発見された。そこにいた375頭のリピッツァナーは一時的にバイエルン州のケッツティングに移されたのち、オーストリアのヴィムスバッハを経て、1952年に再びピーバーに戻ることができた。こうした苦難の歴史をたどったリピッツァナーは現在、オーストリアに加えハンガリーやルーマニア、チェコの国立牧場でも繁殖されている。また、米国と英国には個人のブリーダーもいる。それでも個体数は少なく、いまだに希少種として扱われている。

そんなリピッツァナーは、生後しばらくは暗色の毛だが、年をとるにつれて色が薄くなっていき、最終的に芦毛(または白毛)になる。また、なかには鹿毛になる個体もあり、スペイン乗馬学校ではその毛色のリピッツァナーを1頭置くのが伝統となっている。だが、トレーニングで使われるのは基本的に芦毛の牡馬のみで、厳密に管理されたプログラムのもと、なるべくストレスを与えないよう心身ともにゆっくりと鍛え、自然に成熟するよう育てられている。そのトレーニングを始めるのは生後3年半ほどで、5～6年かけて鍛え上げると跳躍演技ができるようになる。そして以後、運動能力は年々高まっていき、20歳を超えても現役で活躍することができる。このようにリピッツァナーは成熟も遅いが、かなり長寿の部類に入る。

前述したように跳躍演技は馬場馬術における最高の演技である。かつて跳躍演技は7種類あったが、現在では3種――レバード、クールベット、カプリオール――のみが実践されている。こうした技能を身につけるには敏捷性や高い知性、穏やかな気性などを持ち合わせていなければならないのだが、リピッツァナーは生まれつきこういった性質を備えている。リピッツァナーのその跳躍演技を見れば、きっと誰もが心を奪われることだろう。

LUSITANO

ルシターノ

古代－ポルトガル－希少種

HEIGHT｜体高
152～163cm(15～16ハンド)

APPEARANCE｜外見
非常に筋骨たくましく、がっしりとしたアーチ状の頸に、広く深い胸を持つ。き甲は長めで、よく抜けており、背は筋肉質。尻は丸みを帯びているが、やや斜尻気味でもある。肢は頑丈で安定している。たてがみと尾毛はきわめて豊か。

COLOR｜毛色
主に芦毛だが、鹿毛や栗毛も見られる。

APTITUDE｜適性
乗馬、牧畜用馬、馬場馬術、古典馬場馬術。

古代ギリシャの詩人ホメロス(紀元前8世紀頃)は、イベリア馬について次のように書いている。「風のように速い馬。ハルピュイアのポダルゲー(足速き女)が大海オケアノスのほとりで牧草を食んでいたとき、西風の神ゼピュロスの風を受けて身ごもり、産んだ息子」。その数世紀後、ローマの歴史家大プリニウス(23頃～79年)は、この伝承に補強する形でイベリア半島のルシタニア産の牝馬について記している。「西風の神の子を身ごもり、恐るべき速さの子を産んだ」

ルシターノの名は古代ラテン語でポルトガルを意味するルシタニアに由来し、その名の通りルシターノはポルトガルで生まれた。この馬をはじめ、アンダルシアン、アルテ・レアルなどのイベリア馬はすべて、基礎となる種がよく似ている。しかしその歴史を通して、原産地の違うさまざまな血統からさまざまな種が生まれており、共通点もあれば、身体的差異も見られる。

たとえばルシターノとアンダルシアンに関して言えば、ルシターノのほうが横顔の凸状の隆起や尻の傾斜度が大きく、尾付きが低い。また、ルシターノのほうが純度が高く、外部からの影響も比較的少ないと思われる。これは、ルシターノのポルトガル人ブリーダーが起源種の純度を保とうとしたからだ。アラブがアンダルシアンとの交配に使われ、小さな頭部を持つ馬が誕生したことは広く知られているが、ルシターノのポルトガル人ブリーダーはこのやり方を拒んだのだ。

イベリア馬は古代において最も重宝された軍馬だが、そのなかでもこのポルトガル出身の馬は群を抜いて優れていた。ギリシャ人の歴史家ストラボン(紀元前63～紀元24年頃)によれば、ローマと北アフリカのカルタゴの間で地中海の覇権をめぐって行われたポエニ戦争(紀元前264～同146年)では、カルタゴの傭兵であったルシタニア人騎兵の乗っていた馬は、ほかの馬が登れなかった断崖も登った。また、カルタゴの将軍ハンニバル(紀元前248頃～同183年)も1万2000の騎兵を引き連れ、イベリア半島からピレネー山脈やアルプス山脈を越えたという。

このようにルシタニア人の馬は、ローマ人の馬と比べて圧倒的に頑強だった。そこでローマ人はルシターノを捕獲すると、帝国全土にこの馬を広めた。古代から中世になっても、この馬は究極の軍馬として君臨し続け、重くて動きがゆっくりとしたヨーロッパの品種を改良するためにヨーロッパ中で重宝された。

ルシターノが優れていたのは軍馬としてだけではない。この馬には複雑な動きを習い、実践する能力があるのだが、その能力はまず戦場で生かされ、16世紀になると乗馬学校での馬術訓練にも利用されるようになった。また駄馬としての評価も高く、ポルトガルのカウボーイが家畜を追う際にも使われた。さらに闘牛馬としても有名で、ルシターノは並々ならぬ勇敢さ、機敏さ、落ち着きを持ち合わせている。ポルトガルでは闘牛士は全員馬に乗って本番に臨むのだが、その際にルシターノは闘牛の突進をさらりとかわし、突進の合間には優美さや落ち着きをもって馬場馬術的な運動も見せるのだ。

そんな汎用性のあるルシターノは16世紀に南米大陸にも持ち込まれ、大半の南米諸種の開発に基礎レベルで貢献した。そして今日では、ブラジルがこの馬の繁殖の中心地となっており、非常に良質な馬も生まれている。一方、ポルトガルや英国などのヨーロッパ各地、北米では、繁殖されてはいるものの個体数は少なく、希少種として扱われている。

ALTER REAL

アルテ・レアル

有史―ポルトガル―希少種

HEIGHT｜体高
152～164cm（15～16.1ハンド）

APPEARANCE｜外見
大きいが形の良い頭部で、横顔は直頭または羊頭。小さな耳はよく動く。頸は筋肉質でがっしりとしており、胸は広くて深い。幅広の背は適度な長さで、後躯はきわめて筋肉質。肢は頑丈で安定しており、管骨（第3中手骨）がほかのイベリア馬より長い。

COLOR｜毛色
鹿毛または青鹿毛。

APTITUDE｜適性
乗馬、馬場馬術、古典馬場馬術。

ポルトガル中東部のウェルデ湖畔に、アルテ・ド・シャンの美しい街並みが広がっている。このどかな場所が、威厳のあるイベリア馬、アルテ・レアルの原産地だ。かつて困難な時代を経験したアルテ・レアルの名は、地名のアルテ・ド・シャンと、王立牧場の「王立」を意味するポルトガル語の「レアル（real）」から来ている。

アルテ・レアルの基礎種は古代の馬で、イベリア馬全体のもとになった馬と同種だが、アルテ・レアルならではの特徴は18世紀になってようやく表れた。それは1748年、ポルトガルのブラガンザ王家が、馬車馬や乗馬学校の訓練馬を王宮の厩舎に供給するため、ヴィラ・デ・ポルテルの王立牧場で育種を始めさせたことに端を発する。最初に牧場の管理を行ったのはジョアン5世（1689～1750年）で、その役割はのちに息子のジョゼ1世（1714～1777年）に引き継がれた。そして数年後、ジョゼ1世は王立牧場をアルテ・ド・シャン周辺地域に移転する。そこは気候といい地形といい馬の繁殖に適した地で、すでに高い評価を得ている馬もたくさんいた。

その新しい牧場にジョゼ1世はスペインから純度の高いアンダルシアンの牝馬300頭を移送し、地元のイベリア馬やポルトガル原産馬の牡馬と交配させた。その指揮をとったのはポルトガルで最も尊敬されていた馬術家、マルケス・オブ・マリアルヴァ（1713～1799年）で、それにより王立牧場の評判は最高潮に達し、古典的な訓練を受けた馬たちは大きな称賛を集めた。王立牧場は、こうして乗馬学校の厳しい訓練にも耐えうる良質な馬を生産していくこととなった。

しかしその世紀の変わり目に、牧場の運命も変わってしまう。1807年に始まったナポレオン戦争で種畜が大打撃を受けたのだ。そこで同年、牧場の発展に力を尽くしたブラガンザ王家は、ポルトガルの馬の一部を連れてブラジルに亡命する。一方、ポルトガルに残った馬は、その多くが殺されるか、フランス軍に連行されるかした。その結果、純粋なアルテ・レアルの数は激減してしまった。

そこで種を回復させる試みとして、大量のアラブやハノーバー、サラブレッドなどが交配に使われた。だが結果は惨憺たるもので、特にアラブを用いたことがアルテ・レアルにマイナスに働いた。この交配により、アンダルシアンの良い影響まで失われてしまったのだ。しかし評価の高い純粋なアンダルシアンのみを交配に再び用いたことで、アルテ・レアルの美点はなんとか復活を果たした。

だが、王立牧場とアルテ・レアルの運命はそのまま好転したわけではなかった。1910年、ポルトガルの王政廃止に伴い、王立牧場も閉鎖されてしまったのだ。それから1941年まで牧場は陸軍の管轄下に置かれるが、この間にアルテ・レアルに関する牧場の記録はほとんど失われてしまった。さらに牧場の馬の多くが消え、残った種馬も去勢させられてしまう。ルイ・デ・アンドラーデの尽力がなければ、この技能に長け、気品ある品種に終止符が打たれていたかもしれない。ポルトガルにおける馬術の権威で、ソライアの保全でも活躍した彼は、2頭の牡馬を含む若干数のアルテ・レアルを手に入れ、粘り強く、少しずつではあるが頭数を回復させていったのだ。

そして1942年、アンドラーデはアルテ・レアルの1グループ（小さい群れだが安定していた）を農業計画省に贈った。以後、アルテ・レアルは牧場において徐々に数を増やし、特に1996年以降は著しく数が回復した。現在では牝馬が約60頭と、多数の牡馬がおり、アンドラーデが贈ったグループの血も残っている。この牧場では、ルシターノやソライアに対しても慎重な繁殖が行われている。

FREDERIKSBORG

フレデリクスボルグ

有史–デンマーク–希少種

HEIGHT | 体高
153～164cm(15.1～16.1ハンド)

APPEARANCE | 外見
頭部は美しく、横顔はまっすぐかやや凸状。頸は筋肉質で、胸は広く深い。たくましい後躯と、ほどよく傾斜した肩が自在な歩様を可能にしている。

COLOR | 毛色
主に栗毛。

APTITUDE | 適性
乗馬、軽輓馬、馬場馬術、障害飛越競技、騎兵用馬。

フレデリクスボルグはデンマーク最古の品種であり、その歴史は16世紀にまでさかのぼる。汎用性と高い運動能力を兼ね備えたこのエレガントな馬は、今や希少種となっているが、デンマークの文化史においては象徴的な存在だ。フレデリクスボルグは騎兵馬用、馬車馬用、乗馬学校用の馬種として開発され、そのすべてが成功したと言っていい。さらに軽輓馬として優れているうえに、馬場馬術や障害飛越競技においてもかなりの腕前を持っている。

16世紀中頃、デンマークはすでに良馬の産地となっていたが、その馬の多くがイベリア原産だった。当時、デンマークでは伯爵戦争(1534～1536年)と呼ばれる内乱を経てクリスチャン3世(1503～1559年)が即位し、宗教改革を推し進めていた。そしてクリスチャン3世はローマ・カトリック教会に代わってルター派を国教とすると、教会領を没収し、修道院所有の種畜をすべて手に入れる。それらはデンマーク国内において最良の馬とされ、その多くがヒレレズホルム領主の美しい館に移された。ヒレレズホルムは後年、ここに王立牧場を設立したフレデリク2世(1534～1588年)にちなんで、フレデリクスボーと呼ばれるようになる。これを英語読みすると、フレデリクスボルグだ。

その後、フレデリクスボー牧場はフレデリク2世の息子、クリスチャン4世(1577～1648年)に引き継がれた。デンマーク種の品種改良に興味を持っていたクリスチャン4世は、牧場でまず品種ごとの改良計画を組ませた。その結果、神聖視されていた純粋なイベリア馬の牡馬や、中欧および東欧の馬が多数牧場に持ち込まれることとなり、デンマークの在来種との交配が進められた。

その交配は大きく2つのタイプの開発を目的として行われた。ひとつは騎兵用や乗馬学校用に適した動きの速い軽種、もうひとつは国王の馬車や儀式用の重種だ。その開発にあたり、クリスチャン4世はまず牝馬を10～12頭の群れに分け、それぞれの群れを柵で囲った草地で飼育した。そして春の繁殖期には、そこに牡馬を入れて一緒に過ごさせた。この方法はうまくいき、17世紀になるとフレデリクスボー産の馬は気品があるうえに、乗用馬や牽引馬としても優れていると評判を呼び、ヨーロッパ全域に輸出されるようになった。

さらに17世紀中頃になると、フランス王宮の壮麗な儀式で見栄えのする立派な馬を生産してほしいという要請を受けたため、フレデリクスボルグは毛色を重視した品種改良が行われるようになる。特に馬車馬タイプは、最高の演出ができるよう毛色や模様をそろえなければならなかった。そこで種畜は毛色(栗毛、青毛、芦毛)によってグループ分けされ、それぞれ名前をつけられた。この改良も狙い通りの成果を得、好評を博したフレデリクスボルグはそれからほぼ1世紀にわたり、かなりの頭数が海外に輸出された。

彼らはまた、ユトランドなどのほかのデンマーク種や近隣諸国の馬種を改良するためにも使われ、牡馬のプルートはリピッツァナーの基礎種のひとつになった。このようにフレデリクスボルグを用いた改良は大成功を収めたが、最終的には行き詰まってしまう。それは、改良に成功した良馬のほとんどが国外に行ってしまったからだ。その結果、デンマーク産の馬の質は落ち始め、牧場も閉鎖に追い込まれた。

しかし、個人宅での繁殖は引き続き行われていた。そして1900年代初めから中頃にかけて、種を復活させる試みが始まる。交配に用いられたのは、ネアポリタンやフリージアン、オルデンブルグ、サラブレッド、アラブなどで、これにより非常に美しく汎用性の高い馬が誕生した。現在のフレデリクスボルグもその優れた資質を受け継いでいるが、残念ながらその頭数はまだ少ないままである。

PERCHERON

ペルシュロン

古代–フランス–一般的

HEIGHT｜体高
154～165 cm (15.2～16.2ハンド)

APPEARANCE｜外見
頭部は非常に美しく、生き生きとした表情を見せる。頸は筋肉質で、短めで幅の広い背もやはり筋肉質。胸は非常に深く幅広で、肩はほどよく傾斜している。肢は骨太で短く、距毛はない。たてがみと尾毛はきわめて豊か。

COLOR｜毛色
芦毛、青毛。

APTITUDE｜適性
重輓馬、農用馬、乗馬、騎兵用馬、食肉用。

輓馬の数は多いが、ペルシュロンほど美しくエレガントで汎用性があり、広く分布している馬はそういないだろう。この馬の一番の特徴はその気品だ。特に頭部にそれがよく表れている。一方で、自在で独特な歩様も際立っている。そんなペルシュロンの魅力を引き立てているのはアラブの血であり、そのアラブが気候風土や何世紀にもわたる労働から影響を受けて現在のペルシュロンの姿になったと主張する専門家もいる。だが、さすがにそれはやや突飛な考え方と言わざるをえないだろう。ともあれ、ペルシュロンがすばらしい馬種であることは間違いない。

この馬の歴史については判明していないことが多く、その誕生に関するもっともらしい説もたくさんあるのだが、どれも根拠が薄い。確かなのは、ペルシュロンに似た体つきの馬が、およそ1万年前に終わった最終氷期の時点でフランス北西部、ノルマンディ地方のル・ペルシェ石灰岩地帯に存在していたということだ。緑に囲まれた渓谷が点在し、ユイヌ川が農耕地を縫うように流れているこの地帯は、気候が温暖で土壌も肥えており、馬の繁殖に適していた。しかしここは同時に、歴史を通して争いが繰り返された地でもあり、ペルシュロンが軍馬として初めて名声を得たのもこの地であった。

ペルシュロンは、フランスで2番目に良い輓馬とされているブーロンネと血縁があるという説もある。実際、この2つの種には特に気性面で似た点がいくつかある。ブーロンネは、ユリウス・カエサル率いるローマ軍がノルマンディの西に位置するブルターニュへ攻め込むとき(紀元前58～同51年)に利用されたが、その際にル・ペルシェの在来種と交配されていた可能性が高い。ただし、ル・ペルシェの馬は当時すでに、北欧のフランドル馬の影響を受けて進化していた(フランドル馬はそれより約400年前、この地を征服したケルト人によってもたらされた)。実際の証拠は何も残っていないが、小型で筋肉質なル・ペルシェの馬は、8世紀のムーア人の侵入の際、一緒に持ち込まれたアラブにも影響を受けたと思われる。その影響はペルシュロンの強い生命力や精神力、重種にもかかわらずスムーズな動き、さらに頭部の形に表れている。

この時期、フランク王国宮宰カール・マルテル(688頃～741年)が重騎兵の組織的な活用を行った。甲冑をまとった騎兵が、密集隊形を組んで攻撃しつつ鉄壁の守りを築くのだ。ムーア人のヨーロッパ侵攻を食い止めたのは、この重騎兵だったと言ってもいい。その際にフランク軍が使っていたのは、初期のフリージアンやル・ペルシェの馬など、ヨーロッパの重種だったと思われる。そうしてル・ペルシェの馬は、アラブに加え、おそらくバルブからも大きな影響を受けることになる。というのも、マルテルがムーア人を撃破した732年のトゥール・ポワティエ間の戦いの戦利品のひとつが、そのバルブだったのだ。

それから約300年後、第1回十字軍(1096～1099年)に参加したペルシュ伯ロトルー3世(1080頃～1144年)が遠征先からアラブやスペイン馬をル・ペルシェに持ち帰り、それらの馬がペルシュロンの開発に大いに役立ったと言われている。いずれにしても、ペルシュロンはそれ以降、周期的にアラブや東洋種の影響を受けることとなった。顕著なのは、18世紀のアラブの種牡馬であるゴドルフィンとギャリポリーの影響だ。この2頭はノルマンディのル・パンにある国立牧場で育ち、ギャリポリーは名馬ジャンルブラン(1823年生まれ。ペルシュロンの牡馬)の父親としても知られる。

地元のペルシュロンのブリーダーたちは品種改良に長けており、

ほかの多くの輓馬がその数を減らしたときでも、ペルシュロンの繁殖だけは相変わらず成功していた。また、ペルシュロンは常に市場のニーズに応えるべく繁殖されてきたため、ペルシュロンのなかにも重輓馬、農用馬、乗用馬、馬車馬など、さまざまな用途に使えるようタイプが分かれている。そのうち重荷を運ぶことのできる重輓馬タイプは、当初は戦場で重宝されていたが、やがて工業や農業などの分野でも幅広く利用されるようになった。そんな彼らも今ではその巨体にもかかわらず、かなりのスピードで走ることができるようになっている。そのため第一次世界大戦では、騎兵用馬や大砲を牽引する馬として英国陸軍やフランス軍に重用された。

一方、細身で軽量タイプのペルシュロンは主に馬車馬として使われていたが、その役割はやがてクリーブランド・ベイやノルマン・コブなどのもっと敏捷性の高い馬に取って代わられた。だが、この軽量タイプは元気で乗りやすい乗用馬でもあったため、競走馬生産のための交配にも広く利用された。このようにペルシュロンは汎用性があるうえに、穏やかで落ち着いた気性であるため、米国やカナダ、オーストラリア、英国など世界中に輸出され、現在でも非常に人気の高い輓馬であり続けている。

DON

ドン

有史–ロシア–希少種

HEIGHT | 体高
155～165cm（15.3～16.2ハンド）

APPEARANCE | 外見
美しく魅力的な頭部には、東洋種やアラブの影響が色濃く表れている。頸は非常に長く、概して筋肉質。背は長く平ら。斜尻で、尾付きは低い。長い肢は鎌状飛節（飛節が体の下方に屈曲した状態）になることもある。蹄はきわめて堅牢。

COLOR | 毛色
栗色、青鹿毛。いずれの被毛も金属光沢を持つことが多い。

APTITUDE | 適性
乗馬、軽輓馬、エンデュランス、軽農用馬、騎兵用馬。

ロシア南西部の草原地帯を1930km（1200マイル）にわたって悠々と流れ、アゾフ海へ注ぐドン川。その流域と支流域には肥沃な大地が広がり、緑も豊かだが、草原が続くのは片側の流域のみで、もう片方には過酷な環境が待ち構えている。その地では、かなり頑健な動物でないと生き延びることはできない。だが、この地こそがロシアの最も有名な在来種であり、世界でも最高クラスの忍耐力を誇る品種、ドンの原産地である。彼らは馬格的に優れているわけではないが、その分回復力がすさまじい。

いわゆる品種としてのドンは18～19世紀に誕生したが、その基礎となった種は16世紀の、カスピ海東岸に住むノガイ族をはじめとする遊牧民の馬にルーツを持つ。ノガイ族が居住する以前、カスピ海東岸は屈強なモウコウマやその近縁種、それからカザフスタンやトルコ、ウクライナの砂漠の影響を受けた馬の産地だった。この地にやってきたノガイ族も畜産が得意で、彼らのタフで小柄な馬には定評があった。

その馬というのは、南ロシアの草原に住む種と、筋肉質で荒々しい砂漠地帯の馬（古代のトルコマン、その子孫のアハルテケ、ペルシア馬、アゼルバイジャンのカラバク）とのミックスだった。この馬が初めて文献に登場するのは1549年で、当時はオールド・ドンやドン・カザフと呼ばれていた。小柄な馬ではあったが、極寒の冬でもロシアの大草原で生きることができるうえ、1日中働くこともできた。また、柵のない放牧場で群れをつくり、そこに生えている草を食べて生きるため、餌やりの必要もなかった。

ドンの繁殖が体系的に行われ始めたのは18世紀のことで、草原から頑健な牝馬を選び抜いて繁殖牝馬とし、オルロフやアラブ、初期のサラブレッドを交配に用いた。その主な目的は、ロシアの草原地帯という過酷な環境に耐える騎兵用馬をつくることだった。そして、この試みは成功を収め、なかでもロシア戦役（1812～1814年）の際にはその能力がいかんなく発揮された。ドン・コサック軍の軍馬として使われたドンは、圧倒的な持久力と頑健さを武器にナポレオン軍を追撃し、ついには敗北せしめたのだ。特に厳しい寒さに見舞われた1812年の冬、ナポレオン軍では何千頭という軍馬が命を落としたが、ドンはよく耐えた。この活躍により、ドンは大きな名声を得ることとなったのだった。

実際、彼らは粗食に耐え、雪が積もっていても蹄で雪を掻いてその下の草を探し出すことができる。また、世話をあまり必要としないうえにスタミナが豊富で、体力検査では持久走の記録をたびたび更新した。たとえば1899年には、騎兵将校が2頭のドンの牝馬に乗り、南ロシアのルーベンからパリまでの2633km（1636マイル）をわずか30日で走破している。

20世紀になると、ドンはロシアで大量に飼育され始め、騎兵用馬としてだけでなく、万能馬として有名になった。だが、第一次世界大戦およびロシア内戦（1918～1920年）で、ドンは壊滅的な打撃を受ける。そこで南ロシアのロストフ地区（ブジョンヌイおよびツィモフニコフスキーの牧場）とキルギス（イシククルの牧場）で、ドンの頭数を回復させる組織的な取り組みが行われるようになった。その結果、ブジョンヌイの牧場ではブジョンヌイ種が生まれたほか、ドンやコサック、サラブレッドを基礎とする馬も誕生した。そのブジョンヌイは温血種で、馬術競技に秀でており、一方ドンはエンデュランスを得意としている。

DON | ドン

TRAKEHNER

トラケナー

有史−西ドイツ/東プロイセン(現在のリトアニア)−一般的

HEIGHT | 体高
163 〜166 cm(16 〜16.3ハンド)

APPEARANCE | 外見
洗練された頭部に、がっしりとしたアーチ状の頸。き甲は抜けており、背は短く力強い。後躯は筋肉質で、肩がほどよく傾斜しているため、滑らかで大きな歩様が可能となっている。

COLOR | 毛色
主に青毛、栗毛、鹿毛だが、芦毛や駁毛も見られる。

APTITUDE | 適性
乗馬、軽輓馬、騎馬、馬場馬術、障害飛越競技、総合馬術。

トラケナーは現代の温血種としては最高の馬であり、各種競技においてもすばらしい能力を見せる。たとえば2度の大戦間に行われたオリンピックでは、大賞典障害飛越競技で優勝し、馬場馬術と総合馬術でもメダルを獲得した。またヨーロッパで最も難関とされ、非常に厳しいレースが展開されるチェコのパルドゥビツェ障害競走でも、1921 〜1936年の間に計9回優勝している。今日でも馬場馬術や障害飛越競技、3日間にわたって行われる総合馬術など多くの分野において、ハイレベルな戦いに勝ち続けている。

そんなトラケナーの起源はスキタイにまでさかのぼる。スキタイ人は優れた騎馬民族で、紀元前6世紀頃〜紀元1世紀まで東欧の広範な地域で暮らしていた。彼らはトルコマンの原種、アハルテケ、ペルシアから連れてきたモウコウマなど中央アジア起源の馬を飼育しており、非常に高度な方法で管理していた。この中央アジアの馬たちの血が、フツルやコニク(タルパンの原種に非常に近い)、東プロイセンのシュヴァイケン(絶滅種)、タルパンの子孫など当時の東欧の馬に大きな影響をもたらし、これらの馬が基礎となってトラケナーが徐々に形成されていったのだ。

13世紀になると、ドイツ騎士団が東プロイセンを征服し、その地にいたシュヴァイケンを基礎とした馬の繁殖計画を定めた。シュヴァイケンは汎用性のある小型の農用馬で、乗用馬としてだけでなく軽輓曳や軽農作業にも適していた。その気性にはトルコマンの影響があり、彼らはタフで頑丈で、我慢強かった。これらの特徴は現在のトラケナーにも見てとれる。

それから数世紀のち、プロイセン国王のフリードリヒ・ヴィルヘルム1世(1688 〜1740年)は、速くて頑健な騎兵用馬の必要性を感じ、東プロイセンのグンビンネン(現在のグセフ)とシュタルペーネン(現在のネステロフ)の間に王立トラケーネン種馬牧場を設立した。この牧場は約61㎢(1万5000エーカー)という広大さで、プロイセン王国における馬繁殖の中心地となった。そこでは、注意深く選別した騎兵用馬をもとにして、アラブやトルコマン、初期のサラブレッドなどを交配に用いた。こうして品種としてのトラケナーの基礎は出来上がっていった。

一方、東プロイセンの農民たちは農耕用の軽種を、硬い土壌の土地でも1日中働けるだけの体力と、乗用にしたときの美しさを併せ持つ馬にしようと改良を試みていた。そうして生まれた馬たちは王国の育種に用いられ、トラケナーに屈強さを加えることとなった。1787年には、王立種馬牧場の管理者により、デンマークやメクレンブルク、トルコ産の馬とサラブレッドが交配に用いられ、さらにトラケナーに改良が加えられていった。このときの改良では馬を毛色で分けて飼育し、色ごとに違った特徴を持たせようとした。

たとえばグルツェンで飼育された青毛の牝馬は、力強さと忍耐力が特徴で、ほかの毛色のグループより若干重々しい体型をしていた。一方、トラケーネンで飼育された栗毛のグループは、エレガントな姿と運動能力の高さに定評があった。このグループの馬たちはサラブレッドの種牡馬であるサンダークラップXXと交配され、そのなかからトラケナーの種牡馬であるアプグランツ(1943年生まれ)が誕生した。アプグランツは馬場馬術向けの交配に利用されたほか、ハノーバーの開発にも影響を与えた。ほかにも芦毛などの混合グループがあり、彼らはバヨルガーレンというトラケーネン近くの町で飼育され、牝馬はアラブの種牡馬と交配された。このグループからは、カセット(1937年生まれ)とドナ(1938年生まれ)というトラケナーの基礎種となる牝

馬が2頭誕生した。この2頭は、第二次世界大戦のときにロシア軍の猛攻をかいくぐり生き延びた貴重な牝馬となった。

そうして誕生したトラケナーのうち、良質な牡馬はトラケーネンの種馬牧場で飼育された。そして3歳になると、それぞれに専門の厩務員がつけられて訓練が始められ、運動能力や気性、乗り心地などが厳しく見定められた。そのテストは1年続くこともあった。繁殖用として最良の馬を選ぶためだ。きわめてクオリティの高い名馬が誕生した背景には、時間をかけて行われたこうした努力があったのだ。一方、繁殖用になれなかった馬は、騎兵用か乗用として使われた。

その後、第一次世界大戦が始まるとトラケナーは広く利用され、その持久力と労働に従事する際の気性が特に高く評価された。しかしその一方で、戦火に巻き込まれて命を落とす個体も少なくなかった。それでも戦争が終わるとこの馬の繁殖が集中的に行われ、間もなく頭数は回復した。

だが第二次世界大戦中、トラケナーは絶体絶命の危機を迎える。1944年の冬に、ソ連軍がドイツ軍の出撃基地となっていた東プロイセンに侵攻してきたためだ。それを受けてトラケーネンの牧場からは800頭の種畜、牝馬、子馬、牡馬が安全な西へ鉄道輸送されたが、そのほとんどが輸送中に捕らえられ、ソ連に送られた。東プロイセンから出られなかった個人ブリーダーたちも、1945年になってようやくドイツ軍から解放されたが、悪天候かつ極限状態のなかでの西部ドイツまでの1287km（800マイル）の道のりは困難を極め、人馬ともに多くの生命が犠牲となった。最終的に生き延びることができたトラケナーは、21頭の牝馬だけだった。

しかし1947年、熱心なブリーダーの協力のもと、「西ドイツ・トラケナー温血種ブリーダーと友の協会」が発足し、牧場を再び開いて散り散りになったトラケナーを集め、種の再興を図る試みがスタートした。そしてその3年後には東西ドイツにそれぞれ繁殖センターが設立され、1991年にドイツ統一が果たされると両者も統一された。一方、ソ連軍に捕らえられたトラケナーたちの繁殖も進み、そうして生まれた馬は現在ではロシアン・トラケナーと呼ばれるようになっている。彼らもドイツのトラケナーと同じく、運動能力が高い。そんなトラケナーは今日、温血種の王様として競技場を沸かせており、再び繁栄の道を歩んでいる。

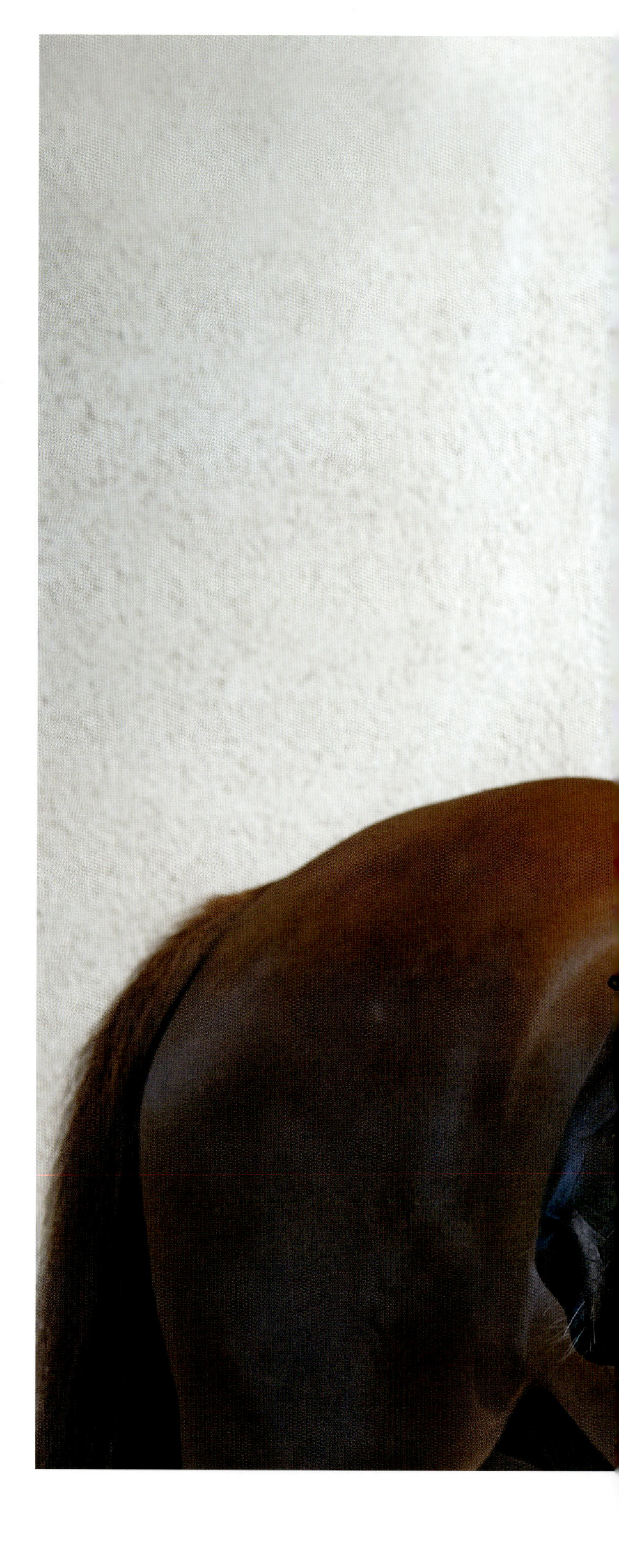

WALER

ウェラー

有史−オーストラリア−希少種

HEIGHT｜体高
152～163cm(15～16ハンド)
APPEARANCE｜外見
非常にエレガントな馬で、馬格も均整がとれている。頭部には品があり、頭はがっしりとしていてよく動く。き甲はよく抜けており、胸と腹袋は深く幅広。後躯は筋肉質で、肩はほどよく傾斜している。
COLOR｜毛色
基本的に単色で、鹿毛や青毛、栗毛、青鹿毛、芦毛などが主。
APTITUDE｜適性
乗馬、軽輓馬、牧畜用馬、馬場馬術、障害飛越競技、馬術競技、騎兵用馬。

広大な国土を持つオーストラリアは、これまでに多くの良馬を産出してきた。この国では、初めて馬が上陸した18世紀から今日にいたるまで馬産業が栄えている。そのオーストラリアで初めて誕生したのがウェラーだ。だが偉大なこの馬は、国外ではほとんど知られていない。

ウェラーの歴史は1788年に始まる。新たな植民地を開拓するため、南アフリカのケープタウンを出発したファースト・フリート(英国から派遣された商船団)とともに、最初の馬がオーストラリアに上陸した年だ。商船団はバルブを伴って、現在のシドニー市が面しているポートジャクソン湾に到着した。記録によれば、その際に持ち込まれたのは牡馬1頭に牝馬3頭、そして牝の子馬2頭と牡の子馬1頭だったという。

その後、この地にさまざまな馬がやってきた。初期のサラブレッドや英国の在来ポニー、トロッター[訳注:速歩の得意な馬種]、ハクニーやクリーブランド・ベイなどの馬車馬、サフォーク・パンチやクライズデール、シャイアー、ペルシュロンなどの重種の使役馬、アラブ、そしてティモールをはじめとするインドネシア原産馬などだ。こうした多様な馬たちからユニークな馬種が形成され、そこにオーストラリア独自の風土が個性を加えていった。馬たちにとってオーストラリアまでの旅路は長く厳しいものであり、相当な屈強さと忍耐力を持った馬でなければ耐え抜くことはできなかった。つまりオーストラリアにたどり着いた馬は、その時点ですでに強靭な遺伝子を持っていたということだ。

初期の入植者にとって馬は必要不可欠なもので、長距離を移動する際の足として、さらには開墾や物資の輸送のために使われた。そうしたなか、この地に持ち込まれたさまざまな馬種の間で交配が進み、あらゆる役割をこなす汎用馬が生まれる。そしてこれらの馬たちが徐々に重輓馬、乗用馬などさまざまなタイプに進化し、ウェラーの誕生につながったのだ。その歴史の初期に形成された豊富なスタミナや忍耐力、粘り強さ、勇敢さといった特徴は、今のウェラーにも色濃く残っている。彼らは早い段階でその真価を発揮し、のちには英領インドにおける騎兵用馬としても非常に重宝された。

初めてインドにウェラーが渡ったのは1816年のことで、インドに暮らす民間の英国人一家が購入して連れてこられた。一般の人々の間で馬の需要が高まり始めたのもこの頃だ。そうした流れを受けて1840年代に入ると在印英国陸軍によってオーストラリアからインドへウェラーが定期的に輸出されるようになり、一大ビジネスとなった。インドに渡ったウェラーは英国陸軍や民間人に利用されたほか、インディアン・ハーフ・ブレッドの開発に際して基礎種となったり、インド騎兵用馬やポロ・ポニーの改良に使われたりもした。それだけでなく、伝統的な荒っぽいイノシシ狩りにも用いられた。

一方で、ウェラー自身も時間をかけて選択交配が行われた結果、重軽2タイプに進化し、さらにのちに4タイプになった。これは主に英国陸軍での用途による分類だが、現在でも有効な分類方法である。その内訳は、以下の通りだ。(1)将校用の馬。軽量かつ品のあるタイプで、サラブレッドの血の割合が高い。(2)騎兵用馬。やや重いタイプで、兵や馬具をのせるのに適している。(3)砲兵馬。最も重く、主に銃器や弾薬を運ぶ際に輓馬として使われた。(4)偵察馬。最も小柄で、ポニーが主となっている。伝令やポロ、また現在でも総合馬術に使われる。

ウェラーは、南アフリカの支配をめぐって英国人とボーア人が戦った第二次ボーア戦争(1899～1902年)でも広く利用された。記録によると、1万6357頭がオーストラリアから南アフリカへ搬送され、休んだり環境に慣れたりする間もなく、すぐに戦場へ移送された。それでも彼らは困難に立ち向かい、疲れを知らずに働いた。しかしその代償は大きく、おびただしい数の馬が犠牲になった。一方、生き残った馬の多くも南アフリカに放置され、結果として彼らは南アフリカの在来種(ボーア・ホースとバスト)に大きな影響を与えることとなった。

その後、第一次世界大戦が始まると、ウェラーはまたしても勇敢な気質を見せつけた。この大戦中、オーストラリアはウェラーのみで構成された騎兵隊を、ドイツ軍やトルコ軍が駐留する中東の砂漠に差し向けた。そして1917年、ウェラーに乗った歩兵旅団は敵の前線に猛攻を加え、イスラエル南部の都市ベエルシェバを攻略する。これによりオーストラアの騎兵隊は「砂漠の縦列」として大きな名声を得た。その奇襲が成功したのは、ウェラーの勇気や持久力によるところが大きく、第二次世界大戦でも引き続き彼らは利用された。

この間、インドへのウェラーの輸出はずっと続いていたが、1950年代になるとついに途絶えた。ウェラーが各家庭で担ってきた役割が、より美しく気品のある馬や機械に取って代わられたからだ。またスポーツの分野においても、より速いサラブレッドが活躍するようになった。その結果、純粋種のウェラーはサラブレッドやアラブなどの外来種との交配が進み、徐々に本来の力を失っていく。しかし、その過程で新たな馬も誕生した。オーストラリアン・ストック・ホースだ。外来種の影響もそれなりに大きいが、美しく、技能に優れた馬で、ウェラーの血統を主に継いでいる。

そうしたなか、純粋種のウェラーを飼い続ける家もわずかだが存在した。オリジナルのウェラーこそ最強の馬だとする彼らの信念のおかげで、この品種はなんとか生きながらえているようなものだった。しかし1986年には、ついにウェラーを飼う家がなくなってしまう。そこでタスマニアに住む2名の女性がウェラーの末裔の捜索を開始した。すると、かつてウェラーの飼育地だったオーストラリア中央部のアリススプリングス付近でひとつの群れが発見され、その後さらに南東部のニューサウスウェールズ州にも群れが生息していることがわかった。

彼女たちのそうした努力の甲斐あって、今日では「オーストラリア・ウェラーオーナーおよびブリーダー協会」や「オーストラリア・ウェラー学会」によってこのオーストラリアの"宝石"は注意深く管理され、幸いなことにゆっくりとだが再生しつつある。

MARWARI

マルワリ

古代–インド–希少種

HEIGHT｜体高
144～154cm(14.2～15.2ハンド)

APPEARANCE｜外見
引き締まった体つきに、エレガントな頭部と、筋肉質でがっしりとしたアーチ状の頸を持つ。よく動く耳の先端は内向きに湾曲している。き甲は抜けており、腹袋は豊かで、長めの尻は筋肉質。尾付きは高く、尾を高く揚げることもできる。先天的な側対歩は「レヴァル」や「リワル」と呼ばれる。

COLOR｜毛色
アルビノ以外のすべての色。金属光沢を持つ明るい鹿毛が特に良いとされている。

APTITUDE｜適性
乗馬、馬場馬術、障害飛越競技、馬術競技、騎兵用馬。

マルワリとその近縁種であるカチアワリは、インドでとても大切に扱われている馬だ。マールワール王国(現在のインド・ラージャスターン州ジョードプル。ジョードプル藩王国とも呼ばれる)で育ったマルワリは、中世のインドで最も有名な軍馬であり、恐れを知らない気質や戦場における英雄譚など、数々の逸話も残っている。軍馬としてのその働きは20世紀になるまで続き、1917年にイスラエルのハイファにおいて、英国中東派遣軍のアレンビー将軍指揮のもと、今日のインド陸軍第61騎兵連隊の一部となっている部隊の騎馬として従軍したのが、彼らの最後の雄姿だった。ちなみにこの連隊は、今では機甲化されていない世界唯一の部隊となっている。

マルワリの正確な起源についての記録は残っていないが、おそらくトルクメニスタンやアフガニスタンの砂漠地帯に住む馬に、モウコウマやアラブの影響が加えられて誕生したものと思われる。実際、マルワリには今は亡きトルコマン(中央アジアの砂漠地帯に住んでいた)の子孫と多くの類似点がある。彼らと同じく典型的な砂漠地帯の馬で、過酷な気候や食糧が少ない状況でも生きられるのだ。その一方で、マルワリは独特の外見と特徴も持ち合わせている。品のある頭部に、引き締まったスレンダーな体格と、絹のような毛並み。そして基本的に小柄で身のこなしが軽いので、戦場で重宝されてきた。また、肢は非常に頑丈で安定しているため、蹄鉄はほとんど必要としない。

そうした特徴的な外見のなかでも特に目を引くのは耳だ。内側に湾曲し、両耳の先端が重なっているのだ。カチアワリも同じような耳をしているが、耳の先端が触れ合っていないものは良馬とされていない。こうした耳の湾曲は、品種改良の初期段階に発現したと見て間違いなく、おそらくはアラブの影響と思われる。この耳はよく動くため、マルワリは聴力も抜群に良いと信じられている。

そんなマルワリはとても美しく、すばらしい性質を持っているため、中世では王族をはじめとする支配層や軍人階級のみが飼うことを許されていたと言われている。その繁殖と改良は12世紀頃から始められ、当時大きな勢力を誇っていたラソール家が主体となって行っていた。しかし1193年、ラソール家はカナウジ王国を失い、タール砂漠へ撤退して再起を図ることとなる。人里離れ、荒涼としたこの地で生き抜くため、馬は欠かせない存在だった。輸送用の馬がいなければ、たちまちのたれ死んでしまうからだ。こうしてマルワリは砂漠で繁殖されることとなったため、タフで頑丈になったうえに、忠誠心も持ち合わせるようになった。

マルワリをめぐる逸話には、この特質を題材にしたものが多い。たとえば、戦場で馬自身が傷を負っていても、乗り手を安全な場所に逃すまではそのそばを片時も離れなかったという話もあれば、乗り手を守るために城壁を飛び越えてゾウと戦ったという話もある。また、傷ついた乗り手をかばい、攻撃してくる者に噛みついたり、蹴ったりして立ち向かったという話もある。こういった背景を持つため、マルワリは神聖で、人間より上位だと信じられてきた。

1576年にメーワール王国(ウダイプル藩王国)の君主プラタープ・シング(1540～1597年)が兵を引き連れ、ハルディガーティー(現在のラージャスターン州があるあたり)の戦いにおいてムガル帝国に勝利した際にも、馬の大きな助けがあったという。プラタープ・シングの愛馬チェタク(品種はマルワリまたはカチアワリ)は、ムガル帝国の司令官マーン・シングのゾウに攻撃を仕掛けた際に肢を負傷したものの、体を張って

主人を守り抜いたというのだ。そして主人を前線から遠ざけると、その場で地面に倒れ、間もなく息絶えた。プラタープ・シングは深く沈み込んだが、小さな碑を建立して愛馬の栄誉をたたえたそうだ。チェタクの勇敢さは、今日でも多くの詩や逸話などで語られている。

時を同じくして、ムガル帝国の君主であるアクバル(1542～1605年)は、その版図をインド全域に拡大させようとしていた。彼もまたマルワリを好み、何千という騎兵を抱えていた。また、シク王国の初代マハラジャ(昔のインドの地方領主)であり、「パンジャーブの獅子」の異名を持つランジート・シング(1780～1839年)も、馬に深い愛情を注いだ人間だった。愛馬レイリー(マルワリの牝馬だったと考えられている)が死んだとき、ランジート・シングは悲しみにくれながらも葬儀を執り行うと、21発の空砲を撃ってその死を悼んだという。

だが20世紀になると軍馬の重要性が低下し、マルワリの頭数は急激に減ってしまった。そこで1930年代にジョードプルのマハラジャであったウマイド・シングは、当時生存していたマルワリを集め、種を守るための活動を始めさせた。同じ頃、メーワール王国のマハラジャであったバグワット・シングも、前述したプラタープ・シングの愛馬の名にちなんだチェタク・トラストを設立して、優れた種牡馬(モア、カナイヤ、プラタープ、ペーロ、ラージハーンなど)をマルワリの牝馬と交配させるなど、マルワリの保全・保護に取り組み始めた。こうした熱心なブリーダーと愛好家の努力のおかげで、マルワリの頭数はある程度回復することとなった。

しかし真の意味でマルワリを絶滅から救ったのは、1999年の「インド在来種馬協会」設立に関わった3人だと言える。すなわち、マルワリの権威であるラグベンドラ・シング・ダンドロッド、英国在住のマルワリ研究者フランセスカ・ケリー、そしてジョードプル在住でラジティラク(1982年生まれの優れた牡馬)を所有していたラジャ・ブーパット・シングだ。マルワリの保全・回復に向けた彼らの惜しみない努力により、その頭数は飛躍的に増加することとなったのだ。ケリーはまた、マルワリを米国やスペイン、フランスへ輸出するためにも尽力した。そうして今日、このカリスマ性を持った美しい馬は、乗馬や警官の騎乗用として、さらには馬術競技やセレモニーなどでも利用され、インドの豊かな文化遺産であり続けている。

第3章 崇高な力

有史以前から20世紀中頃まで、馬は常に人々の生活の中心にいた。彼らは世界各地に人類の文化を広め、辺境地帯を拓き、戦場を駆け、物資を運び、土地を耕してくれたのだ。なかでも馬たちは、陸上輸送の主力として鉱業や林業、農業、畜産業などで広く使われた(畜産業では現在でも利用されている)。その一方で、海岸線や国境付近では密輸品を運ばされることもあった。

このように馬は多岐にわたる分野で、多くは死ぬまで使役された。使役馬としての役割が減ってきたのは比較的最近のことだ。それは彼らの仕事が機械に取って代わられたためだが、その影響で一部の使役馬は激減した。だが、それ以外の用途の馬たちは変わり続ける人間の生活様式にうまく適応して生き延びた。

使役馬に関する歴史的な大発明と言えば、古代中国で発明された頸帯(けいたい)だ。これが発明される前に用いられていた馬具では、馬の気管を強く圧迫してしまうため、重い荷物を運ばせることが難しかった。頸帯はその点が大きく改善され、頸環(くびわ)がクッションの役割を果たしていたため、大量の荷物も運搬できるようになった。これは紀元前1世紀頃、東洋で広く使われるようになり、現在でもそれほど姿を変えずに利用されている。

ただし、馬の頸に配慮した馬具が登場しても、馬が農業に使われるようになるまでには数世紀を待たねばならなかった。その間、農業で使役されていたのは主に牛やラバ、ロバたちで、特に中東や東アジアでは、馬は信仰の対象とされたり、軍用や輸送・駅伝用に使われたりしていた。また、紀元前3世紀頃になるとペルシアで郵便制度が確立されたため、砂漠地帯に住む速く屈強な馬はエジプトから小アジアやインド、さらにはギリシャまで駆けてメッセージを届けるようにもなった。

一方、古代ローマ人は馬を軍用や乗用として、あるいは物資の輸送や戦車競走などに使っていた。彼らは農作業でも馬を脱穀に用い、耕起には動きの遅い牛を使った。一説には、胸懸がヨーロッパに伝わったのは7世紀で、耕起や馬鍬に馬が使われ始めたのは9世紀だと言われている。しかしローマ時代はまだ、基本的に馬より力の強い牛が耕起に使われており、馬鍬に用いられる馬はもっと少なかった。さらに輓馬の誕生となると、それから数百年の時を要した。

農業でなかなか馬が使役されなかったのは、牛のほうが飼育費がかからなかったからだ。だが馬は牛より動作が速かったため、15世紀になるとイースト・アングリア(現在のイングランド東部)で牛に代わって広く使われるようになった。この肥沃な大地では先進的な農業を行う長い歴史があった。そのため、地元農民が合理性を求めて使役動物を牛から馬に切り替えるのも驚くことではなかった。英国三大重輓馬のなかで最古のサフォーク・パンチ(サフォークが登場する最古の記述は1586年)が生まれたのもこの地域だった。

ただし、農業に使われてきた牛の座を完全に馬が奪ったのは18世紀になってからのことで、それには輪作のひとつである三圃制(さんぽせい)[訳注:農地を冬畑、夏畑、休耕地の3つに区分し、年々順次交替させて行う作付け方式]が行われるようになり、年間の作物生産量が増加したことが大きく関係していた。つまり、この農法により使役馬を養うだけの穀物を確保できるようになったのだ。

農作業に馬がようやく使われ始めるようになった当時は、体高の低い馬がほとんどだった。しかしその頃のヨーロッパは、重騎兵用の軍馬を確保するため大型馬の需要が高まっていた時期でもあり、体高を伸ばすことを目的とした改良が繰り返し行われた。重騎兵は、ムーア人の軽騎兵を用いた戦術への対抗策としてカール・マルテル(688頃~741年)が考案した鉄壁の防御を誇る戦法で、のちの十字軍でも活躍した。こうした流れを受けてヨーロッパでは、大きく、戦場での適性がある馬を作出することが改良の基本方針となった。

その際に重用されたのは、ベルギー原産のグレート・ホースやフランドル馬、フランダース馬といった、大型で(現代の同等種に比べるとまだ小型だったが)、力強い馬たちだ。彼らは在来種の改良を目的として、英国を中心としたヨーロッパ全土に広く輸出された。また、屈強なフリージアンやフランス産のグレート・ウォーホース（のちのブルトン）も同様に重宝された。圧倒的な力を持つこれらの馬たちは、有史以前のフォレスト・ホースの子孫である可能性が高い。フォレスト・ホースはいわゆる重種で、動作は遅いが筋肉質で大きな体を持っていた。その頭部もまた大きく、北欧の寒冷かつ湿度の高い気候に生息していたため毛は縮れており、蹄は幅広だった。その幅広の蹄は、湿地に適応していた証拠である。

そうしたなか、イングランドのヘンリー8世（1491～1547年）は英国原産馬のサイズを大きくするために法律を整備した。体高152cm（15ハンド）を下回る牡馬の共有地での放牧を禁止し、大土地所有者に対しては体高132cm（13ハンド）を超える牝馬を2頭以上所有することを義務付けたのだ。

ちなみに、使役馬は大きく3つのグループに分けられる。1つ目のグループは汎用性のある小型の使役馬で、ここには英国の在来ポニーやヨーロッパの小型馬（アイスランド・ホース、ノリーカー、ハフリンガー、フィヨルドなど）が含まれる。2つ目のグループは軽輓馬で、その代表格が中型のコブタイプと、今日のアイリッシュ・ドラフト（アイルランド輓馬）だ。そして3つ目のグループがサイズとパワーを強化した重輓馬で、クライズデールやシャイアー、サフォーク・パンチ、ペルシュロン、ブルトン、ブーロンネ、ベルジアン・ブラバントなどが該当する。これらの使役馬は大きさに関係なく、みな生まれつき力強く、たくましい。

3つのグループのうち、汎用性のある小型の使役馬は、特殊な環境や隔絶した土地で進化してきた場合が多い。たとえば小柄な体格からは想像できないほどの馬力を持つシェトランドは、英国本土からおよそ160km（100マイル）離れたシェトランド諸島で進化した。またハイランドはスコットランド原産であるし、デールズは北イングランドのペナイン山脈東北部、ダートムアはイングランド南部西生まれだ。こうした英国の在来ポニーは、長期間続いた、大きさばかりを重視した改良にさらされずに済んだ。隔絶した土地に住んでいたうえに、過酷な環境のなかでも生き延びていくための力をすでに備えていたからだ。

彼らは頑強で、大型馬が歩きづらいごつごつした岩場の多い地形でも易々と歩く。そのため険しい地形でも重い荷を運ぶことができるし、また昼夜問わず働くこともできる。おまけに飼育が楽で、経費もそれほどかからない。そんな彼らが、農村部のあらゆる地域でさまざまな用途に使われるようになったのも当然だろう。

このような小柄で勇敢な馬たちのなかで、特にハイランドは狩猟の際に獲物を載せるために広く使われた。また、シェトランドやデールズ、ダートムアなどは鉱山でも広く利用された。シェトランドが炭鉱ポニーになったのは、1847年の工場法の改定により鉱山での児童労働が禁止され、代わりの労働力として白羽の矢が立ったためだ。しかし、その多くがほとんど日光を浴びることもないまま坑道で一生を終えた。

一方、デール・グッドブランダールやフィヨルド、ノース・スウェディッシュ・ホース、フィニッシュ・ユニバーサルなどの英国以外のヨーロッパ産の小型使役馬は、主に林業の現場で使われていた。彼らは

今でも同じように使われることが多い。現代では多くの分野で機械が馬の代わりを務めるようになったが、林業が行われている現場では地形的に車よりも馬のほうが移動に便利であるためだ。

英国では18世紀になると道路状況が大きく改善され、生産物や物資をより速く、より多く搬送できるようになった。その結果、馬に関する2つの出来事が起こった。ひとつは、荷を背中に直接載せて運ぶ駄馬より、重い荷車を速く引ける筋肉質で大型の重輓馬の需要が高まったこと。もうひとつは、個人馬車などの乗り物を速く牽引できるうえ、必要に応じて農作業も行える軽輓馬の需要も高まったことだ。

この汎用性の高い軽輓馬には、ノーフォーク・ロードスター(絶滅種)やヨークシャー・ロードスター(絶滅種)、シェールズ・ホース(絶滅種)、ウェルシュ・コブ、ハクニーなどのトロッターも含まれる。しかし最も名高いのは、アイリッシュ・ドラフトだろう。この中型馬は軽輓曳に優れているうえに乗用馬としても使えるため、何頭もの馬を飼う余裕がない農家にとってはぴったりの馬だった。

そして18世紀後半〜19世紀にかけて農業・産業革命が起こると、英国や米国は目覚ましい成長を遂げるが、それは馬の改良にも反映された。常に生活の中心にあった馬が、さらに重要な位置に置かれることとなったのだ。それがはっきりした形で表れたのが、1791年にロンドン大学に開設された、馬の病気の研究および治療を行う獣医科大学である。1872年になると、そこで扱われる対象はすべての動物に及び、名称も英国王立獣医科大学となった。

この時期には、種蒔き機や穀物粉砕機、脱穀機、犂(すき)など、馬が牽引するタイプの農機の構造が大きく進化していた。同時に農地も拡大され、農地における仕事のほぼすべてが、それらの農機を使って馬が行う状況になった。1812年の英国では、約80万頭もの馬が農地での作業に従事していたほどだ。こうして農地が拡大するにつれて、大きく体格の良い、力強い馬が求められるようになり、クライズデールやシャイアー、サフォーク・パンチ、ブルトン、ボーロンネ、ペルシュロンなどが生まれた。これらの大型馬は牽引力に特化して改良されており(もちろん乗用に適した馬もいる)、農地での作業や荷の牽引に優れていた。一方、米国では広大な農地をカバーするため農機も巨大になり、40頭以上の馬でひとつの農機を引くという壮観な光景も見られるようになった。

同じ時期、英国では国中に運河が張り巡らされ、人々や積荷の輸送経路となったが、ここでも馬は新たな役割を与えられた。荷船を運河まで引くという労働を担うことになったのだ。しかし曳舟道(ひきふねみち)を進むのは容易なことではなく、大きくて重い荷船を引きながら、行く手を阻む柵や踏み段、障害物などを飛び越えなければならない箇所もあった。そのためこれに駆り出されたのはたくましい馬たちだったが、曳舟道には橋がかかっていたので、体高は152cm(15ハンド)以下でなければならず、馬たちに大きな負担を強いた。

さらにこの頃、鉄道の普及も輓馬の需要を高めた。列車から倉庫まで物資を輸送するのに彼らの力が求められたからだ。その際、重輓馬が大きな荷を引き、アイリッシュ・ドラフトなどの軽輓馬が軽い荷を速く運んだ。もっと速く届けたいときには、ウェルシュ・コブなどの身のこなしの軽いトロッターが使われた。重輓馬は鉄道の操車場で車両の移動なども行ったが、1967年に英国のニューマーケットで最後の1頭がその役目を終えた。重輓馬はほかに、英国をはじめとするヨーロッパ各地の馬車鉄道[訳注:馬が線路の上を走る車を引く鉄道]でも働いていた。

世界的に人口が増えるにつれ、輸送や配送サービスのために都市部で利用される馬も急増した。1880年のニューヨークでは、推定17万5000頭の馬が働いていたという。しかし都市部で働く輓馬の生活というのはひどいもので、彼らは文字通り死ぬまでこき使われた。たとえば路面電車(トラム)を引く馬の労働寿命はわずか4年だった。20世紀になると路面電車は電気で動くようになったため使役馬の役割は減ったが、それでも完全になくなったわけではなかった。実際、第一次世界大戦では何十万という馬が軍馬として徴用され、乗用としてだけでなく、装備品を運ぶ輓馬としても使われた。

しかし、第一次世界大戦後にはテクノロジーの進歩に伴い、農業や工業、輸送の分野における輓馬の利用は激減し、第二次世界大戦が終わると彼らは時代遅れの産物となった。これは主に車が普及したためだが、なかでも現代人にとって使い勝手が悪いものとなっていた重輓馬は大きな危機を迎えた。だが多くの愛好家やさまざまな愛護団体の努力のおかげで絶滅はなんとか免れ、今日ではビール醸造所や農園などで小規模ながら利用されているほか、ディスプレイやショーイングにも用いられている。かたや軽輓馬や小型の輓馬は変わりゆく時代にうまく適応し、ある馬は乗用馬になり、またある馬は今でも農業や林業の現場で働いている。

FJORD

フィヨルド

古代−ノルウェー−一般的

HEIGHT | 体高
134～144cm(13.2～14.2ハンド)

APPEARANCE | 外見
頭部は形良く、横顔はやや凹状。目の間は広く離れている。頸は短いが優美なアーチを描く。き甲は平らで、背は短くたくましい。肢も短く頑丈。丸みを帯びた後軀は筋肉質で、胸は深く幅広。

COLOR | 毛色
基本的には薄墨毛で、その原毛色のパターンは鹿毛、青毛、栗毛、河原毛、月毛の5種がある。

APTITUDE | 適性
乗馬、軽輓馬、軽農用馬、駄馬、馬場馬術、障害飛越競技、繋駕速歩競走、ホースセラピー。

起伏のある山々や深く切り立ったフィヨルドなど、ノルウェーの美しい景観は有史以前の氷河期に形作られた。ノルウェーで最も有名な馬であるフィヨルドの起源も、この時代にある。

汎用性のある美しいこの小型馬(体高は低いがポニーではない)はノルウェーの在来種であり、起伏に富んだ土地で暮らすうちに独自の性質や身体的な特徴を身につけた。だがほかの多くの品種と同じように、フィヨルドの祖先もモウコノウマや、東欧やロシア西部に生息していたタルパンなど、中央アジアの原始馬であることは間違いない。実際、フィヨルドは原始馬の外見的な特徴をかなり残しており、特に体つきはモウコノウマによく似ている(ただし、フィヨルドの形良い頭部は原始馬と異なる)。

中央アジアやユーラシアに住む原始馬と北欧の馬がいつ頃交配したのかは定かでないが、フィヨルドの祖先がノルウェーにやってきたのはおよそ1万年前の最終氷期だと考えられている。当時、その隔絶した環境ゆえに外部の影響をほとんど受けていなかったフィヨルドの祖先は、遺伝子的にも純粋だった。その結果、フィヨルドならではの身体的特徴が種全体で保持されることとなった。エレガントで魅力的な姿をしたこの馬の毛色は基本的に薄墨毛で、原毛色のパターンが5つ(鹿毛、青毛、栗毛、河原毛、月毛)ある。そこに暗色が入ることも多く、肢に横縞模様が入っていたり、黒っぽくなっていたり、背に鰻線が入っていたりすることもある。

また、彼らのたてがみも印象的で目を引く。中央が黒い毛で、その両側は金色の毛になっているのだ。このたてがみは人の手が入らなければ平均的な長さにまで伸びるが、ノルウェーでは短く刈り込んで直立させ、中央の黒い線を強調するのが伝統になっている。このようにたてがみを短く刈り込む習慣は8世紀のバイキング時代から始まったようで、同様のたてがみを持つフィヨルドが彫刻されたルーン石碑[訳注:ルーン文字(ゲルマン系民族の間で用いられていた表音文字)で銘が刻まれた石碑]も多く見つかっている。

小柄で力持ちのフィヨルドは使役動物として何世紀にもわたってノルウェー人に大切にされ、陸地で行われるさまざまな仕事に従事してきた。重い粘土質の土壌を耕したり、丸太を運んだり、カートやワゴンを牽引したり、岩場の多い山岳地帯で人や物資を運んだりといった仕事だ。また、バイキング時代には軍馬として使われることも多く、さまざまな遠征地へ兵を運んだほか、馬車馬や駄馬としても使われた。

そんなフィヨルドは、今では農業や工業などの現場で使われることは減ったが、代わりに旅行客や障害を持つ人を乗せたり、ホースセラピー[訳注:馬との触れ合いを通じて、障害者の精神および運動機能を向上させるリハビリテーション]に使われたりしている。さらに穏やかな気性を持つため、繋駕速歩競走やトレッキング、乗馬スクールなどでも使われている。実はこのすばらしい気性こそが、フィヨルドの特筆すべき点のひとつだ。穏やかで、従順かつ静かだが、乗り手がスピードを求めれば全力でそれに応えてくれるのだ。

この気性と汎用性のおかげで、労働に使われることがほとんどなくなった今でも、フィヨルドはノルウェーの人々から愛され、この国の文化の一角を担う存在となっている。それだけでなく、彼らは今では国外にも広く輸出されており、米国やカナダ、英国などでも人気を博している。

DALES

デールズ

古代－イングランド－絶滅危惧IB類

HEIGHT｜体高
142～144cm（14～14.2ハンド）

APPEARANCE｜外見
形の良い頭部に、筋肉質でアーチ状の頸。肩は力強く、短い背を経て筋肉質な後躯へと連なる。肢は頑丈で安定しており、蹄はきわめて堅牢。

COLOR｜毛色
青毛、青鹿毛、鹿毛、芦毛。

APTITUDE｜適性
乗馬、軽輓馬、軽農用馬、駄馬、馬場馬術、障害飛越競技、馬術競技。

デールズ・ポニーと、それより小型の近縁種であるフェルは共通の祖先を持っており、生誕地もデールズがイングランド北東部、フェルが北西部と近い。デールズ生誕の地をもう少し詳しく見てみると、そこには北イングランドから南スコットランドにかけて延びるペナイン山脈の北東部、それにダービーシャー州のハイピーク自治区からスコットランドとの境界付近のチェビオット丘陵までの地域と、タイン川やアレン川、スウェイル川、ウェア川、ティーズ川の上流の渓谷地帯が含まれる。この一帯はローマ時代に鉱業が栄えた地域で、デールズも主に駄馬として鉱山で利用されていた。

122年頃にハドリアヌスの長城の建設が始まると、この地にフリースラント（現在のオランダ北部）から多くの労働者たちとともに大型のフリージアンが派遣され、やがてデールズとの交配にも用いられた。フリージアンの影響は現代のデールズにもしっかりと受け継がれており、速歩（はやあし）の際の活力にあふれる身のこなしや、独特な膝の動きなどにそれが見てとれる。また、スコットランドのギャロウェイ（絶滅種）も17世紀までにはこの地域に持ち込まれており、速歩を維持しつつサイズや力強さを高める目的でデールズと交配された。

前述したようにデールズは、イングランド北部の鉱山に欠かせない存在だった。それは、重荷でも速く運ぶことができるうえ、岩場が多くごつごつとした険しい地形でもしっかりと安定した歩様を見せたためだ。さらに驚異的なスタミナと並外れた屈強さを持ち合わせていたため、採掘された鉛を山野を越えて北東部の海岸線沿いの港まで運び、そこで新たな燃料や石炭を積んで再び鉱山へ戻るといったことも難なくやってのけた。彼らは、およそ110kg(240ポンド)の荷を積んで1週間で160km(100マイル)以上移動することもできたという。さらに畑を耕したり、収穫物を運んだりといった農作業にも使われたほか、外見が立派で乗り心地も良く、長距離でも速く走れるため乗用馬としても重宝された。

18世紀になると、英国では郵便馬車[訳注:郵便輸送に使用された馬車]や駅馬車[訳注:旅客や貨物を輸送する馬車]が登場したため、速く走れるロードホース(道路向きの牽引馬)の需要が急激に高まった。この新たな需要に応えるために、ノーフォーク・トロッター(絶滅種)がデールズとの交配に用いられた。当時、ノーフォーク・トロッターはヨークシャー・ロードスター(絶滅種)とともに、スピード面では傑出した存在だった。そのノーフォークの血が入ったことでデールズは優れた早馬となり、さらにウェルシュ・ポニーの種牡馬コメット(1877年生まれ)を使うことでその能力は飛躍的に高まった。加えて20世紀初頭にはクライズデールも交配に用いられ、それも良い影響を及ぼした。

だが第一次世界大戦が始まると、多くのデールズが英国陸軍に徴用され、少なからぬ数が犠牲となった。そこで1916年、種の保護と保全を目的としてデールズ・ポニー改善協会が設立されるとともに、血統書も刊行された。しかし第二次世界大戦が始まると再び大量のデールズが徴用され、その多くが英国陸軍に伴われて海外へ渡った。さらに雑多な交配が行われたり、所有者が戦死したりしたことで、戦後になるとデールズは危機的な状況に陥った。協会が活動を再開したのはようやく1964年になってからで、以後、デールズの高い能力を維持しつつ頭数を増やす組織的な取り組みが行われているが、依然として頭数は少なく、英国の希少種保護トラストでは「絶滅危惧IB類」に指定されている。

それでも、このポニーが実用的でありながら品位が漂う英国在来種であることに変わりなく、今でも乗馬イベントで重宝されている。発育が良く、粗食に耐え、エネルギッシュな速歩を得意とし、かつ気性が穏やかで訓練しやすいことなどが、その大きな理由だ。

HAFLINGER

ハフリンガー

古代–オーストリア–一般的

HEIGHT｜体高
135～145cm(13.3～14.3ハンド)

APPEARANCE｜外見
東洋種の影響を感じさせる美しい頭部に、がっしりとして均整がとれた頸。背は筋肉質。力強い斜尻で、胸は広く深い。肢と蹄はきわめて頑強。

COLOR｜毛色
幼少期は青毛だが、成長するとさまざまな色合いの栗毛になる。ただし、たてがみと尾は亜麻色(尾花栗毛)。

APTITUDE｜適性
乗馬、軽輓馬、駄馬、馬場馬術、障害飛越競技、馬術競技、騎兵用馬。

この美しく個性豊かな馬は、風趣に富むオーストリア南部のチロル地方、およびその南に位置するイタリア北部の村ハフリング(伊語では「アヴェレンゴ」)周辺で古代に誕生した。馬と育んできた長い伝統がある山岳地帯で、その少し東にはノリーカーの原産地もある。

チロルの渓谷は何世紀にもわたってたくさんの人々が行き交い、文化が交差する場所だった。ゲルマン系の東ゴート族の末裔が、この地に小柄な東洋種を持ち込んだのは6世紀のことで、その馬と14世紀にブルゴーニュ公国から持ち込まれた種牡馬が交配した結果、ハフリンガーが誕生したと考えられている。だが、この馬の特徴が形成されるうえでは何より地理的要因が大きかった。山道や渓谷はあるものの、基本的にこの山岳地帯は地理的に孤立しているため、忍耐力と頑強さ、少ない食糧や厳寒のなかでも生き抜く力が彼らに備わったのだ。また、基本的に高地で空気が薄いため、心肺機能も強くなった。現在でも若馬はアルプス高地の牧場で飼育されており、ハフリンガーならではの特性が維持されている。

しかしハフリンガーを現在の形にする決定打となったのは、19世紀に入ってきたアラブの血だ。1874年にジョセフ・フォリという人物が東洋産のアラブの種牡馬(エルベダビXXII)をハフリンガーの牝馬と交配させた結果、すばらしい牡馬が誕生したのだ。フォリと名付けられたこの子馬は、栗毛に亜麻色のたてがみと尾毛(尾花栗毛)を持ち、ハフリンガーとアラブ両方の美点を受け継いでいた。やがてフォリはハフリンガーの基礎種牡馬となり、そこから生まれた7頭の子馬が現在の血統を形作ることとなった。

ハフリンガーの特徴的な毛色はそのフォリに由来するもので、普通の栗毛から金栗毛、月毛までバラエティに富んでいる。ただし幼少期は青毛などの毛色で、背に鰻線が出る場合もある。肢部の白毛はあまり目立たないが、顔にも白斑があり、その大きさや場所によって「星」[訳注：額にある白斑]や「鼻小白」[訳注：鼻にある、親指の幅より狭い白斑]、大流星鼻梁白鼻白、小流星鼻梁白鼻白[訳注：「星」が鼻筋方向に流れているものが「流星」、鼻筋にある縦長の白斑が「鼻梁白」、鼻にある白斑が「鼻白」]などになる。チロル地方では一般的な馬であり、汎用性が高いため農業や林業で使役されるほか、駄馬、乗用馬としても用いられている。安定した歩様もよく知られており、山岳地帯などの不安定な地形でも易々と、かつ速く駆けることができる。

しかし過去には、危機的な状況に陥ったこともあった。たとえば第一次世界大戦中には、多数のハフリンガーが徴用されて命を落としたし、大戦後は、1919年に連合国とオーストリアの間で調印されたサン=ジェルマン条約によって良質な牝馬の生息地であるハフリングを含む南チロルがイタリア領になり、貴重な種畜が多数失われた。だが1921年になるとオーストリアで北チロル・ホース・ブリーダーズ協同組合が発足し、体系的かつ組織的なハフリンガーの繁殖が始められるようになった。そして1926年には組合主導で最初の血統書が刊行され、それ以降、選択交配が続けられたため、ハフリンガーの質は改善され、頭数も回復していった。

なお、南チロルに生息するハフリンガーとは別に、イタリアン・アルプスとアペニン山脈に生息するハフリンガーはアベリネーゼと呼ばれる。ハフリンガーとアベリネーゼを同じ品種と見るべきかどうかは意見が分かれるが、両者がきわめて似たルーツを持ち、身体的特徴が酷似していることは間違いない。ともあれアベリネーゼはハフリンガーよりやや大柄で輓曳にも向いており、現在でも軽農作業に使われている。

DARTMOOR

ダートムア

古代−イングランド−絶滅危惧II類

HEIGHT｜体高
124cm以下（12.2ハンド以下）

APPEARANCE｜外見
形の良い頭部に、知性を感じさせる目と小さな耳。体つきは全体的にがっしりとしていて筋肉質。傾斜した長い肩のおかげで、大きな歩幅の滑らかな速歩が可能となっている。

COLOR｜毛色
鹿毛、青毛、青鹿毛、芦毛が基本で、駁毛は認められない。

APTITUDE｜適性
乗馬、軽輓馬、軽農用馬、駄馬、馬場馬術、障害飛越競技、馬術競技。

ダートムアが誕生したのはイングランド南西部、デボン州に広がる同名の荒地だ。ここには美しい田園風景や流れの速い川、岩山、渓谷、湿地、沼地などが点在している。ダートムアに関する最初の記述は1012年に記されたアングロ・サクソン人のクレディトン司教エルフウォルドの遺書に見られるが、発掘された化石を見る限り、この小型のポニーは1万年以上前からイングランドに生息していたと思われる。

ダートムアはエクスムア（英国最古の在来ポニーでダートムアの近縁種。隔絶した環境に生息していたためきわめて純度が高く、長い歴史のなかでほとんど姿を変えていない）とは異なり、その生息地の交通量が多かったため外的影響を大きく受けた。交通量が多かったというのは、ローマのブリタニア侵攻（紀元前55年）より前に始まり20世紀まで続いた錫（すず）鉱業が盛んだったためだ。デボンの鉱山で馬やポニーは輓曳や駄載のために使役され、その間に在来種とさまざまな外来種が交配を繰り返した。

ダートムアも鉱山で採掘された金属を近隣の町へ運んでいたが、鉱山経営が下火になると、その多くが荒野へ放たれて半野生化した。しかしその一方で、小さな体のわりに力が強く、また大型馬より餌が少なく済むため農耕馬としても使われていた。そして18世紀後半に産業革命が起こると、炭鉱で使役することを目的として多くのシェトランドの種牡馬がダートムアとの交配に使われた。炭鉱ポニーとしての有用性を高めることが目的だったが、この試みは失敗に終わり、ダートムアの質も落ちてしまう。それ以降もさまざまな交配が行われたが、いずれも結果は芳しくなかった。

しかし19～20世紀にポロをはじめとしたホース・スポーツが流行すると、ダートムアの人気は再燃した。そうして1893年、ポニー乗馬協会（現在の全英ポニー協会）が設立され、ダートムア初の血統書も刊行される。さらに1925年にはダートムア・ポニー協会が設立され、ダートムアの分類が行われた。以後、牧場や個人宅で飼育されたダートムアはきわめて良質な乗用馬となった。一方、半野生の状態で生きる少数のダートムアたちは、丈夫で粗食に耐えるが、質の良し悪しには個体差があった。

人間のもとで飼育されたダートムアは、エレガントで敏捷性と持久力を兼ね備えていた。そうしたダートムアと小型のサラブレッドやアラブとの交配により、優れたポロ・ポニーが誕生する。その作出に初めて成功したのはエドワード8世（1874～1972年）で、皇太子時代の1920年のことだった。この頃ダートムアの牝馬との交配に使われたのは、アラブの種牡馬ドワールカ（1892年生まれ）とその息子のリート（1918年生まれ）で、この親子はダートムアにきわめて良好な影響を及ぼした。リートの血を引くジュード（1941年生まれ）もその1頭で、彼はダートムアの有名な種牡馬となった。

だが第二次世界大戦が始まると、戦火に巻き込まれて頭数が激減してしまう。協会に登録されていたポニーも同様で、生き延びたのはごく少数だった。それでも戦争が終わるとすぐに、ダートムアを再生させるための組織的な取り組みが始まった。現在でもその姿を見ることができるのは、そうした努力のおかげだ。「絶滅危惧II類」に分類されているように頭数はまだ少ないながらも、彼らは品評会で優秀な成績を収め、また子ども用のポニーとしても使われている。また、ダートムアは小型のサラブレッドやアラブ、ウェルシュ・ポニーなどと交配させるとすばらしい競走ポニーを生むことでも知られている。

MAREMMANA

マレンマーナ

有史–イタリア–希少種

HEIGHT｜体高
152～164cm(15～16.1ハンド)

APPEARANCE｜外見
大きく上品な頭部で、横顔は直頭か羊頭。筋肉質でがっしりとした頸はアーチを描く。胸は深く幅広で、き甲はよく抜けており、背は長めで力強い。後躯も筋肉質で、やや斜尻。肢と蹄はきわめて頑強。

COLOR｜毛色
あらゆる単色が認められる。

APTITUDE｜適性
乗馬、牧畜用馬、軽輓馬、古典馬場馬術、障害飛越競技。

手つかずの自然が残るイタリア中部トスカーナ州の沿岸部には、美しい砂浜と入り江を隠すかのような岩地や起伏のある塩性湿地、広大な松林や畜牛飼育地などが広がっている。そんな場所で生まれたマレンマーナについては、いまだに謎が多い。そして彼らが住む土地はやや孤立しているため、知る人ぞ知る馬となっている。マレンマーナはまた、イタリアのカウボーイ「ブテーロ」の頼れる相棒でもある。イタリアはワイルドかつロマンティックな雰囲気を持つ国だが、マレンマーナもそういった雰囲気をたたえている。人の心をつかむ神秘的な雰囲気は、フランスのカマルグにも通じるところがある。

マレンマーナはイタリアの在来種で、その起源は古代にまでさかのぼる。紀元前7世紀頃のエトルリア[訳注：紀元前8～同1世紀頃にイタリア半島中部にあった都市国家群]の遺跡に、その生存を裏づける最古の証拠があるのだ。彼らは昔からこの地帯の湿地帯に生息していたため、忍耐力と敏捷性を身につけ、粗食にも耐えるようになった。この丈夫な馬は北アフリカのバルブの影響を受けた可能性が高く、頭部の形と驚異的な持久力にそれが表れている。

15～17世紀になると、イタリアにおける馬の品種改良は最盛期を迎え、特に馬場馬術に長けた乗馬学校向けの馬の需要が高まった。こうした需要に応えるためにスペイン馬やアラブ、バルブなどが持ち込まれ、主に大型馬のネアポリタンの改良に力が注がれた(ネアポリタンはスペイン馬をベースとしたイタリア種で、古典馬場馬術で重宝されたが、今では絶滅している)。当時、マレンマーナが乗馬学校で使われることはなかったが、現在の威厳ある姿や特徴を鑑みれば、そうした馬たちが交配に使われていたことは間違いないと思われる。その頃マレンマーナは小規模な農場での軽農作業や牧畜に使われることが多かったが、騎兵用馬としても人気があり、陸軍や警察などでも使われていた(牧畜には現在でも使われている)。

19世紀に入るとマレンマーナはサラブレッドや英国のノーフォーク・ロードスター(絶滅種)と交配され、さらに良質な馬となった。なかでもトスカーナ州南部にあるグロッセート牧場で繁殖されたマレンマーナは、質の良い乗用馬として有名だった。だが基礎種牡馬となったのは、いずれも20世紀生まれの馬――マレンマーナのオセロ(1927年生まれ)、サラブレッドのアジャックス(1926年生まれ)やイングレス(1946年生まれ)など――だ。

そうした英国産馬の影響を受けた結果、かつて農耕馬として使われていた頃と比べるとマレンマーナはエレガントな姿になったが、同時にスタミナや頑健さ、敏捷性といった特長も維持し続けた。彼らはまた、家畜の追い立てに長けていたため牧場でも広く利用された。さらに障害飛越競技などの分野でも優れた結果を残しており、たとえば1977年にイタリアで開かれた国際馬術競技会では、グラツィアーノ・マンチネッリが騎乗する純血のマレンマーナ、ウルサスデルラスコが優勝している。

今も多くのマレンマーナが半野生の状態で生きているが、種の特長である忍耐力が維持されてきたのは、湿地帯という生息環境のおかげとも言える。そこでは繁殖期になると、10～15頭の牝の群れが1頭の牡とともに走っている光景が見られる。これは自然な交配を促すために行われていることだが、牝馬の質を保つよう気をつけてさえいれば、このような自然な交配を続けていても良質な子馬が生まれてくる。もちろん一方では、障害飛越競技などに用いるためにマレンマーナの純粋種や交配種を管理しながら飼育している牧場もある。

BRETON

ブルトン

古代–フランス–一般的

HEIGHT | 体高
152 ～ 163 cm(15 ～ 16 ハンド)
APPEARANCE | 外見
頭部は四角く、横顔はやや鮫頭(さめあたま：額だけ隆起している顔)になることも。頸は筋肉質で、背は短く幅があり、胸は深く幅広。後躯は厚みがあり、肢は短く力強い。
COLOR | 毛色
尾花栗毛。栗粕毛や鹿粕毛になることも。
APTITUDE | 適性
重輓馬、農用馬、乗馬、騎兵用馬、食肉用。

ブルトンは美しく均整のとれた体つきをしているため、乗用馬にも輓馬にも適している。フランス北西部ブルターニュ地方の文化を象徴する馬であり、この地域に住む人々は何世紀もの間この馬を誇りに思い、大切にしてきた。

ブルトンの起源ははっきりしていないが、一説には紀元前900年頃にこの地方に移り住んだベネト人(ケルト系の海洋民族で、優れた馬の繁殖技術を持っていた)の馬が祖先になったのではないかと言われている(ベネト人の馬はオーストリアのノリーカーやハフリンガーの誕生にも貢献したと考えられている)。一方で、中央アジアの草原地帯からやってきた原始馬がブルトンの祖先だと考える人たちもいる。この原始馬はインド・ヨーロッパ語族の好戦的な遊牧民が連れてきた馬だ。そのほか、有史以前のフォレスト・ホースとのつながりも無視できない。

起伏に富んだ美しい景観が広がるブルターニュ地方では、筋骨たくましく丈夫な馬の繁殖が古くから行われていた。この地方では人々の求める馬を生産するための繁殖方法が昔から確立していたため、ブルトンの繁殖も成功し続け、そのなかでさまざまな品種も生まれた。たとえば中世の時代に非常に重宝された重輓能力を持つブルトンからは、ビデ・ブルトンが誕生した。これは、ブルトンのスピードや敏捷性を高めるために東洋の馬を交配に用いた結果生まれたものだった。ビデ・ブルトンは体高が低く、最大でも142cm(14ハンド)ほどしかなかったが、頑丈な体や快適な乗り心地、スピードのある側対歩などが評判となった。1812年冬のロシア戦役でナポレオンが撤退したときに生き残ったフランス産の馬も、このビデ・ブルトンだけだったという。

ビデ・ブルトンが、ソミールとロシールという2つのタイプに分化したのは、中世のことだった。ソミールはロシールよりも大きい馬で、荷物の運搬や農地での輓曳に使われたほか、乗用にも適していた。一方、ロシールはビデ・ブルトンの滑らかな歩様を受け継いだため、田園のなかを速く快適に走ることのできる軽いタイプの乗用馬として広く使われた。

その後も選択交配が繰り返された結果、さらに3種のブルトンが誕生した。シュヴァル・ド・コルレー、ポスティエ、ヘビー・ブルトンの3種だ。シュヴァル・ド・コルレーはブルトンにアラブやサラブレッドを交配させた馬で、小型で体重の軽い乗用馬として競馬に使われた。現在はほぼ姿を消しているが、ブルターニュ地方が生んだすばらしい馬のひとつだった。

ポスティエはもともと郵便馬車を速く引くために改良された馬で、体重の軽いブルトンと、足の速い英国のノーフォーク・ロードスター(絶滅種)を交配させた結果生まれた。この馬はきわめて足が速く、それなりに体重もあるため軽輓にも適していた。

最後のヘビー・ブルトンはブルターニュ北部の沿岸部で品種改良された馬で、ブルトンにブーロンネやペルシュロン、アルデンネを交配させた結果生まれた、がっしりした馬格のパワフルなタイプだ。

ただし現在では、ブルトンとして認められているのはポスティエとヘビー・ブルトンのみとなっている。それぞれの血統書は1909年に刊行されたが、1912年には2項目を持つ1冊にまとめられ、さらに1926年には2種まとめて1冊の血統書となった。そんなブルトンは他品種の改良にも使われてきたが、ブルトン自身は1920年以降、外来種の影響を受けていない。そのためきわめて純粋で、優れた馬格を持ち、体重が重いわりに活発に動くことのできる精力的な馬となった。

BOULONNAIS

ブーロンネ

古代–フランス–希少種

HEIGHT | 体高
153～165 cm (15.1～16.2ハンド)

APPEARANCE | 外見
アラブの影響を感じさせる頭部に、長くエレガントな頸と、よく引き締まった体を持つ。き甲は抜けており、肩はほどよく傾斜している。胸は深く幅広。肢は筋肉質で、距毛はほとんどない。たてがみは短めだが量が多く、尾毛もきわめて豊か。

COLOR | 毛色
基本的に芦毛だが、鹿毛や青毛、栗毛の個体も見られる。

APTITUDE | 適性
重輓馬、農用馬、乗馬、騎兵用馬、食肉用。

ブーロンネはフランス北西部や、北東部のブローニュからカレー一帯に生息している。彼らは冷血種と温血種の特徴を併せ持っており、輓馬ならではの頑強さや馬格を持つと同時に、アラブの影響を強く受けた性質を有している。自在な歩様とすばらしい気性に驚異的なスタミナを兼ね備えた、非常に優れた品種である。だが残念なことに頭数は少なく、今では希少種となっている。

ローマ時代のブーロンネはブローニュ沿岸部に生息していた。祖先は原始的なフォレスト・ホースである可能性が高いが、初期のブーロンネに最も大きな影響を与えたのは北アフリカのバルブだ。紀元前54年、ユリウス・カエサル率いるローマ軍がブリタニア(現在の英国)遠征前にこの地方のグリネ岬近くで野営した際にバルブがもたらされ、在来種と交配したのだ。

その次にブーロンネにまつわる大きな出来事と言えば、中世の十字軍が挙げられる。これは当時の馬の進化を根本から変えてしまうような大事件だった。というのも、このときに東西の多くの品種の血が交わったからだ。特に大量の東洋種やアラブがヨーロッパ系の重種と交配し、ブーロンネの場合はさらにブローニュ伯ユスターシュ(1020頃～1087年頃)とロベール3世・ダルトワ(1287～1342年)という2人の貴族によって改良された。輓曳用や乗用に適した、優美かつ頑健なブーロンネが誕生したのは、彼らが牧場でアラブの種牡馬と交配させた結果だ。

そして14世紀になると、ブーロンネはドイツのメクレンブルク地域の馬と交配したことで体が大きくなり、重騎兵を乗せるのに適した馬格となった。さらにフランスがスペインの支配下に置かれていた16世紀には、アンダルシアンなどのスペイン馬が交配に用いられた。そうして17世紀になってようやくブーロンネという名がつけられることになるが、この頃にはすでにその優美さと馬力から高い評価を集めていた。当時、ブーロンネは大規模に繁殖が進められており、フランス北部のピカルディやオート・ノルマンディから来た商人によって広く取引されるようになっていたのだ。

このブーロンネは、品種改良の過程で徐々に2つの種に分化していった。そのひとつがマレユーズ(「魚卸売商」の意)やプティ・ブーロンネ(「小さなブーロンネ」の意)とも呼ばれるブーロンネで、体高は約155 cm(約15.3ハンド)以下とやや小柄だったが、速く丈夫であったため、ブローニュからパリまで魚を運搬するのに使われた。彼らは魚を新鮮なうちにパリに届けられるほどの速い足を持っていたが、残念ながら今ではほとんど姿を消してしまった。もうひとつのタイプは体高約165 cm(16.2ハンド)以下の大型のブーロンネで、頭数は激減しているものの、絶滅にはいたっていない。彼らはその大きさのわりに歩様が精力的かつ自在であるため、重輓馬として利用されているほか、食用にも適している。

しかし20世紀になると、ブーロンネは危機的な状況に陥った。まず、第一次世界大戦で軍馬として徴用されたうえ、生息地が爆撃を受けて頭数が激減する。そして第二次世界大戦が始まると交配計画が中断され、頭数がさらに減ってしまう。しかも戦後になると、それまでブーロンネが担ってきた仕事も自動車や農機に取って代わられた。それでもブーロンネは絶滅の危機はなんとか免れ、現在でも小規模な農場などで使役されたり、食用として育てられたりしている。

BELGIAN BRABANT

ベルジアン・ブラバント

古代－ベルギー－希少種

HEIGHT｜体高
154～175cm(15.2～17.2ハンド)

APPEARANCE｜外見
洗練された美しい頭部に、きれいなアーチ状の頸。肩は傾斜しており、背は短く幅広で筋肉質。丸みを帯びた後躯は非常に力強い。肢は短いが、たくましく安定している。

COLOR｜毛色
鹿毛、青毛、栗毛が一般的だが、粕毛や芦毛も見られる。

APTITUDE｜適性
重輓馬、農用馬、乗馬、馬車競技、騎兵用馬。

スーパーホースと呼ぶにふさわしいベルジアン・ブラバントは、ブラバントを含むベルギー北部フランダース地域の緑あふれる農業地帯に生息している。古代に誕生した重輓馬で、軍馬や馬車馬、農耕馬としてさまざまな場面で使われてきた。その祖先は、近縁種のアルデンネと同じく有史以前のフォレスト・ホースだ。

ベルジアン・ブラバントの特長や性質は、ローマ時代にすでに確立していた。ユリウス・カエサル(紀元前100～同44年)も『ガリア戦記』のなかで、この馬の持久力や従順な気性について述べている。ローマがガリアを征服したその戦争(紀元前58～同51年)でベルジアン・ブラバントは適性を見出され、のちに中世の騎士や兵士に好まれる馬となったのだ。

その中世の時代、ベルギー北部の大型の馬はフランダース馬(またはフランドル馬)や、単にグレート・ホースと呼ばれていた。彼らは良質な乗用馬であるとともに馬車馬としても適していたため、その評判が広まり、やがてヨーロッパ中に輸出されるようになった。そうしてこの馬は、英国のシャイアーやクライズデール、サフォーク・パンチ、アイリッシュ・ドラフト、フランスのペルシュロンなど、多くの輓馬の改良に多大な影響を及ぼすこととなった。

ベルギー輓馬とも呼ばれているベルジアン・ブラバントは、その優れた性質を維持するため、純粋な血統を守り、外部からの影響を受けないよう厳重に飼育されてきた。そして1860年代になると、この馬は3つのタイプに分けられるようになる。1つ目は、種牡馬オレンジI(1863年生まれ)を祖とするグロドゥラデンデルの血統で、これは3タイプのなかでサイズが最も大きく、毛色は鹿毛が多い。オレンジIはほかにも、息子のブリリアントや孫のレーヴドールなど、数々の優秀な子孫を残している。2つ目は、種牡馬バイヤールを祖とするグリデュエノーの血統で、毛色は芦毛、栗粕毛、薄墨毛、栗毛が主となっている。3つ目は、種牡馬ジャンIを祖とするコロッセドゥラメハイクの血統で、丈夫で安定した肢を持つ。ただし現在では、この3タイプはほとんど見分けることができなくなっている。

ベルギー政府も早くからベルジアン・ブラバンドの価値を理解し、政府自ら数々のホースショーを開催した。ブリュッセルで行われた見本市でもこうしたショーは開かれ、これがベルジアン・ブラバントを世に広く知らしめ、世界中の関心を集めるきっかけとなった。さらに1903年、ベルギー政府が米国のセントルイスで開催された万国博覧会でとりわけ良質なベルジアン・ブラバントを登場させると、現地のブリーダーたちが大きな関心を示し、米国はたちまちベルジアン・ブラバントの主要な取引先となった。

だが、間もなく第一次世界大戦が勃発して米国への馬の輸出が止まり、米国のブリーダーたちは購入したベルジアン・ブラバントを独力で繁殖させなければならなくなった。その結果、この馬をベースとした輓馬、すなわちアメリカン・ベルジアンが誕生する。この種はベルジアン・ブラバントとは外見が大きく異なり、体つきはしなやかで体高が高く、肢はすらりとしており、栗毛の毛色に、亜麻色のたてがみと尾毛を持つ。そんなアメリカン・ベルジアンは今では米国で一般的な輓馬となっており、頭数も維持されている。

一方、ベルジアン・ブラバントは2度の世界大戦に徴用されたり、自動車や農機に仕事を奪われたりしたため、ほかの輓馬と同じく頭数が激減した。しかし近年、この種への関心が再び高まり、現在では馬車競技用、または食用として飼育されるようになっている。

CLYDESDALE

クライズデール

有史–スコットランド–絶滅危惧Ⅱ類

HEIGHT | 体高
163 ～183cm（16 ～18ハンド）

APPEARANCE | 外見
気品のある頭部に、間が広く離れた大きな目。頸は形良く、き甲は抜けている。短めで力強い背は、長く筋肉質な後躯に連なる。肢は長く、絹のような距毛が豊かに生えている。蹄は堅牢。

COLOR | 毛色
基本的に鹿毛と青鹿毛だが、青毛や芦毛、粕毛、栗毛も見られる。顔面および肢には大きな白徴が見られる。

APTITUDE | 適性
重輓馬、農用馬、乗馬、ショーイング。

クライズデールは大柄な重輓馬で、牽引力にも優れているが、決してずんぐりとした体型ではない。フランスのブルトンやアルデンネなど多くの重種と比べると体重が軽く、美しく均整のとれた馬格をしているのだ。しかも大型のわりに運動能力が高く、軽種のような身のこなしや気品を見せる。

クライズデールが品種として確立したのは18世紀だが、起源は有史以前にまでさかのぼり、フォレスト・ホースがその祖先だとされている。クライズデールが誕生したスコットランドでは、ローマ時代より前から頑強な馬が使われてきた。この地に10世紀頃まで定住していたピクト人はもともと農耕民族であり、作物を育てたり、家畜を飼ったりして暮らしていた。そこでは牛や馬などの家畜の量や質が個人の豊かさを表していたため、家畜を大きく強くするための選択交配が行われていたと考えられている。

その後ブリタニア（現在の英国）は、ユリウス・カエサルによる2度の侵攻（紀元前55年と同54年）や、ローマによる支配（43 ～410年頃）を受けるが、その間にローマ人によって大陸の馬も大量にもたらされた。そ

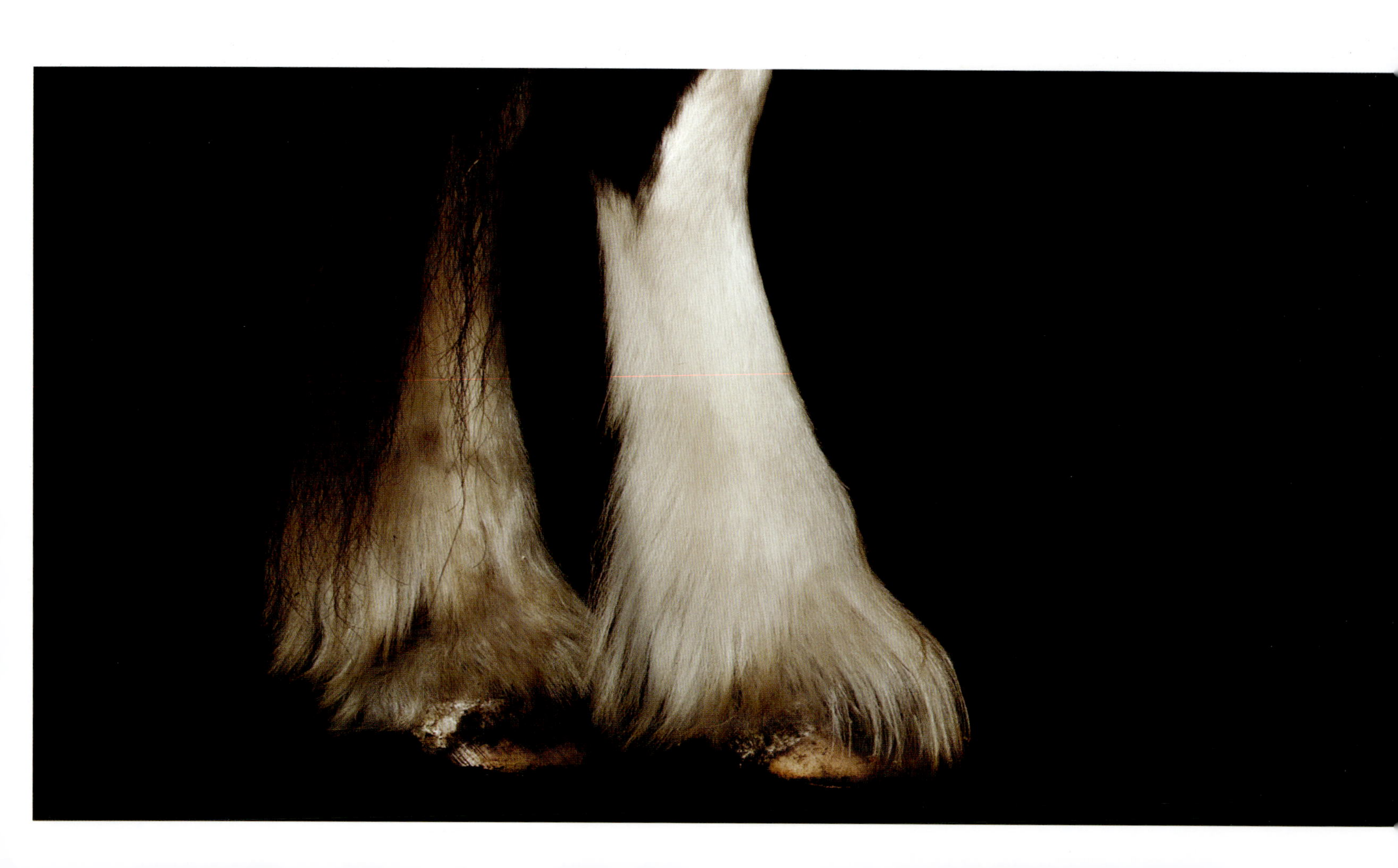

のためブリテン諸島の在来馬は、それらの馬の影響を大きく受けることとなった。それはスコットランドの馬も例外ではなく、特にスコットランドがローマ帝国から多大な影響を受けた71 ～213年、その動きが顕著だった。

そうした流れのなか、122年頃にイングランド北部でハドリアヌスの長城の建設が始まると、数多くのフリージアンがこの地に持ち込まれた。その城壁の建設のためにフリースラント（現在のオランダ北部）から派遣された労働者たちが連れてきたのだ。フリージアンは在来種と交配しながら環境に適応した特徴を育んでいったが、さらにそうした特徴が計画的な改良で調整され、これがのちにクライズデールを生む基礎となった。厳しい気候に耐えられる頑強さと、険しい地形をスムーズに移動できる安定した歩様を身につけたこれらの馬は、農業や輸送、乗用、駄載などに利用される汎用性の高い馬となった。

クライズデールが育種されたのは主に、クライド川にちなんで昔からクライズデールとも呼ばれてきたラナークシャーだ。スコットランド中南部のこの地で炭田が開発され始めた頃、馬に石炭を運ばせるため、在来種をより大きく丈夫な馬に改良したいと望む農民たちの声が大きくなった。また、この時期にはすでに車道もかなり整備されていたため、駄馬より輓馬のほうが効率よく荷物の輸送ができるようになっていた。

その改良の第1段階は1715 ～1720年に行われた。第6代ハミルトン公爵がベルギーからフランドル馬やベルジアン・ブラバンドの種牡馬を大量に輸入して、在来種と交配させたのだ。ただし、フランドル馬がスコットランドの土を踏むのはこれが初めてではなかった。それより前にこの強くて大きな馬は、軍馬としても優秀であることから数年にわたって輸入されていたのだ。だが、計画的な交配のためにフランドル馬の種牡馬が連れてこられたのは、これが初めてだった。また、ジョン・パターソンという飼育農家がイングランドで購入したフランドル馬の種牡馬を交配に用いたことも、初期のクライズデールに大きな影響を及ぼした。この種牡馬は青毛で、顔は白く、肢部には白斑があった。この馬からは大きく頑強で美しい馬が数多く誕生し、それが各地へ広がって評判となった。

さらにもう1頭、初期の改良に重要な役割を果たしたと思われる種牡馬がいる。スコットランド南西部のエアシャーからラナークシャーに持ち込まれた、ブレイズという名の在来種だ。青毛に白い模様が入ったこの馬は、1782年にエディンバラで行われたホースショーの

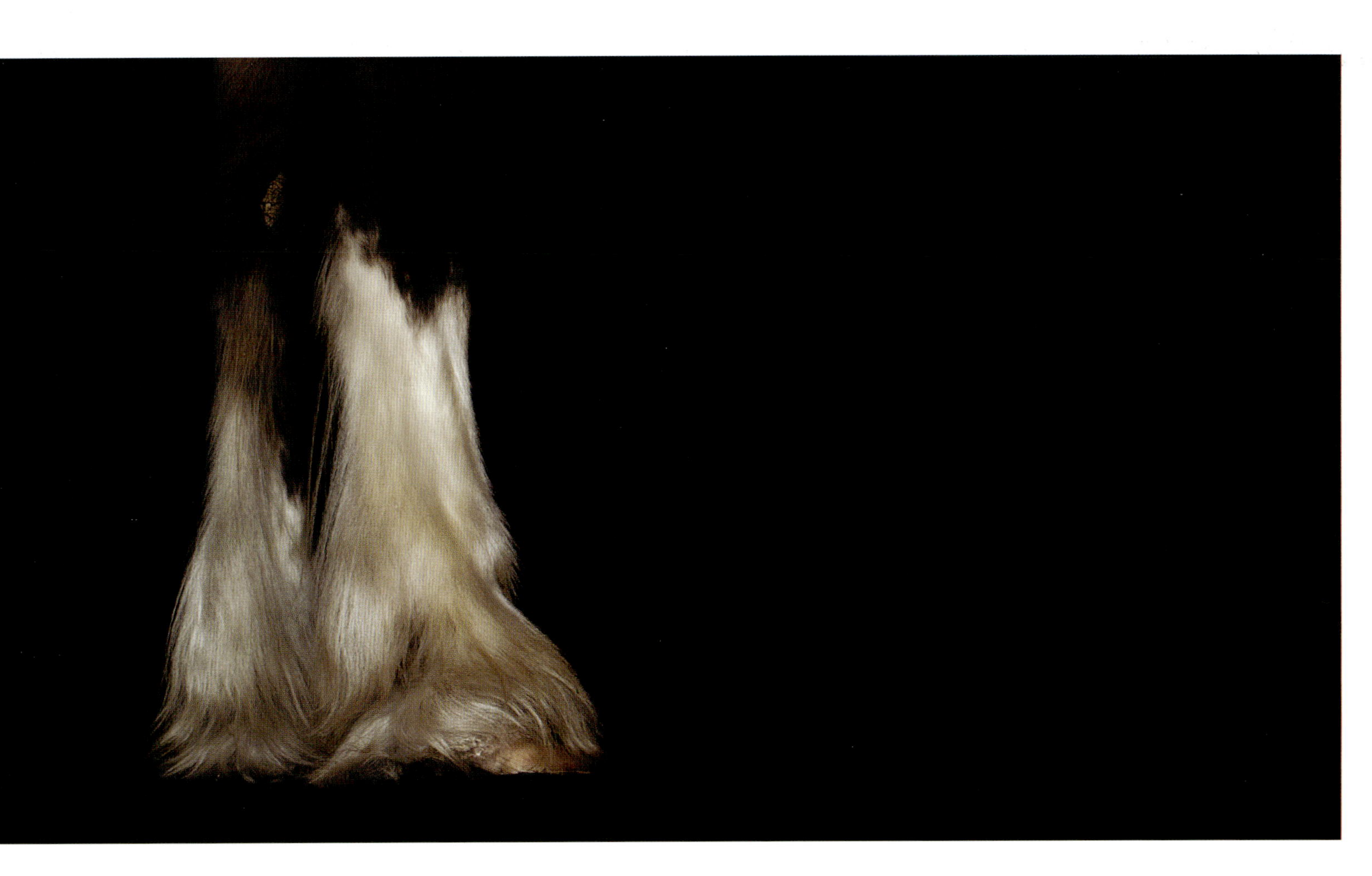

チャンピオン馬だった。ブレイズが具体的にどのような影響を与えたかはわかっていないが、馬車牽引馬として優れていたため、その自在な歩様がクライズデールに受け継がれたのではないかと考えられている。

そうしてクライズデールという馬種の存在がはっきりと認められるようになったのは、1808年になってからだ。この年にサマービルというブリーダーが、のちに「ランピットの牝馬」と呼ばれることになる馬を購入し、この牝馬からクライズデールの血統が続いていくことになったのだ。クライズデールの基礎種牡馬となったのも、この牝馬が産んだファーマーズファンシーやグランサー（「トンプソンの青毛馬」とも呼ばれる）という名の馬たちで、彼らの子孫であるブルームフィールドチャンピオン95（1831年生まれ）や、その息子クライデ（1835年生まれ）は、現在のクライズデールにも見られるすばらしい特徴を数多く持っていた。

非常に頑強で、驚くほどのパワーと敏捷性を兼ね備え、かつ従順な気性を持つクライズデールは、主にスコットランドの農地や炭田で使われていたが、そういったすばらしい特徴についての噂は、やがてスコットランド以外の土地へも広がっていった。そうして1880～1945年の間に、2万頭ものクライズデールがオーストラリアやニュージーランド、ロシア、オーストリア、米大陸へと輸出された。特に北米では今でも人気があり、数多くのクライズデールが飼育されている。

彼らはまた、第一次世界大戦でも広く使われた。だが、戦後になるとほかの重種と同じく、多方面で機械化が進んだことで頭数が徐々に減り始めた。たとえばイングランドでは、1946年に登録されていたクライズデールの種牡馬は200頭いたが、その3年後には80頭にまで減ってしまった。その結果、英国の希少種保護トラストはクライズデールの分類を「希少」から「絶滅危惧Ⅱ類」へと変更した。それでも近年になり、この美しく非凡な馬への関心が再び高まったことで頭数を増やす試みも始まり、現在も重種の乗用馬として使われているほか、優れた競技馬を生み出すため軽種との交配にも用いられている。

PRINCE

SHIRE

シャイアー

有史−イングランド−きわめて少ない

HEIGHT｜体高
166〜183cm（16.3〜18ハンド）

APPEARANCE｜外見
大きく頑強な体に、形の良い頭部と、優しそうな大きな目を持つ。耳も形が良く、機敏に動く。がっしりとしたアーチ状の頸はほどよい長さで、き甲は抜けている。背は短く筋肉質。胸は広く、腹袋は豊か。後躯は長く筋肉質で、尾付きは高い。

COLOR｜毛色
青毛、鹿毛、青鹿毛、芦毛、粕毛。肢には白徴が見られることが多い。

APTITUDE｜適性
重輓馬、農用馬、乗馬、ショーイング、騎兵用馬。

貫禄ある姿のシャイアーは英国を象徴する馬で、その祖先は西欧に生息するすべての輓馬と同じく、フランスやベルギー（ブラバント地方やアルデンヌ地方など。フランダース馬やフランドル馬もここに生息していた）に住んでいたグレート・ホースだ。さらにさかのぼると、北欧に生息していた有史以前のフォレスト・ホースにたどり着く。

ブリタニア（現在の英国）には、ユリウス・カエサルによる2度の侵攻時（紀元前55年と同54年）や、ローマによる支配を受けていた時代（43〜410年）に、フリージアンなどのヨーロッパ大陸の屈強な馬が持ち込まれた。さらにノルマン・コンクエスト（1066年のノルマンディ公によるイングランド征服）の際にも、グレート・ホースをはじめとする大きな重輓馬が大量に流入した。そうした流れを受けて英国では、在来種を改良して、重騎兵に適した大型の馬や戦場でも冷静さを保てる馬を作出する試みが始まった。このサイズに特化した改良は中世を通して行われ、のちにシャイアーへとつながる重種のコブタイプもここから生まれた。彼らはがっしりとした体格のわりに身のこなしに品があったが、現代の輓馬と比べるとやや小さかった。

そして16世紀になると、リンカンシャーやケンブリッジシャーといった英国東部の州にある沼沢地域の灌漑工事にオランダの技術者が招聘され、彼らによって再びフリージアンが持ち込まれた。フリージアンの血は前述した重種のコブタイプに上品な外見と自在な歩様、初期のシャイアーの特徴である青毛など好ましい影響を与えた。

シャイアーは初期の段階で、寒くて湿気の多い沼沢地域でフランダース馬やジャーマン・ドラフト、フリージアンなどと交配された結果、徐々に距毛のある青毛馬といった古典的な重種の特徴を備えるようになった。そんな特徴を持つ彼らは、17世紀にはオールド・イングリッシュ・ブラックと呼ばれていた。

そして18世紀になるとさらに品種改良に力が注がれ、2つのタイプの青毛馬に分化した。ひとつは、家畜の選択交配の権威であったロバート・ベイクウェル（1725〜1795年）にちなんで名付けられたベイクウェル・ブラックだ。ベイクウェルはフランダース馬を交配に用いて上品さと持久力を増幅させた。もうひとつはリンカンシャー・ブラックで、これはベイクウェル・ブラックより重く、大きく、距毛の量も多かった。この大きな馬は主に軍馬として利用されたが、農業や工業の分野でも重宝された。その力強さと穏やかな気性が農耕や輸送、運河のはしけの牽引など、さまざまな用途に適していたからだ。

この馬種に初めてシャイアーという名称が使われたのは17世紀のことだが、基礎種牡馬となったのは18世紀中頃のパッキントンブラインドホースというレスターシャーの青毛馬だ。この馬の特徴は多くの子孫たちに受け継がれ、1878年になるとシャイアーの初の血統書が英国輓馬協会（1876年設立）によって刊行されることとなった。さらに1884年には同協会に代わってシャイアー・ホース協会が設立され、それを機にこの馬種の知名度も人気も上がっていった。それは米国にも広まり、1885年には早くもシャイアー協会の発足にいたっている。

しかしシャイアーの頭数は第一次世界大戦後から減り始め、さらに第二次世界大戦後には自動車の普及によって激減した。それでも近年になってシャイアーの人気は再燃し、種の保全のための取り組みが始まるとともに、引き続き少数ではあるが農場で使役されている。英国ではまた、大手ビールメーカーがトレードマークとして採用しており、ビール樽を積んだ荷馬車を引く馬としてよく知られている。

SUFFOLK PUNCH

サフォーク・パンチ

有史–イングランド–絶滅危惧IA類

HEIGHT | 体高
163～166cm(16～16.3ハンド)
APPEARANCE | 外見
優美な頭部に、間が広く離れた目と、よく動く耳を持つ。頸は筋肉質でがっしりとしており、きれいなアーチを描く。体も全体的に筋肉質で、肩の位置は低く、後躯は丸みを帯びている。肢は短く丈夫で、距毛はほとんどない。
COLOR | 毛色
栗毛の7つの色合い(柑子栗毛、金栗毛、紅栗毛、黄栗毛、白栗毛、栃栗毛、濃栗毛)のいずれか。
APTITUDE | 適性
重輓馬、農用馬、ショーイング、騎兵用馬。

サフォーク・パンチは、英国の重種のなかで最も愛らしい馬のひとつだ。非常に魅力なその姿は種の歴史のなかでほとんど変わっておらず、また輓馬ならではの特徴をもっているためすぐに見分けがつく。ただ残念なことに、名状しがたい魅力を備えたこの馬は、現在では絶滅が危惧されている。

古くからいるほかの馬種と同じように、サフォーク・パンチの特徴も生息環境に適応するなかで育まれた。そしてその環境は地理的にやや孤立していたため、きわめて純度の高い種となった。サフォーク・パンチが生まれたのは英国東部に位置するサフォーク州で、その東には北海、北にはノーフォーク州、西には沼沢地が広がっている。彼らの初期の歴史については記録が残っていないが、9世紀頃にバイキングがデンマークから持ち込んだ馬が起源だと思われる(ちなみにその馬はデンマークで徐々に重種のユトランドになっていくのだが、興味深いことにその過程でサフォーク・パンチの種牡馬から大きな影響を受けている)。

いずれにしてもサフォーク・パンチが古い品種であることは間違いなく、最初の記述は1586年刊行のウィリアム・カムデンの歴史書『ブリタニア』のなかに見られる。そこには80年生きるサフォーク・パンチが登場するが、さすがにこの年数は誇張だろう。しかしそれより重要なのが、彼らの姿が当時からほとんど変わっていないことがうかがえる点だ。こんなにも昔から品種として完成し、しかもそれが維持されてきたとなると驚かざるをえない。

そのサフォーク・パンチの姿を見間違えることはまずない。必ず栗毛の7つの色合い(柑子栗毛、金栗毛、紅栗毛、黄栗毛、白栗毛、栃栗毛、濃栗毛)のいずれかで、厚みのある体幹に短い肢という特徴的な体型をしているからだ。そうした体つきは農用馬として育種されたことに起因するが、その務めは今でも立派に果たしている。牽引力が群を抜いて強いため、その実力は特に耕起や作物の運搬で発揮される。そんなサフォーク・パンチの能力を測るには、重い倒木につながれた状態できちんと膝に力の入る姿勢をとれるかどうかを見るのだが、これは昔も今も行われている。

そのほか、肢に距毛が生えていないのもサフォーク・パンチの特徴のひとつだ。これは、彼らが住むイースト・アングリア[訳注:サフォーク州とノーフォーク州を含む、英国東部の地方名]の土地が重い粘土質であるからだ。それに加えて、あぜ道を易々と歩けるように肢間が狭く、スタミナが豊富でよく働き、早く成熟するわりに寿命が長い。こうした優れた特質を持つサフォーク・パンチはイースト・アングリアに住む農民のニーズをすべて満たしていたため、個人農場でも繁殖され続け、そして働き続けた。その際、サフォーク州とノーフォーク州以外の馬と交わることはあまりなかったため、品種の純度も保たれた。

現代のサフォーク・パンチの血縁をたどると、クリスプズホースという名の基礎種牡馬に行き着く。所有者のトマス・クリスプにちなんで名付けられたこの馬は、1768年にサフォーク州のウッドブリッジ近郊で生まれ、体高は154cm(15.2ハンド)で、栗毛と短い肢、豊かな腹袋、ハンサムな顔などが特徴の馬だった。「この馬から、大型馬車や道路での走行に適した血統が生まれるだろう」と記しているクリスプは、ウッドブリッジからサクスマンダムやフラムリンガム(いずれもサフォーク州)にいたるまでの一帯から牝馬を集め、交配に用いた。

彼の記述からは、クリスプズホースには馬車馬の血が流れていること、ノーフォーク州を中心とした広域で古くから馬車馬が利用されてきたこと、その地ではノーフォーク・トロッターやノーフォーク・コブが生まれたことなども読み取れる。また、ほぼ同時期の1760年に生まれたブレークスファーマー(ノーフォーク系の栗毛の種牡馬)もサフォーク・パンチの改良に影響を与え、農業や輸送に適した性質を増幅させた。

それから約100年後の1877年、ハーマン・ビデルの尽力によりサフォーク・ホース協会が設立された。ビデルは協会の初代会長に就くとともに、サフォーク・パンチの歴史を何年もかけて調べ上げ、1880年に最初の血統書となる『サフォーク・ホースの歴史と血統書』を刊行した。同じ年には米国への輸出も初めて行われ、さらに1907年にはこの国でもサフォーク・ホース協会が設立された。米国のこの協会は第二次世界大戦中に活動休止を余儀なくされたが、1961年に再開して以降、さまざまな取り組みを精力的に続けている。

サフォーク・パンチはその力強さゆえに軍馬としても利用され、戦場では重い大砲を運んだり、騎兵用馬として用いられたりした。一方で、独特の馬格であるにもかかわらず他種の改良にも広く使われ、米国だけでなくヨーロッパ中の国々、さらにはカナダやロシア、ニュージーランド、オーストラリア、パキスタンなどにも輸出された。そのうち1860年代にデンマークに輸出された種牡馬オッペンハイマーLXIIは、前にも少し触れたようにユトランド(サフォークとやや類似した身体的特徴を有している)に大きな影響を与えた。そのほかロシアに渡った種牡馬も、ウラジミール・ヘビー・ドラフト(ウラジミール重輓馬)に影響を及ぼしている。サフォーク・パンチはまた、競走馬の生産を目的として軽種との交配にも用いられた。

このようにサフォーク・パンチはきわめて優れた特長を持つため人気が高く、2度の世界大戦でも広く用いられた。だが両大戦で数多くの馬が犠牲なり、さらに第二次世界大戦後には自動車や大型農機の普及により活躍の場を奪われたうえに、食糧難の時代が訪れるとその多くが食用にされた。これによりこの種は壊滅的な打撃を受け、1966年にはわずか9頭の子馬しか残されていないという状況に陥った。その後、熱烈な愛好家たちの懸命な努力により頭数は増加したが、それでもなおサフォーク・パンチは「絶滅危惧IA類」に分類されている。驚くほど従順な気性で知られ、昔から「天使の顔にビール樽のような腹袋と、農家の娘のような尻がついている」と言われてきたこのすばらしい馬が絶滅の危機にあるとは信じがたいことだが、その頭数を回復させる取り組みは今後必ずや実を結ぶだろう。

RABBIE BURNS
GOD SAVE THE KING
1902

IRISH DRAFT

アイリッシュ・ドラフト(アイルランド輓馬)

有史－アイルランド－一般的

HEIGHT｜体高
153～173cm(15.1～17ハンド)

APPEARANCE｜外見
形の良い頭部に、がっしりとした中程度の長さの頸。体つきはたくましく、き甲はよく抜けている。肩はなだらかに傾斜し、背は非常に力強い。胸は深く、長めの斜尻を持つ。肢は骨太で力強く、距毛はない。

COLOR｜毛色
あらゆる単色が認められる。

APTITUDE｜適性
中量級の輓馬、農用馬、乗馬、馬場馬術、障害飛越競技、ショーイング、狩猟。

アイルランドは、国土は小さいが優秀な馬の生産地として古くから知られている。この島のなかでも特に内地の風土が馬の飼育に適しているためだ。アイルランドにおいて馬の繁殖は、紀元前6～同5世紀にすでに行われていた。その頃アルプスからケルト人が連れてきた、東洋の影響を受けた馬がその基礎を築いたのだ。キリスト教が成立するより前の叙事詩『クーフーリン・サガ』によれば、当時のアイルランドの馬は、波打った長いたてがみと、強いくせ毛の前髪を持った速くスレンダーな馬で、馬車を引いていたという。

それから長い時を経て10世紀頃になると、アイリッシュ・ホビーが誕生した。その基礎となったのは、ローマ時代にアイルランドにもたらされたスペインのアストゥリアンだ。アイリッシュ・ホビーは小柄で俊敏なうえに、側対歩に優れていたため、すぐに人気が出た。しかし1172年にノルマン人が軍馬として巨大なベルギー産のグレート・ホースやフランス産の馬を伴ってアイルランドに侵攻すると、アイリッシュ・ホビーもその影響を大きく受ける。さらに英国やスペインやポルトガルなどからも馬が輸入され、重ねて影響を与えた(そこにはアンダルシアンも含まれていた)。そうして大きく重くなったアイリッシュ・ホビーは中世になると、ヨーロッパのほぼ全域に輸出されるようになった。

だが、アイリッシュ・ホビーは徐々に姿を消していく。その理由はいまだによくわかっていないが、いずれにせよサイズを大きくするためと、より農作業に適した性質にするための改良が重ねられた結果、アイリッシュ・カート・ホースやアイリッシュ・コブといった種が生まれた。そしてアイリッシュ・コブは、その側対歩が絶賛されたアイリッシュ・ホビーに代わり、アイルランドの良馬として台頭するようになった。

アイリッシュ・コブは優れた乗用馬で、狩りをするときも跳ぶときも恐れず、また軽輓馬や駄馬としても使われた。その体高は依然として低く、ブリテン諸島やヨーロッパ本土の重種との類似点はあまりなかったが、休むことなく農作業や運搬をこなすことができた。さらに生まれつき知性と感性に優れ、飼育費も少なく済んだ。これが初期のアイリッシュ・ドラフトであり、体高は約154cm(15.2ハンド)で、がっしりとした骨太の体型に優れた敏捷性を備えていた。

19世紀に入ると、アイリッシュ・ドラフトの体をもっと大きくするために、英国のクライズデールやシャイアーが交配に用いられた。だがその結果は芳しくなく、クライズデールを用いたことで下肢の骨が弱くなるという弊害が生じた。英国の輓馬特有の豊かな距毛は、アイルランドの重い粘土質の土地を歩くとすぐに固まり、肢が重くなってしまうのがその原因だった。そこで農民たちは、体の大きな個体のみを交配に用いることにし、種全体を大きくさせていった。

そして20世紀になると、アイリッシュ・ドラフトの種牡馬に対して国から補助金が出されることになった。その承認を得た種牡馬には特別な繁殖計画が組まれ、結果としてアイリッシュ・ドラフトは大幅に改善され、かつ頭数が急増した。

しかし、第一次世界大戦では軍用馬として広く使われたこの馬も、第二次世界大戦が終わると頭数が減っていった。多方面で機械化が進み、ほかの輓馬と同じように仕事を奪われたためだ。そこで熱心なブリーダーたちが立ち上がり、精力的に繁殖活動を続けた結果、現在では頭数も回復している。その人気も落ちることなく、輓曳用として使われることは少なくなったものの、優れた重種の狩猟馬であり乗用馬であり続けている。さらに、優秀な競走馬をつくるためにサラブレッドとの交配にもよく使われている。

SHETLAND

シェトランド

有史以前−スコットランド−一般的

HEIGHT｜体高
107cm以下（42インチ以下。シェトランドはハンドではなくインチで計測する）

APPEARANCE｜外見
形の良い頭部に、知性を感じさせる目と、よく動く小さな耳を持つ。頸はがっしりとしており、体つきも筋肉質で力強い。肩は適度に傾斜し、肢は短い。

COLOR｜毛色
駁毛を除いたあらゆる色。

APTITUDE｜適性
乗馬、軽輓馬、軽農用馬、駄馬、ショーイング、障害飛越競技、馬術競技、繋駕速歩競走。

英国で最も小型のこのポニーは最古の品種のひとつで、スコットランド北東部の海岸からおよそ160km（100マイル）離れたシェトランド諸島で生まれた。起伏の激しいこの群島は冬になると強風が吹き荒れ、ひどい悪天候に見舞われるため、馬の餌も不足しがちだ。こうした過酷で地理的にも隔絶した土地に適応するなかで、シェトランドの性質は形成されていった。小型のわりに非常に力が強いのも、その生息環境によって培われたすばらしい性質だ。

ポニーがスカンジナビアからヨーロッパの陸橋を渡って初めてシェトランド諸島にやってきたのは1万年以上前だとされており、そういったポニーたちの祖先はすべて小型のアイスランド・ホースから派生した可能性が高いと考えられている。しかし一方で、絶滅種のツンドラにルーツを持つと考える研究者もいる。ツンドラという種に関する資料は少ないが、有史以前のポニーで、モウコノウマやタルパンと同時期にシベリア北東部に生息していたのは確かだ。ツンドラはまた、ヤクートというポニーの祖先だとも考えられているが、そのヤクートは寒さへの耐性を持つ点など、シェトランドとの類似点がある。

ともあれ、シェトランド諸島での発掘調査からは約4000年前のものと思われるポニーの骨が出土しており、それらポニーの家畜化が始まったのがちょうど4000年前だと言われている。シェトランド諸島は地理的に隔絶しているため、アイスランド・ホースと同様、そういった在来ポニーの初期の血統の純度も保たれていた。だが、そのポニーたちも紀元前1000年頃の青銅器時代末期になるとケルト人が持ち込んだ東洋種から、その後900年頃にはバイキングが持ち込んだポニーなどから影響を受けることとなった。

シェトランド諸島に昔からいたポニーたちは小型だったが、船による輸送が難しかったため、あとから島に持ち込まれたポニーたちもやはり小さかった。シェトランドの現在の体格は、そうした外的要因のみならず、環境的な要因も大きく影響して確立された。シェトランド・ポニー血統書協会は、過酷な環境ゆえにこれ以上体が小さくなると生き延びられなかったと主張しているが、これほど厳しい環境で生き残れたのはむしろ小型のポニーだったからだと思われる。もちろん、もっと良い環境に移してシェトランドを育てても、いきなり体高が伸びることはない。

シェトランドの特徴が環境によって形成されたことは間違いない。彼らは岩場を慎重に歩いているうちに丈夫で安定した肢を身につけ、厳しい寒さに見舞われるなかで頑健さや我慢強さを育んだ。しかし最も注目すべきは、生き延びるための感覚や能力が非常に優れている点だ。なにせ食糧が乏しくなる冬の間などは、浜辺に打ち上げられた海藻を食べて生きながらえることができるのだ。そんなシェトランドは軽農作業に利用されることが多く、小規模な農場や牧場でさまざまな仕事をこなしてきた。また、漁師に利用されることもあった。彼らは小さな体にもかかわらず非常に力が強いため、重荷を載せることも、成人男性を乗せることもできた。

さらに、18世紀後半に産業革命が起こると鉱山でも広く利用されるようになり、イングランドやヨーロッパ各国、米国にまで輸出されるようになった。特にイングランドでは、1847年に鉱山での児童労働を禁止する法律が施行されると、代わりの労働力として需要が劇的に高まった。シェトランドは地下坑道での労働に最適なサイズだったからだ。そうして多くの鉱山労働者がこの勇敢なポニーと絆を深め、ともに働いたが、炭鉱ポニーの多くがほとんど地上へ顔を出すこともないまま坑道で一生を終えた。

こうして農業や鉱業の分野でシェトランドの使役動物としての価値が認められると、種を維持するための取り組みや品種改良が行われるようになった。その皮切りが1890年のシェトランド・ポニー血統書協会の設立で、同協会はシェトランドと認定した馬の特徴をよく調べ、品種改良のヒントを探った。そうしたなか、品種改良に多大な貢献をしたのがロンドンデリー卿だ。彼は、自身が所有するイングランド・ダラム州の炭鉱で働かせるポニーを作出するため、1870年代に設けた牧場でより頑丈なシェトランドを数多く繁殖した。これは徹底した選択交配により実現したもので、なかでもジャックXVI（1871年生まれ）という種牡馬の立派な馬格は多くの子孫に受け継がれた。

ロンドンデリー卿の牧場は1899年に閉鎖されるが、そこに残っていたシェトランドは、スコットランドのエディンバラに住むエステラとドロシー・ホープ姉妹の手に渡った（姉妹が住んでいた豪華な屋敷、通称ホープトン・ハウスは現在も残っている）。ホープ姉妹は1870年代に質の良い牝馬を手に入れて育種を始め、そこで繁殖されたシェトランドも非常に高い評価を受けるようになっていた。ヴィクトリア女王（1819～1901年）も、そこから輓曳用ポニーを購入したことがあるほどだ。今もホープ姉妹の牧場は残っており、現在ではイーストサセックスのバックハーストパークという土地でアン・デ・ラ・ウェアが経営している。そこには当時の6つの血統もいまだに残っており、そのすべての名前に母馬のイニシャル（B、C、F、I、R、Vの6つ）がつけられている。歴史的に重要な血統が、今もここで守られているのだ。

こうした育種の初期段階においては、2つのタイプが登場した。ひとつは大きい頭部を有している重く頑健なタイプで、もうひとつのタイプはほっそりとした体型で尾付きが高く、歩幅が大きいのが特徴だ。この2つのタイプは今でも存在しており、前者は輓曳、後者は乗用に適している。その人気も相変わらず高いままで、サフォーク・パンチやシャイアーなどの使役馬が壊滅的な打撃を受けたのとは対照的に、頭数が激減したこともない。現在では農業・鉱業分野の使役馬としての役目はすでに終わっているが、その代わりにシェトランドはレジャー産業で重宝されており、子ども向けの乗馬用ポニーや繋駕速歩競走用のポニーとして人気を誇っている。

HIGHLAND

ハイランド

有史以前–スコットランド–きわめて少ない

HEIGHT｜体高
132 ～144 cm(13 ～14.2ハンド)

APPEARANCE｜外見
美しい頭部に、間が広く離れた目と、よく動く耳を持つ。たてがみの生え際がくっきりしているのが特徴的。体つきは筋肉質で、頸もがっしりしている。肢もきわめて丈夫で安定している。

COLOR｜毛色
薄墨毛が主だが、芦毛、青毛、青鹿毛になることも。まれに栃栗毛も見られる。

APTITUDE｜適性
乗馬、軽輓馬、駄馬、ショーイング、馬場馬術、障害飛越競技。

シェトランドと同じく、ハイランドもスコットランド原産のポニーで、本島の起伏の激しい山岳地帯や、北西岸沖のウェスタンアイルズ(アウターヘブリディーズ諸島)に生息していた。この2つの地域にはもともと2種類のハイランド・ポニーがいた(諸島にいた個体は本島の個体と比べてより小柄で軽量だった)が、近年の品種改良でひとつのタイプに統合された。そんなハイランドの祖先は有史以前にまでさかのぼり、エクスムアの祖先やモウコノウマと交配して進化したと考えられている。そして紀元前2000年頃の青銅器時代には、スカンジナビアやおそらくアイスランドからも馬が持ち込まれ、在来種に影響を与えた。

歴史の古い品種にはよくあることだが、ハイランドにもその生息環境ならではの特徴が付与された。過酷な土地で生きてきたため、シェトランドと同様、ハイランドも頑強で汎用性があるのだ。また、被毛が2層の耐候性構造になっており、粗食にも耐える。さらに数千年もの間、不安定な岩場を歩いたり、丘陵を上り下りしたり、沼地を渡ったりしているうちに歩様が安定するようになり、安全な足の踏み場を見分ける感覚も身につけた。こうして彼らは険しい地形を速く安全に、かつ器用に進んでいけるようになったのだ。

一方で、外的な影響も長い間受けてきた。たとえば16世紀には、アラブの種牡馬がヘブリディーズ諸島のバラ島やマル島の在来種と交配した。そのアラブの血は概ねハイランドに良い影響を与えたが、特にシリアンという名のアラブの種牡馬の影響はマル島のハイランドに色濃く残った。同じ頃、スコットランドにたどり着いたフランス産の馬やスペイン馬(スペイン艦隊のガレオン船が沈没する間際に逃げ出し、岸まで泳いだ)も、ハイランドと交配したと言われている。

18世紀に入ると、諸島のひとつであるウイスト島に住むクランラナルド氏族長[訳注：氏族は中世から近世のスコットランドにおける社会制度]が、自身所有のポニーとスペイン馬を交配させた。そして19世紀にクライズデールの種牡馬であるベインズが交配に用いられたことで、体が大きくなり、体重も増加した。それと同時期に、馬車馬として使われていたノーフォーク・ロードスター(絶滅種)も交配に使われた。現在もハイランドの側対歩が非常に滑らかなのは、そのためである。

ハイランドはその長い歴史のなかで、汎用性の高さを常に証明してきた。子どもにも大人にも使える乗用ポニーであり、成人男性を1日中乗せていられるだけの頑健さもある。さらに農用、重荷の輓曳用、獲物の駄載用など、あらゆる労働に適しているほか、軍馬としても氏族や陸軍に広く利用されてきた。たとえば、スコットランド王ロバート1世(1274 ～1329年)もこの馬に乗っていたし、チャールズ・エドワード・ステュアート(1720 ～1788年)も1745年のジャコバイトの反乱[訳注：1688年の名誉革命で亡命した英国王ジェームズ2世とその子孫を支持し、王位復活を図った人々による反乱]で、ウイスト島で育ったハイランドに乗っていた。時代が下ってもハイランドは軍馬として重宝され、1900 ～1956年までの間はスコットランド騎兵連隊(ヨーマンリーとも称される義勇騎兵部隊)に使われ続けた。さらに第二次世界大戦でも、英国陸軍のロバット・スカウト連隊に徴用された。

今でもハイランドは、山岳地帯で農作業に従事したり、家畜を追ったり、鹿や野鳥などの獲物を載せたりしている。また、1950年代にポニートレッキングが確立されて以降、ここでもハイランドは活躍するようになった(フランスにも輸出され、同国のトレッキングセンターで用いられている)。さらに、前述したように子どもにも大人にも適した乗用ポニーとして人気があるうえに、繋駕速歩競走に用いられることも多い。

HIGHLAND | ハイランド

第4章　新世界の輝き

考古学的資料によると、近代馬の祖先は今からおよそ6000万年前の北米大陸で進化したが、この大陸では1万年前の氷河期末期に馬は絶滅した。その後、南北米大陸に馬が再び姿を現したのは、今からわずか500年ほど前のことだ。だが、彼らはこの500年という短い年月の間に「新世界」という新たな舞台で繁栄の道をたどり、米国は今や世界有数の馬産国となっている。

米大陸における馬の物語は、スペインのコンキスタドールの到来で幕を開けた。15世紀の終わり、ムーア人によるイベリア半島支配が終焉を迎えると、スペイン人は入植地を求めて新たな冒険へと繰り出すようになった。1492年には、スペインを出港したクリストファー・コロンブス（1451～1506年）が現在のバハマ諸島のある島に上陸し、「新大陸」［訳注：コロンブスはこの島を目的地のインドがあるアジア大陸と勘違いした］を発見。この島をサンサルバドルと名付けた。

その航海から帰還した約8カ月後、コロンブスは再び新世界を目指し、前回とは比べ物にならないほどの立派な艦隊に、多くの入植者と家畜と農産物を積み込み、さらに多数の馬も帯同するという万全の態勢を整えて出港した。アラゴン王フェルディナンド2世（1452～1516）の命により、コロンブスの遠征隊には最高級の軍用馬が提供される手はずになっていた。しかし、前回の航海でイスパニョーラ島と名付けた西インド諸島の大きな島に到達した直後、どうやら雑多な馬の寄せ集めをつかまされたらしいことが判明した。とはいえ遠征隊が連れてきた馬の大半は、ソライア、スパニッシュ・ジェネット、アストゥリアン、ガラノといった、スペインが誇る主要な馬種ではあった。

ともあれ、それらスペイン馬の多くはそのままイスパニョーラ島に取り残され、その後の航海に引き続き伴われた馬たちも、そのほとんどが行く先々の島に置き去りにされた。その結果、イスパニョーラ島をはじめとする西インド諸島の島々では、それから10年のうちに入植者や現地の人々によって多くの繁殖場が設けられることとなった。馬を伴ってのスペイン人による航海はそのあとも続けられたが、長い旅路の途上で息絶える馬も少なくなく、スペインからカナリア諸島にいたる航路はいつしか「牝馬の入り江（Gulfo de Yeguas）」と呼ばれるようになった。厳しい船旅に耐えられるのは、きわめて頑健な馬だけだった。そうした屈強で気品の高いスペインの馬こそが、米国に新たな馬の繁栄をもたらしたのだ。

こうしてキューバや西インド諸島には、スペインからアンダルシアンやバルブなどの上質な品種が大量に流入した結果、王立の種馬牧場もつくられることとなった。そしてそれから間もなく、コンキスタドールは中米や南米にも到達する。1519年には、キューバ征服に参加していたエルナン・コルテス（1485～1547年）が、そこから16頭の馬を伴いアステカ（現在のメキシコ）遠征に出発。そのなかにはコルテスの愛馬である青毛の牡馬、エル・モルツィッロの姿もあった。先住民のマヤ人たちは、初めて目にする馬を恐れ、神の化身だと信じた。その後、エル・モルツィッロの肢が不自由になり使い物にならなくなると、コルテスはマヤ人のもとに置き去りにするが、マヤ人はこの馬に食糧を与え、さらには神殿まで建立して敬った。だが彼らの献身もむなしく、エル・モルツィッロはやがて息絶えた。

それから数年後の1531年頃には、フランシスコ・ピサロ（1471～1541年頃）が兵士と馬を引き連れてパナマからインカ帝国（現在のペルー）への侵入を開始。同じ頃、アンデス東部にも白人の開拓者が到達した。スペイン人が優秀な馬とともにアルゼンチンの広大な草原にたどり着いたのは、それから間もなくのことだ。このようにスペインによる新世界の植民地化は、西インド諸島からメキシコを経て南米大陸にまで及び、それに伴い各地でスペイン馬がまたたく間に増えた（ただし、ブラジルにはポルトガル人が入植し、自国のルシターノ種を持ち込んだ）。

その一方で、16～18世紀には北米大陸の東海岸とカナダへの探検も盛んに行われた。北米大陸に最初に馬を連れてやってきたのはスペイン人探検家のファン・ポンセ・デ・レオン（1474～1521年）率いる遠征隊で、1521年にフロリダ沖からこの大陸にたどり着いた。

だが彼らは上陸するや、先住民カルーサ族の激しい襲撃に遭い、ポンセ・デ・レオンも足に毒矢を受けてしまう。結局、遠征隊員は退散を余儀なくされ、命からがらキューバのハバナへ逃れたが、その怪我が原因でポンセ・デ・レオンは同地で息を引き取った。彼がフロリダに連れてきた50頭の馬たちの多くも、そのまま置き去りにされ、長く生きることはできなかった。

その後17世紀になると、北米大陸には英国、フランス、イタリア、オランダ、デンマークからの入植者が急増した。そして入植者が訪れるたびにヨーロッパ各国の原産馬も渡来し、米国の馬の発展に大きな影響を与えた。そのなかでも重要な役割を果たしたのが、フレンチカナディアンの基礎となったフランス原産種、英国原産の初期サラブレッド、オランダ原産のフリージアン、そしてヨーロッパ産の重輓馬などだ。米国原産種の黎明期に重要視されたのが汎用性で、ハーネスと鞍をつけて働くことができ、険しい地形も易々と横断できる馬が求められた。現代米国種のほとんどが高い汎用性を備えているのも、決して偶然のことではないのだ。

南北米大陸への馬の到来は、それまでその姿を見たことがなかった先住民たちに大きな衝撃を与えた。前述したように当初は馬を恐れ、神として畏敬していた彼らだが、この不思議な動物が持つ偉大な力に気づくや、自分たちの文化に積極的に取り込み始めた。南米では、パンパ[訳注：アルゼンチン中部に広がる草原地帯]やパタゴニアの草原地帯の住人たちが、馬を社会組織の中心に据えた。栄養価の高い草がふんだんに生えるその広大な土地で馬の繁殖は順調に進み、やがて地域の人々に広く飼育されるようになった。そして馬を所有し乗りこなせるようになると、現地の文化にも変化が生じた。機動性が向上し、狩猟範囲が拡大したことで、移動生活という選択肢が加わったのだ。そうして馬はまたたく間に社会のあらゆる側面に浸透し、食肉や馬乳をはじめとする食料や生活用品の供給源としても、最大限に利用されるようになった。

さらに馬は供儀(くぎ)の習慣にも組み込まれ、所有者が亡くなると生贄

にされるのが一般的になった。こうした儀式は、中央アジアに居住していた古代スキタイ人も行っていた。しかし南米の地で定着し始めた馬文化は、比較的短命に終わってしまった。先住民と同じく、ヨーロッパ式銃器という脅威の前に馬もまた無力だったのだ。

馬は北米の先住民にも多大な影響を与え、その多くが熟練の馬乗りとなり、育種家となり、優れた騎兵となった。北米大陸に馬を広く浸透させたのも先住民によるところが大きかった。特に、メキシコ以北のグレート・プレーンズ［訳注：北米の中西部に広がる大平原］一帯で先住民が入植者を相手に売買や取引を行ったことで、馬は広く普及した。

先住民の生活の変化という観点で最も注目すべきは、馬がバッファロー狩りの効率を飛躍的に向上させたことだろう。バッファローを仕留めやすくなった北米の先住民たちは、食肉のみならず、皮革や骨などの副産物も手に入れ、生活を潤わせた。さらに、機動性に優れた馬のおかげで交通の利便性も向上し、女性と犬は荷物を運搬する負担から解放され、男たちはより優位に入植者との戦いに臨めるようになった。

そうしたなか、ネズ・パース族やブラックフット族など多くの部族が、それぞれ明確な目的をもって選択交配を行った。ネズ・パース族はアパルーサとネズ・パース・ホースの生みの親として知られるし、ブラックフット族は10種もの馬を繁殖させたという記録が残っている。なかでも称賛に値するのはバッファロー・ホースだ。バッファロー狩りは危険を伴うため、騎乗者にはきわめて高い俊敏性、勇敢さ、知性が求められたが、それは馬も同じで、バッファロー・フォースは狩りの最中に騎乗者を守るよう訓練されていた。

当時、多くの部族では所有馬の数が富裕度の尺度でありステータスだった。たとえばブラックフット族では、平均的な家庭でも12頭以上の馬が飼育され、トラボイと呼ばれるそりを引いたり、食料を運んだり、人を乗せたり、バッファロー・ホースとして狩りに出たりと、それぞれに役割が与えられていた。カイユース族とユマティラ族も、ブラックフット族と同じように各家庭で少なくとも12頭の馬を所有していた。そのカイユース族は、カイユース・インディアンというポニーも作出している。フレンチカナディアン・ホースとスペイン馬から派生したポニーで、知名度こそ低いが、19世紀には広く用いられていた。

また、フロリダのチカソー族がスペイン馬とバルブから作出したチカソー・ポニーも、のちに入植者との売買を通じてバージニア州とノースカロライナ州、さらにはサウスカロライナ州にまで広がった。フロリダ・クラッカー(フロリダ・ホース、クラッカー、セミノールとも呼ばれる)との共通点も多いこのポニーは、近代馬繁殖の最たる成功例である米国原産種、クォーター・ホースの誕生に大きな貢献をした。そうしたなか、多くの部族が拠点を置いていた北米では、1885年頃までにバッファローがほぼ全滅してしまう。ヨーロッパからの入植者による銃器の使用と、見境のない狩猟が原因だった。一方、こうした状況下で北米の馬の数は余剰傾向に陥った。

文明の黎明期からともに歩み続けてきた馬は、白人入植者の生活においてもなくてはならない存在だった。特に、ケンタッキー州東部にあるアパラチア山脈を越えて西のグレート・プレーンズへ、さらには南から北へと新天地を求めた入植者にとっては、馬が頼みの綱でもあった。彼らの馬にはきわめて高い強靭性、持久力、たくましさに加えて、道路が整備される以前の険しい地形でもスムーズに移動できる安定した歩様が求められた。さらに、扱いやすさと乗り心地の快適さはもとより、重い荷車や犂(すき)を引ける馬力と、家族で教会へ乗っていくのにふさわしい気品も必要だった。そのため多種多様な馬が組み合わされ、その結果、それぞれの地方で新たな馬が誕生した。

たとえば、滑らかな歩様と穏やかな気質を特徴とするアメリカン・サドルブレッド、テネシー・ウォーキング・ホース、ミズーリ・フォックス・トロッターなどは、スペイン産の旧種や小型のナラガンセット・ペイサー(絶滅種)、カナディアン・ホース、モルガン、そして初期サラブレッドなどを基礎として各地方で作出された馬だ。ちなみに、初期の米国原産種であるモルガンは汎用性の高さで知られ、馬車馬や乗用馬として優れていたうえに、使役馬としてもよく働き、またおとなしい性質で家族の誰でも乗りこなすことができた。

登録数という点で最も大きな成功を収めた米国原産種は、「万人の馬」として愛されるアメリカン・クォーター・ホースだろう。もともとクォーター・マイル・レースと呼ばれる400メートルほどの短距離レースの競走馬として繁殖された馬で、主にチカソー・ポニー、スペイン馬、イングランド産競走馬を基礎としている。クォーター・ホースは、サラブレッドが台頭するまで競走馬として絶大な人気を博したが、それはこの馬の歴史における序章にすぎなかった。彼らは、植民地時代初期には未開の地への入植を試みる人々に重宝され、牛追いなどの多彩な能力を発揮した。ブラジルのマンガルラやアルゼンチン・クリオージョなどの南米原産種と同様、牧畜用馬としての天性の才能を有し、本能的に牛を追うことができたのだ。このような特性は概ねスペイン馬から受け継がれたものと思われる。

こうしたアメリカン・クォーター・ホースの評判はまたたく間に北米中の人々に広まり、特に柵を使った大農園の建設が最盛期を迎える19世紀の終わり頃から、牧場主やカウボーイがこぞってこの馬を使うようになった。広大な牧場を持てば、その境界線を巡回し、家畜の群れを監視することが必須となるが、それを担うカウボーイの相棒としてクォーター・ホースは最適だったのだ。

そのカウボーイは、スペイン文化が根付く南米および中米の牧童「バケーロ」(南米のパンパに居住する「ガウチョ」も同様)から生まれた職業だ。北米にはほかにもコンキスタドールによってスペイン系の文化や伝統が次々と持ち込まれ、やがて中世のスペインで発達した家畜飼育を行う大農園システム「ハシエンダ」も繁栄した(ただし米国では、地理的条件に合わせた独自のシステムが構築された)。そうした歴史のなかで独自のアイデンティティを形成したカウボーイは、現在もなお米国の文化と歴史を象徴する存在として尊敬を集めている。

そして今日、多種多様な馬種を作出し続けている米国は、世界有数の馬産国として君臨している。21世紀までにこの国の人々の生活様式は大きく様変わりしたが、その過程で馬も自らの存在意義を労働から娯楽へと迅速にシフトさせた。馬がそうした変化に順応できたのも、生来の高い汎用性のおかげだと言えるだろう。しかしその一方で、アメリカン・クォーター・ホースやそのほかの多くの南米原産種などのように、レジャーの分野で広く愛されると同時に、牧畜の世界でいまだに重要な役割を担っている馬もいる。

最後に、米国原産種を語るうえで忘れてはならない野生馬、マスタングについて触れておきたい。数々の映画や書籍のモチーフにもなっているこの馬は、米大陸に初めて上陸したスペイン種を起源に持つ。もともとは家畜馬であったが、入植者と先住民による争いのなかで脱走したり、置き去りにされたり、あるいは故意に放たれたり、忘れ去られたりした末に、荒れ果てた奥地で再び野生化した。そんな激動の過去をその遺伝子にしっかりと刻んでいるマスタングは、高度な発展を遂げた現代社会のなかでなおも生き続ける、希少な野生の残像と言っても間違いではないだろう。

MUSTANG

マスタング

有史－米国－一般的

HEIGHT｜体高
142～152cm(14～15ハンド)
APPEARANCE｜外見
容姿は多岐にわたるが、多くは直頭か羊頭の頭部と、小柄ながら力強い体格を持ち、また堂々とした身のこなしを見せる。そのため、概してスペイン馬の影響を強く感じさせる。
COLOR｜毛色
あらゆる毛色が認められる。
APTITUDE｜適性
家畜馬から再野生化した馬。乗馬、牧畜用馬、馬場馬術、障害飛越競技、馬術競技、ウェスタン乗馬。

米国西部に無秩序に広がる荒野でたくましく生きるマスタング。米国の歴史と文化を象徴する馬として、これまで数々のロマンティックでスリリングな物語に登場してきた。米国原産のマスタングはまさに国の宝であり、その歩みは開拓者たちの物語とともに今日まで語り継がれている。

このマスタングは現在では野生馬に分類されているが、もともとは家畜馬だった。脱走したり放たれたりして野生化し、小さな群れを形成して自足するようになったのだ。彼らの住む米大陸に馬が渡来したのは16世紀のことで、コンキスタドールがスペイン馬を持ち込んだ。それらの馬はスペインのなかで最高級の品種だったという説もあるが、その真偽については議論の余地が残る。当時のスペインの権力者たちが、新世界を目指す厳しい航海にわざわざ自国最高の馬を提供したとは考えがたいからだ。しかしその一方で、過酷を極める探検を控えたコンキスタドールたちは当然、質の高い馬を要求したはずだ。どちらにしても、大西洋を横断する船上で生き残ることができたのは、きわめて頑強な馬だけだった。そうした屈強さと豊富なスタミナが、米大陸で派生したすべての馬に脈々と受け継がれている。

マスタングはスペイン馬の交雑種で、その血は頭の形と小ぶりながら力強い体格、豊かな精神性に色濃く表れている。近年、米国の奥地でマスタングの小さな群れが見つかり、血液検査を行ったところ、そのほとんどがやはりスペイン馬の血統を汲んでいた。1977年にオレゴン州で発見されたカイガー・マスタングも同じ系統に属しており、直頭か羊頭の頭部など、身体的特徴が昔のスペイン馬に酷似している。これはアリゾナ州に生息するセルバット・マスタングにも見られる特徴だ。

北米大陸に渡った馬はまたたく間に現地の先住民の文化に組み込まれ、北米全域に広まった。その過程においては、入植者と部族、あるいは部族間で馬の売買や交換が盛んに行われ、また路頭に迷う馬を捕獲することもあった。当時、馬が脱走することは日常茶飯事だったが、ほかにも持ち主が故意に放ったり、置き去りにしたり、あるいは盗まれたり、迷子になったりすることもあった。また、野生の牡馬が柵を破って家畜の牝馬を“奪う”ことも珍しくなく、逆に牝馬が柵を突破して野生の群れに合流することも少なからずあった。

そうした初期の家畜馬は、カナディアン・ホースの血統を含む交雑種だった。主に青毛か鹿毛をまとった威厳あふれるカナディアン・ホースは、フランス人が北米のヌーベルフランス(フランスが植民を行った地域)に持ち込んだフランス系種を祖先としている。18世紀末～19世紀初頭にかけて騎馬などの軍用馬として持ち込まれたフリージアンなどのヨーロッパ原産種も、やがて野生のマスタングの群れに加わった。人々が戦いを繰り広げるなか、脱走したり放棄されたりした馬たちがマスタングの群れに吸収されていったのだ。さらに英国とヨーロッパ大陸から渡来した馬車馬やサラブレッド、米国原産種や輓馬までもがそれに加わった。実際、マスタングには輓馬の血統による影響を顕著に示しているものが多い。

ほかの野生動物と同じく適者生存の世界に生きるマスタングは、非常にたくましく忍耐強い馬だ。過剰な同系交配により体の構造に問題が発生することもあるが、多くは圧倒的な美しさとすばらしい性質を誇っている。また、適切な訓練を行えば優れた乗用馬にもなりうるし、ひとたび手なずければ穏やかで信頼の置ける最高のパートナーになってくれる。

現在、マスタングの群れは米国西部の10州で見ることができるが、特にネバダ州やオレゴン州、ワイオミング州に多く生息している。人々に広く愛されている一方で、彼らには憎むべき敵もいる。見境なく狩りを行うハンターたちだ。また、牧場主のなかにもマスタングのことを快く思わない人たちがいる。マスタングの旺盛な食欲によって家畜の食べる草が放牧地からなくなるだけでなく、植物相を破壊するというのだ。しかしマスタングが実際にえさ場としているのは、家畜の放牧に適さない植物が乏しい乾燥地だ。

ともあれ結果として、20世紀初頭には200万の頭数を誇っていたマスタングも、1935年には15万頭にまで激減し、現在ではさらに5万頭にまで数を減らしている。それでもその頭数にとどまっているのは、1人の女性が尽力したおかげでもある。「ワイルド・ホース・アニー(野生馬のアニー)」の愛称で知られる動物愛護運動家、ヴェルマ・ブロン・ジョンストン(1912～1977年)だ。

国内のマスタングのほとんどが集まるネバダ州で生まれたヴェルマは、マスタングが自動車に轢き殺されたり、銃で撃ち殺されたり、食用やペットフードに加工されたりといった現状を目の当たりにしながら成長した。そういった現状に心を痛めていたヴェルマは大人になると、この残虐な行為を世に知らしめるべく運動を始め、1959年には馬の轢殺を禁止する法案を提出する。そして同年9月、「ワイルド・ホース・アニー法」として決議されることとなった。

それでもマスタング狩りは後を絶たず、1971年まで生息数はさらに減り続けた。しかし、その後も続けられた熱心な運動が結実し、ついに馬を保護する法律が議会を通過する。その「野生放牧馬・ロバ法」(合衆国法典第16編第1331-1340条)では、「野生馬・放牧馬は米国西部における生ける歴史であり、開拓者精神の象徴である。国内における多様な生活形態の形成に寄与し、米国国民の生活を豊かにする貴重な存在である」と謳われている。そして現在では、野生のマスタングを傷つけたり殺したりすることは連邦法違反行為とされている。

法の運用には、土地管理局および米国農務省の管轄下にある林野局があたり、土地管理局が管轄区域に生息する群れの管理と保護を行っている。捕食者をほとんど持たないため、増加傾向に陥りがちな馬の管理手段については、これまでも試行錯誤が重ねられてきたが、その解決策のひとつとして、1971年に譲渡プログラムが確立された。それは、適切と判断された候補者が格安でマスタングを迎え入れ、その後1年経過すれば所有権を得ることができるというものだ。

PERUVIAN PASO

ペルビアン・パソ

有史–ペルー–一般的

HEIGHT | 体高
143～154cm(14.1～15.2ハンド)

APPEARANCE | 外見
頭部は形良く、大きな目は優しげで、耳はよく動く。頸は筋肉質でがっしりとしている。胸は深く幅広で、腰は長く筋肉質。斜尻で尾付きは低い。たてがみはきわめて豊か。肢は力強く、蹄も堅牢。

COLOR | 毛色
鹿毛、栗毛、薄墨毛、青毛、芦毛、月毛、原色毛が青毛の薄墨毛、青鹿毛、粕毛など。単色が望ましいとされている。

APTITUDE | 適性
乗馬、ショーイング、馬術競技、ウェスタン乗馬。

ペルビアン・パソのふるさとは、雄大な自然が広がる南米の国ペルーだ。16世紀初頭、ペルーは南米で栄華を誇ったインカ文明の中心地であった。豊かなペルーの噂は、当時パナマ市に植民地を建設したばかりだったスペインのコンキスタドールの耳にも届き、伝説の地を夢見て探検に出る者が続出した。コンキスタドールとして初めてペルーに侵入したのはフランシスコ・ピサロ(1471～1541年)率いる遠征隊で、1531年頃のことだった。このときピサロに連れられてペルーの地を初めて踏んだ馬たちが、力強さでその名を轟かせることになるペルビアン・パソ(単に「ペルビアン」と呼ばれることもある)の遺伝的基礎となった。

南米大陸に初めて馬が上陸したのは1493年。スペインの馬たちがクリストファー・コロンブス(1451～1506年)に伴われてやってきた。それらスペイン種のなかには、スパニッシュ・ジェネット(絶滅種)やガラノ、ソライア、そして小型の駄馬や大型の乗用馬などが含まれていた。コロンブスの航海をきっかけにスペインによる新世界の植民地化は進み、その過程でまず西インド諸島やドミニカ共和国、プエルトリコ、パナマなどに多数の探検者や入植者が入るようになった。その結果、これらの地ではコンキスタドールたちの交通事情と高まる需要に応えるべく、馬の牧場や繁殖施設が建設された。さらに健全な取引の体制も迅速に整備され、スペインの最高級馬アンダルシアンや、北アフリカのバルブなども輸入されるようになった。

ペルビアン・パソは、こうしたスペイン馬やバルブを用いて慎重かつ集中的に育種された馬だ。彼らは先天的に側対歩の歩様を持っているが、これはスパニッシュ・ジェネットから受け継いだ希少な資質だ。側対歩とは、常歩(なみあし)と駈歩(かけあし)の中間にあたる空中期がない4拍子の歩法で、均一な4拍子を刻む緩やかなパソ・ジャーノと、肢の踏み込みのリズムがより速いソブレアンダンドの2種類に分けられる。馬体の揺れが少ないこの歩様は乗り心地が非常に滑らかで、長距離移動が求められた初期の入植者や探検家に非常に好まれた。また、肩先から前肢を外側へ弧を描いて動かすテルミノという動きもペルビアン・パソの特徴だ。

コンキスタドールにとって馬は、交通、征服、運搬のすべてにおいて不可欠な存在であった。彼らは馬の名前や頭数、走行距離、毛色、さらには美しい鹿毛馬についての記述など、馬に関する記録も多数残している。このことからも、彼らがいかに馬を大切にしていたかがわかる。そのほか、ペルーの首都リマを建設したフランシスコ・ピサロが熟練の馬乗りであったことや、スペイン種のなかでも最高級のアンダルシアンのみを愛用していたことも伝えられている。

独特の歩様と美しさ、そして穏やかな気質を持つペルビアン・パソは、ペルー国内で広く称賛を集め、その特性を保持するために慎重かつ厳密な繁殖が選択的に進められた。そうしてペルビアン・パソは、絶大なカリスマ性とともに、あふれんばかりのエネルギーと、「ブリオ」と呼ばれる馬特有の活力を全身にみなぎらせるようになった。

そんな偉大なペルビアン・パソも、ペルーおよびボリビアとチリとの間で行われた太平洋戦争下(1879～1884年)では不遇のときを過ごした。南部からチリが侵攻し、その戦いのさなかで多くの馬が命を落とすこととなったのだ。そこでペルーの人々は、大切な馬が兵士に殺されることなく、なんとか野生で生き延びてくれるようにと一縷(いちる)の望みをかけ、まさに断腸の思いで愛馬を野に放った。だが20世紀初頭には、押し寄せる都市化の波と、南北米大陸の国々を結ぶ幹線道路網パンアメリカンハイウェイの整備により、ペルー国内、特に南部における馬の需要が急落し、それに比例して頭数も減少した。そうしてかつては広く用いられたペルビアン・パソも、アンデス山脈の奥地で野生化するか、使役馬として農家で飼育されるのみとなった。

だが、ペルー南部においてこの馬は復活する。その裏には、グスターボ・デ・ラ・ボルダという名のブリーダーの尽力があった。1900年代の初め、デ・ラ・ボルダはショーホースを飼育し、地道に繁殖を続けていた。ペルーでは当時、南部の馬よりも北部の馬のほうが優れているとされていたが、彼はその評価を覆そうと、南部の人里離れた山地へ赴き、チリとの戦いで人の手を離れた馬や、農家で暮らすようになった良質の馬を探し求めた。その旅の途中で彼は、古傷のせいで肢が不自由になった、お世辞にも見栄えが良いとは言えない1頭の馬に出会い、それを買い取った。戸惑う飼い主を尻目に、デ・ラ・ボルダは一目でその馬の「ブリオ」を見出したのだ。

ソル・デ・オロ(V)(1945年頃生まれ)と名付けられたその馬は、やがて非常に優れた種牡馬となり、南部広域の牝馬と交配されトップクラスの馬を多数誕生させた。1961年以降、数々のペルー・チャンピオン馬を生み出したソル・デ・オロは、その驚異的な子孫形成の実績から、最も偉大なペルビアン・パソの1頭に数えられている。

一方、ペルー北部では、デ・ラ・ボルダと同じく優秀な飼育家であったフェデリコ・デ・ラ・トーレ・ウガルテが、ブリーダーのドン・アンドレ・サパタが所有していたラサパタという優れた牝馬(誕生年不明)などを用い、のちに広く知られることになるペルー種繁殖プログラムを開始した。1946年のペルー・チャンピオンシップでナショナル・チャンピオンに輝き、ペルー北部におけるペルビアン・パソの基礎種牡馬となるリメニート(1940年頃生まれ)を世に送り出したのも、このラサパタだった。

しかし1960年代になると、ペルー北部では大規模な牧場や繁殖プログラムが農地改革のあおりを受けて解体の憂き目に遭い、ペルビアン・パソの頭数は減少した。そのため優れたペルビアン・パソの多くは最終的に米国や中米の国々に売りに出された。生まれ故郷のペルーで再び定着するようになったのはここ30年ほどのことで、現在ではペルー文化の重要な遺産の一端を担っている。

PASO FINO

パソ・フィノ

有史－プエルトリコ／コロンビア／ペルー／キューバ／ドミニカ共和国－一般的

HEIGHT｜体高
132～154cm（13～15.2ハンド）

APPEARANCE｜外見
頭部は形良く、横顔は直頭かやや羊頭。筋肉質で均整がとれたアーチ状の頸は、角度が比較的高い。胸は深く、腹袋は豊か。背は短めから中程度の長さで筋肉質。肢は細いが、きわめて頑強。

COLOR｜毛色
あらゆる毛色が見られる。

APTITUDE｜適性
乗馬、ショーイング、馬術競技、ウェスタン乗馬。

威厳と美しさを兼ね備えたパソ・フィノは、プエルトリコ、コロンビア、ペルー、ドミニカ共和国、そしてキューバで発展した馬である。それぞれに共通した特性が見られるが、血統と原産国の違いによって異なる特徴も見られる。たとえば、コロンビアン・クリオージョとも呼ばれるコロンビア原産のパソ・フィノは、国の誇りと象徴とも言える存在で、自国ではパソ・フィノ種のなかで最も純度が高いとされている。

ともあれパソ・フィノは総じて小柄ながら力強い体つきをしており、快活でカリスマ性を持つ。そしてペルビアン・パソと同じく「ブリオ」と呼ばれる馬特有の活力を内に秘めているが、それを発揮するのは何かを命じられたときだけで、概して穏やかで従順な馬である。ペルビアン・パソと比べると、体はより小柄で、歩幅もかなり短いが、たてがみと尾毛が豊かな個体が多く、活動中は尾を優雅に高く掲げる（ペルビアン・パソの尾付きは低く、掲げるときも低い位置だ）。また、パソ・フィノがまっすぐ前方へ肢を運ぶのに対し、ペルビアン・パソは前肢を肩先から外側へ弧を描いて動かす「テルミノ」と呼ばれる動きをする。

そうした体の構造や歩様の違いはあれど、両者はどちらもスペイン馬にルーツを持ち、誕生の時期も15世紀と共通している。そのスペイン馬を中米や南米に初めて持ち込んだのはクリストファー・コロンブス（1451～1506年）で、1493年のことだ。新世界を目指すこの2度目の航海の途中で、コロンブスは連れてきた馬の多くをイスパニョーラ島（現在はドミニカ共和国とハイチが統治）をはじめとする西インド諸島の島々に置き去りにした。

そのときに取り残された馬は、スパニッシュ・ジェネット（絶滅種）、ソライア、アストゥリアン、ガラノ、バルブ、アンダルシアンだったと思われる。そのうち、ソライアやガラノなどの小型馬は駄馬などの使役馬として用いられ、そのほかのスペイン馬は乗用馬として高い評価を得た。なかでもスパニッシュ・ジェネットとアストゥリアンの歩様は側対歩でとても乗り心地が良く、アンダルシアンなどの歩様の異なる種と交配しても、その歩様が優性的に子孫に受け継がれるという点が大きな魅力だった。

そうしてイスパニョーラ島に渡った馬は、その後、周辺の島々のコンキスタドールに馬を提供するための繁殖プログラムが始まると、原種として用いられることとなった。そのプログラムで誕生した馬はカリブ海沿岸の地域に広がり、1509年にはイスパニョーラ島からプエルトリコにも初めて馬が持ち込まれた。そして1550年までにカリブ海全域で馬の繁殖が定着し、その努力が実を結ぶと、プエルトリコ、ペルー、イスパニョーラ島、キューバ、コロンビアでそれぞれタイプが異なる馬が誕生した。

プエルトリコでは、スパニッシュ・ジェネットやアンダルシアンをはじめとするスペイン馬を用いた綿密な繁殖が慎重に進められた結果、先天的に非常に乗り心地の良い歩様を持つ馬が誕生した。ブリーダーたちは、そのような歩様、および身体的構造と適性を定着させるべく繁殖を続け、プエルトリカン・パソ・フィノ（「パソ」は「歩様」、「フィノ」は「良い」の意）を誕生させた。この馬も先天的に滑らかでリズミカルな4拍子の側対歩ができ、走行中の着地が穏やかなため、馬体と騎乗者への衝撃が少なく、乗り心地は格別だった。

なお、歩様は速度によって3種類に分けられる。ステップは小刻みだが歩幅が極端に細かいため、前進速度が最も遅いパソ・フィノ、平均的な速歩（はやあし）と同等の速度のパソ・コルト、そして前進速度が最も速い駈歩（かけあし）に相当するパソ・ラルゴである。

PASO FINO | パソ・フィノ

ARGENTINEAN CRIOLLO

アルゼンチン・クリオージョ

有史–アルゼンチン–一般的

HEIGHT | 体高
135 ～153 cm(13.3 ～15.1ハンド)

APPEARANCE | 外見
もともとはスペイン馬から羊頭気味の横顔を受け継いでいたが、現代のクリオージョは直頭かやや凹状の横顔を持つ。頸は短く筋肉質で、体つきはしっかりしている。斜尻で、尾付きは低い。

COLOR | 毛色
さまざまな毛色が見られるが、縞の入った暗い鹿毛、薄墨毛、あるいは原色毛が青毛の薄墨毛が望ましいとされている。

APTITUDE | 適性
乗馬、牧畜用馬、ポロ、エンデュランス、ホース・スポーツ。

この馬はその名の通り、南米大陸南部のほとんどを占めるアルゼンチンで誕生した。アルゼンチンの雄大な大地は、夏には照りつける太陽に容赦なく焼かれ、冬には冷たく凍りつく。大陸最高峰の山々を抱き、コロラド川以南のパタゴニアには氷河、南部にはのどかなステップ[訳注：樹木のない平原]、そして北東部にはパンパが広がる。そうした環境のなかでたくましく進化を遂げたアルゼンチン・クリオージョは、世界屈指の強靭性を誇る不屈の馬だ。

アルゼンチンに馬が渡来したのは1535年のことだった。ウルグアイとの国境に位置するパラナ川とウルグアイ川の河口地域リオ・デ・ラ・プラタに、はるかスペインのカディスから100頭もの馬が押し寄せたのだ。馬を持ち込んだのは、1536年にアルゼンチン側の河口付近に現在のブエノスアイレスを建設したコンキスタドール、ペドロ・デ・メンドーサ(1487 ～1537年頃)で、そのほとんどがソライアだったとされているが、ガラノやバルブ、アンダルシアン、さらにはそれらの交雑種であるスペイン系乗用馬も含まれていたようだ。血統がどうであれ、長く厳しい航海に耐えた馬たちが驚異的な生命力を持っていたのは疑いようのない事実で、新天地に到着したそれらの馬は休む間もなく仕事に取りかかった。

現地の先住民たちは当初、スペインからの入植者に対して好意的だった。だが、やがて状況が一変し、入植者たちに対し激しい抵抗を示すようになる。その結果、1541年に入植者たちはブエノスアイレスを放棄するが、そうした小競り合いのなかで貴重な馬たちが多数、脱走したり放たれたりして行方知れずとなった。人間のもとを去り、荒れ果てたパンパにたどり着いた馬たちは、当然ながら自力で生きていかなければならなかった。そんななか生き残ったのは強くたくましい馬だけで、彼らは自然交配を繰り返しながら、その高い強靭性を伝えていった。そうした野生馬を入植者は「バグアウ」(スペイン語で「野生」の意)と呼び、その数は何千頭にも及んだと言われている。入植者はその後、1580年に再びブエノスアイレスに戻ると、牛追いや長距離移動に用いるためにそれらの馬を寄せ集めた。

このように品種形成期に野生化し、自力で生きなければならなかった運命が現在のクリオージョの基盤をつくった。そしてその驚くべき能力は、人間の手による繁殖を経ても消えることなく残った。クリオージョはまた、昔からアルゼンチンのカウボーイ「ガウチョ」にとって欠かせない存在であり、現在もなおガウチョ文化の中枢を担っている。

19世紀には、クリオージョにヨーロッパ系種の血統が加わった。サラブレッドや重種の乗用馬、さらには北米原産の馬たちと交配されたのだ。しかし、この繁殖プログラムがクリオージョ種の品質低下をもたらす。そこでブリーダーたちは、1918年に純粋種の登録システムを立ち上げ、さらに1923年には種の誇りを取り戻すべく、クリオージョ種ブリーダー協会を発足させた。そうした努力の甲斐あって、アルゼンチン・クリオージョは現在、元のすばらしい性質を取り戻し、優秀な使役馬として高い評判を得るまでなった。また、サラブレッドとの交配により誕生した馬は、ポロ・ポニーとして絶大な人気を誇っている。

アルゼンチン・クリオージョは圧倒的な持久力を誇り、粗食に耐えて働き続けることもできる。スピードでは劣っても、スタミナでは驚異的な忍耐力で知られるアラブにも引けをとらない。そんな彼らの並外れた持久力については、数々の逸話も残っている。

MANGALARGA MARCHADOR

マンガルラ

有史－ブラジル－一般的

HEIGHT｜体高
145cm（14.3ハンド）が理想とされている。

APPEARANCE｜外見
頭部は小ぶりで整った三角形。アーチ状の頸は中程度の長さでがっしりとしている。胸は深く幅広で、背は力強く均整がとれている。後躯は筋肉質で力強い。尾毛は長く、尾付きは並の高さ。肩は傾斜しており、肢はきわめてたくましい。

COLOR｜毛色
アルビノ以外のあらゆる毛色が認められる。

APTITUDE｜適性
乗馬、牧畜用馬、ショーイング、馬術競技、ウェスタン乗馬。

ブラジルが誇る最高の馬、マンガルラは世界の牧畜用馬をリードする馬種のひとつだ。ブラジル全土でその姿を見ることができ、近年は米国でも人気を博している。だが、その側面については意外と知られていない。

マンガルラが誕生するきっかけをつくったのは、18世紀の中頃にブラジル南東部に位置するミナスジェライス州バエペンジにポルトガルからやってきた、ホアン・フランシスコという人物であった。彼はその地にカンポ・アレグレという大農園を開くと、そこで数多くの馬を飼育し、それらを用いて交配計画をスタートさせた。その農場で初期に飼育されていた馬は、スパニッシュ・ジェネット（絶滅種）やクリオージョ、アンダルシアンといったスペイン種がほとんどであったと言われている。

その後、ホアン・フランシスコの交配計画は息子のアルフェナス男爵、ガブリエル・フンケイラに引き継がれた。ガブリエルは、のちにブラジル帝国初代皇帝となるペドロ1世（1798～1834年）と友人関係にあり、そのペドロ1世から友情の証として贈られた、スブリムという名のアルテ・レアルの種牡馬を用い、繁殖を開始する。すると生まれてきた子馬は、驚くほどスペイン馬によく似た容姿を持ち（アルテ・レアルはポルトガル原産でありながら、アンダルシアンをもとに育種が行われた）、スパニッシュ・ジェネットの血統を継ぐ母馬から独特の歩様を受け継いでいた。スブリム種と名付けられたそれらの馬は、非常に従順で穏やかな性格であると同時に、抜群の存在感と生命力を宿しており、これがのちに後述するような経緯でマンガルラと呼ばれるようになった。

その歩様はマルチャ・バチーダとマルチャ・ピカーダの2種類に分けられた。いずれもバランスのとれたリズミカルな歩様で、3本の肢で同時に着地する3点支持期があり、非常に敏速なうえに乗り心地も快適だった。ただし、マルチャ・ピカーダのほうがより滑らかで、肢を独立させて横方向に動かすという特徴がある。ちなみにピカーダとは、「軽いタッチ」という意味のポルトガル語だ。一方、マルチャ・バチーダでは肢を対角に運ぶ。この先天的な歩様から、マンガルラはスパニッシュ・ジェネットに最も近い近代派生種だと考えられている。

その後、ガブリエルはスブリム種を何頭か、リオデジャネイロ州パティ・ド・アルフェレスでマンガルラというハシエンダ（中世のスペインで発達した家畜飼育を行う大農園システム）を所有する友人に譲った。すると、馬の評判が近隣の農場主にまたたく間に広まり、ついには州都リオデジャネイロにまでその噂が届いた。そうしてガブリエルの馬はマンガルラと呼ばれるようになり、のちにその印象的な歩様から「マルチャドール」（ポルトガル語で「行進する者」の意）という語が馬種名に付け加えられた。以後、マンガルラ・マルチャドールの人気はますます高まっていった。

マンガルラの特殊歩様は長距離移動に最適だ。しかも気質が穏やかで従順なうえに、優れた知性の持ち主であるため、大人でも子どもでも乗りこなすことができる。しかし、この馬が最も優れているのは牛追いの能力だ。持って生まれたその能力は、やはりスペイン馬の血によるもので、現在でも牛追い作業をこなす優秀な使役馬として活躍している。このように持久力と高い知能を誇るマンガルラ種の保存、保護、維持、普及を目的として、ブラジルでは1949年にブリーダー協会が設立されている。

APPALOOSA

アパルーサ

有史–米国–一般的

HEIGHT｜体高
144～162 cm(14.2～16ハンド)

APPEARANCE｜外見
形の良い頭部に、ほどよい長さでがっしりとした頸。肩は長めで傾斜しており、背は短く筋肉質。胸は深く、やや斜尻。肢と蹄はきわめて頑健。

COLOR｜毛色
例外もあるが、概ねスノーフレーク(細かい白斑がある)、ブランケット(尻に斑点がある)、レオパード(全身に黒と茶の斑点がある豹柄)、フロスト(馬体を雪化粧で覆ったような色合い)、マーブル(ダルメシアンと同じような毛色)の5種類に分類される。

APTITUDE｜適性
乗馬、牧畜用馬、軽輓馬、馬場馬術、障害飛越競技、馬術競技、ウェスタン乗馬。

独特の斑点が美しい駁毛のアパルーサは、北米原産種のなかで最も有名で、最も愛されている馬だ。登録数では原産国である米国がトップを誇るが、現在では英国をはじめとする他国でも非常に高い評価を得ている。このアパルーサは、使役馬としてのみならず競技馬としても優れており、特に強靭性、持久力、生命力といった面で称賛を集めている。

アパルーサ誕生の舞台となったのは、17世紀の北米大陸北西部だった。つまり、現在のオレゴン州、ワシントン州、アイダホ州、モンタナ州にあたる広い地域だ。アパルーサが目覚ましい発展を遂げられたのは、これらの地域を拠点としていたネズ・パース族の愛馬精神と先進的な繁殖活動のおかげだった。

ただし、駁毛の馬自体はそれよりずっと以前から存在していた。ヨーロッパに目を向けると、紀元前1万7000年頃の壁画にも駁毛馬の姿が描かれている。ヨーロッパではオーストリア原産のノリーカー、デンマーク原産のクナーブストラップなどの駁毛馬がもてはやされ、16世紀以降に人気を集めた乗馬学校からも引っ張りだこだった。また、アンダルシアンのような神聖視されるスペイン馬の多くにも斑点が見られた。

米大陸には、15世紀の終わりからスペインのコンキスタドールによって馬が持ち込まれるようになるが、それらの馬も斑点の遺伝子が非常に強かった。その遺伝子はコンキスタドールの侵攻とともに北上し、やがてアイダホ州南部ではショショーニ族が馬の取引を盛んに行うようになった。その北西に居住していたネズ・パース族も、ショショーニ族から馬を譲り受けた。ネズ・パース族の居住地区には肥沃な平原が広がり、馬の飼育に最適であった。彼らはそうした絶好の環境を生かし、またたく間に十分な数の種畜を確保した。

ネズ・パース族がほかの部族と一線を画したのは、品種改良という明確な目標を掲げた繁殖プログラムに着手した点だ。つまり、優秀な馬だけを種牡馬に採用し、それ以外の牡馬には去勢を施したのだ。そして繁殖には最高の牝馬のみを用い、品質の劣る馬は他部族との交易を通して排除した。こうして良質な馬の数を急速に増やしたネズ・パース族は大きな富を築いた。米国人探検家のメリウェザー・ルイス(1774～1809年)は、1800年代初めにネズ・パース族の馬について次のように書いている。「エレガントな容姿を持つ活発で丈夫な馬。申し分のない品種だ」

ネズ・パース族が繁殖を行う際に何より優先したのは、スタミナとスピードと強靭性に優れ、粗食に耐えられる万能馬を作出することだった。一方で彼らにとって、馬の毛色も重要な要素であった。見た目の美しさはもとより、戦いや狩猟の際に斑点があったほうが目立たず有利だったからだ。そうした意図のもと繁殖されたネズ・パース族の馬たちは、やがて質の高さで広く知られるようになった。それらの馬は人を背に乗せて長距離を移動することも、スピードを保ちながら犂(すき)を引くこともできた。また敏捷性と活力と知性にも優れ、戦いでもその本領を存分に発揮した。特に駁毛馬の働きは群を抜き、最も大切に扱われた。

そんなネズ・パース族の駁毛馬は、白人の入植者たちから、その居住地域を流れるパルース川にちなんで「パルースの馬」と呼ばれた。その後、単に「パルース」という名で知られるようになり、さらに「アパルーシー」へと変化した。「アパルーサ」という馬種名がついたの

は、馬種の保存と普及を目的としてアパルーサ・ホース・クラブが設立された1938年のことだ。

それよりさかのぼること50年、1877年にはネズ・パース族と合衆国政府との間で戦い(ネズ・パース戦争)が勃発していた。この戦いでネズ・パース族は3カ月も政府の騎馬隊を出し抜き、追っ手を巻き続けた。その移動距離は実に2092km(1300マイル)にも及んだという。危険な地形を前にしてもひるむことなく、これほどの長距離を逃げ続けることができたのは、アパルーサの強靭な精神力と優れた持久力のおかげだった。この戦いにおいて最終的にネズ・パース族は、モンタナの厳しい冬を前に、仲間への負担を軽減しようと降伏の道を選んだ。その際に彼らが政府に提示した条件は、春の訪れとともに馬を連れて居住地に戻ることだった。だが、その条件は反故(ほご)にされてしまい、部族の人々はノースダコタへ送られ、愛する馬たちのほとんどが殺された。しかしなかには脱走したり、牧場主のもとに渡ったり、使役馬として用いられたり、売却されたりした馬もあった。

そうして生き残った馬たちは、その後オークションにかけられた。すると、この馬の性質や能力に魅せられていた人々が次々と入札し、盛んに繁殖するようになった。1937年にはフランシス・ヘインズがアパルーサの記事を『ウェスタン・ホースマン』誌に寄稿し、この品種にさらなる注目が集まった。そしてその翌年、駁毛馬ブリーダーのクロード・トンプソンが同志に呼びかけ、前述したアパルーサ・ホース・クラブを設立する。このクラブは1947年までに200頭の登録と100名の会員を集め、そのわずか30年後には実に30万頭もの登録数を誇るまでに成長した。これは当時の軽種馬のなかで3番目に多い登録数である。こうした馬種再生の過程において、アパルーサはアラブやクォーター・ホースと交配され、現代のアパルーサの特徴である筋肉質な体つきを顕著に示すようになった。

一方、ネズ・パース族は1994年にアイダホ州に拠点を置くようになると、そこでネズ・パース・ホースの繁殖プログラムを開始した。これは旧種のアパルーサとアハルテケの種牡馬との交配を基盤としたプログラムで、かつてのネズ・パース・ホースのような気品、力強さ、汎用性、敏捷性を持つ馬を生み出すことを目的としていた。このプログラムにより誕生した馬のなかには、アハルテケの流線的で繊細な骨格を受け継ぐものが多いが、ときにはアパルーサの駁毛をしっかりと受け継いでいるものも見られる。

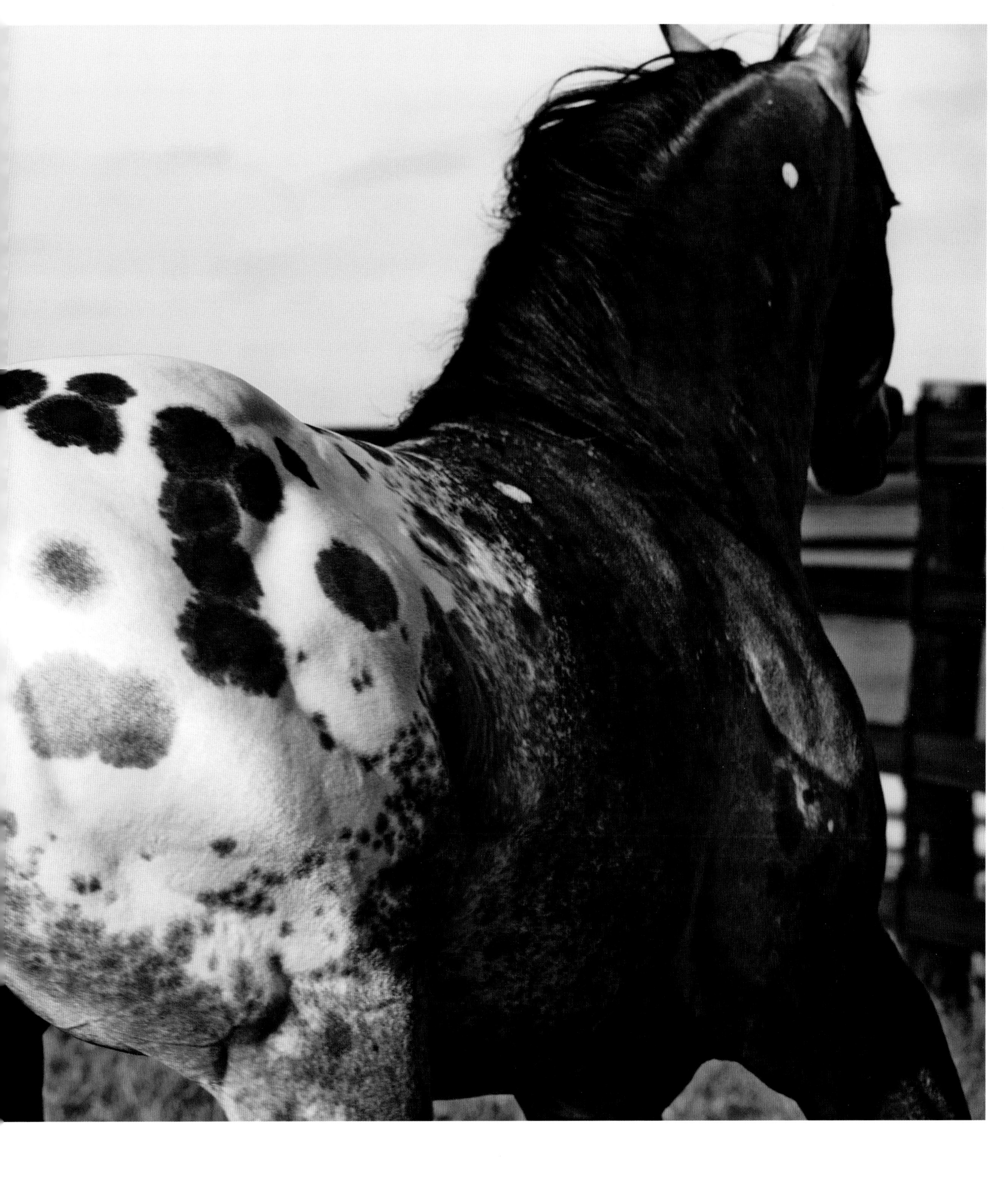

PONY OF THE AMERICAS

ポニー・オブ・アメリカ

近代─米国─一般的

HEIGHT｜体高
113 ～142 cm（11.2 ～14ハンド）

APPEARANCE｜外見
美しく均整がとれたポニーで、いかにも運動能力が高そうな体つきをしている。頭部は形良く、頸はきれいなアーチを描く。肩は傾斜しており、背は力強い。後躯と尻は筋肉質で、丸みを帯びている。斑模様の表皮や、虹彩の周囲に白の強膜が見える目、縞模様の入った蹄などが特徴的。

COLOR｜毛色
主に駁毛だが、稀に粕毛も見られる。

APTITUDE｜適性
乗馬、ショーイング、馬術競技、繋駕速歩競走、ウェスタン乗馬。

カリスマ性あふれる美しいポニー・オブ・アメリカ（POA）は、米国原産の近代馬のなかで最も大きな成功を収めた品種のひとつであり、米国を象徴する馬でもある。華やかな美しさを持つこの駁毛馬は、綿密に立てられた育種計画のもと、数ある品種のなかでも最高の特性を示す種へと成長を遂げた。大きさはポニーサイズだが、小型馬をそのまま小さくしたようなエレガントで堂々としたそのたたずまいからは、独特の存在感が放たれている。

この品種が誕生したのは、アイオワ州メイソン・シティを拠点とする弁護士で、シェトランド・ポニーのブリーダーでもあったレスリー・L・ブームハウワーの尽力によるところが大きい。1954年、ブームハウワーは、完全なる米国原産ポニーの作出という実に壮大な計画を思い立った。そこで彼はまず、アラブとアパルーサの血を引く牝馬を購入し、シェトランドの種牡馬と交配させてみた。すると、母親の駁毛と父親の小柄な体格を受け継ぐ美しい子馬が誕生した。横腹に濃い斑点があるこの子馬はブラックハンドと名付けられ、ブームハウワーの計画に大きな影響を与えた。つまり、同様の美しい毛色を持つポニーを繁殖することが大きな目的のひとつとなったのだ。その結果、ブラックハンドはポニー・オブ・アメリカの基礎種牡馬となった。

一方でブームハウワーは、子どもが安心して乗馬でき、かつ大人も十分楽しめるようなポニーを生み出したいとも考えていた。そのため彼は、知的で穏やかな性質を持つと同時に、華やかな美しさと立派な体格を併せ持つ品種を作出すべく、自分の農園にシェトランド種のブリーダー仲間を招いて意見を求めた。ブリーダーたちも特徴的な品種を短期間で誕生させたいという思いは一緒で、彼らは熱心に知恵を出し合い、そして綿密な計画を立てた。

その計画では当初、体高は111 ～131 cm（11 ～13ハンド）に設定されていたが、最終的には113 ～142 cm（11.2 ～14ハンド）のラインで落ち着いた。また、初期の繁殖は主にアパルーサとシェトランドを用いて進められたが、その後クォーター・ホースやアラブ、インディアン・ポニー、そしてウェルシュの血統も加えられた。その結果、今日では初期の個体に顕著であったシェトランドの影響はほとんど認められず、その代わりにクォーター・ホースとアパルーサの交配による駁毛の小型馬の特徴と、アラブの鮫頭（さめあたま）の特徴を呈している。

毛色についてはさまざまなものが見られるが、白色の尻と生殖器の周辺に濃い斑点が入るブランケットが最も一般的で、なかには体全体に豹のような斑点が入る個体もいる。さらに粕毛の場合もあるが、ペイント種やピント種［訳注：ペイント種とピント種はよく似た駁毛を持つが、後者は血統や交配に縛りがないため、体格の特徴が多岐にわたる］が有しているような斑模様の毛は品種基準では認められず、登録を行うことができない。また、ポニー・オブ・アメリカは皮膚の斑紋という特徴を持つが、これはアパルーサにも共通する特徴で、主に目の周りや鼻口部の周り、そして生殖器周りに表れる。そのほか強膜（虹彩を取り巻く目の組織）が白いことと、蹄に暗色と淡色の縦縞が入ることも、アパルーサと共通している。

しかし何よりも称賛すべきは、そのすばらしい気性だろう。ポニー・オブ・アメリカは均整のとれた筋肉質な体つきに、穏やかな気性を持ち合わせているため、子ども用のポニーとしても非常に人気が高い。また汎用性も高く、ウェスタン乗馬とブリティッシュ乗馬の両方をこなすうえに、繋駕速歩競走でも優れた才能を発揮している。

AMERICAN PAINT
アメリカン・ペイント

有史–米国–一般的

HEIGHT | 体高
152～163cm(15～16ハンド)

APPEARANCE | 外見
概して筋肉質でがっしりとした体つきをしており、なかでも後躯と肩が力強い。腹袋は豊かで、胸が深く、き甲はよく抜けている。

COLOR | 毛色
さまざまな色と白が組み合わさった毛色が主だが、単色も見られる。

APTITUDE | 適性
乗馬、牧畜用馬、ショーイング、馬場馬術、障害飛越競技、馬術競技、ウェスタン乗馬。

ペイント種およびピント種の美しく大きな斑紋は、他品種の駁毛と同じく、はるか古代から存在していた。馬たちは太古の時代から、カモフラージュして身を守るために毛色を進化させてきたのだ。大きな斑紋のある馬は古代ユーラシアの美術にもしばしば登場し、その美しさはほかの駁毛馬と同じように高く評価されていた。

簡単に馬の歴史をさかのぼると、中央アジアや西アジアの大草原地帯に住んでいた屈強な小型馬が、有史以前に遊牧民によってユーラシア大陸の砂漠地帯に持ち込まれ、そこに生息していた馬に多様な毛色の遺伝子を吹き込んだ。それらの遺伝子はその後、ヨーロッパと北アフリカにまで広がるが、なかでも北アフリカのバルブは700年頃までにスペイン馬(またはイベリア馬)に大きな影響を与え、さまざまな毛色を生み出した。そして16世紀になると、駁毛の馬を含むスペイン馬が多数、新世界へと渡る。たとえば1519年にエルナン・コルテス(1485～1547年)がアステカ(現在のメキシコ)に遠征した際には、前肢に白斑のあるピント種と、粕毛に白いぶちが入った馬がそれぞれ1頭ずつ持ち込まれたという。

そうしてコンキスタドールによって米大陸に連れてこられた馬たちのなかで、特に駁毛の馬はその美しさと保護色となる機能性で、サウスダコタのスー族やモンタナ州のクロウ族など多くの先住民から高い評価を得た。優秀な馬の乗り手として知られる北米南部のコマンチ族も駁毛の馬を珍重し、群れのなかでも駁毛のものが最も価値が高いとされた。彼らのバッファロー・ローブ(礼服)にも、その馬の絵が施されている。一方で、雑色の馬を神秘的だとみなす先住民たちもおり、そうした文化のなかでは乗り心地の良さも兼ね備えたピント種が最高の軍用馬とされていた。

そのピント種は、白色の分布によってオヴェロとトビアノの2種類に分けられる。「たまご状」という意味のスペイン語に由来するオヴェロは、落としたたまごの白身が広がったような白斑が不規則に分布している。ただし白色が背中を横切ることは稀で、通常は顔に白斑が入る。また、四肢のうち少なくとも1本が単色であるのが一般的だが、四肢すべてが単色であることも少なくない。一方のトビアノは白い四肢を持つことが多く、背も白色で覆われる場合が多い。体の白斑も、オヴェロとは違って整った形の白斑が概ね規則的に分布する。

駁毛の馬は、見た目の美しさと個体の見分けやすさから米国のカウボーイにも好まれた。そして1965年になると、旧来のアメリカン・ペイント・ストック・ホース協会とアメリカン・ペイント・クォーター・ホース協会の2団体が合併して、アメリカン・ペイント・ホース協会(APHA＝American Paint Horse Association)が新たに発足する。APHAでは血統に基づく厳正な登録を行っており、クォーター・ホース、サラブレッド、ペイント系種以外の登録は認めていない(ペイント系種のほとんどが駁毛だが、単色でも登録は可能である)。ペイント種は非常に優秀な使役馬で、その体つきもクォーター・ホースに代表される使役馬の特徴を大いに反映している。筋肉が非常に発達していて運動能力が高く、牛追い作業に関わるあらゆる競技で高いパフォーマンスを披露するのだ。また、ブリティッシュ乗馬にも適している。

アメリカン・ペイントはピント種とよく比較される。確かにアメリカン・ペイントはピント種の馬やポニーによく似た駁毛を持つが、ピント種は血統や交配に縛りがないため体格の特徴が多岐にわたる。そのためアメリカン・ペイントがAPHAへの登録が可能であるのに対し、ピント種は登録が認められていない。

AMERICAN QUARTER HORSE

アメリカン・クォーター・ホース

有史−米国−一般的

HEIGHT | 体高

145～163cm(14.3～16ハンド)

APPEARANCE | 外見

形良い頭部に、よく動く小さな耳がついている。頸は筋肉質で、長さは並。背は短く、尻は長めで丸みを帯びている。大腿部が特に筋肉質で、肩は長くて傾斜しており、胸は深く幅広。

COLOR | 毛色

17種類の毛色が認められるが、なかでも柑子栗毛が最も多い。

APTITUDE | 適性

乗馬、牧畜用馬、競馬、ショーイング、障害飛越競技、ウェスタン乗馬。

世界で広く親しまれるアメリカン・クォーター・ホースは、米国の歴史と文化を象徴する馬だ。その祖先は、ヨーロッパからやってきた入植者を西方へと運び、荷車を引き、大地を耕し、家畜を追い、必要とあらば人々を背に乗せて長距離移動をこなし、さらには競馬にも使われるなど、実に幅広い分野で活躍を続けてきた。数ある馬種のなかでも特に汎用性に優れ、従順で知的能力が高く、外見も美しい。そのため彼らは現在もなお世界で絶大な人気を誇っている。

そんなクォーター・ホースは、米国最古の馬種のひとつである。そのルーツは16世紀に渡来したスペイン種にあり、なかでもフロリダで繁殖された馬から受けた影響が強い。フロリダ半島のセントオーガスティンは、ヨーロッパ人が最初に入植した北米の地であり、スペイン人探検家のペドロ・メネンデス・デ・アビレス(1519～1574年)によって名付けられた。デ・アビレスはスペインからその町におよそ100頭の馬を持ち込み、その後輸入した馬たちとともに種畜として用いた。彼の馬は、スペイン南部のカディス県産か、入植者たちによって西インド諸島のイスパニョーラ島につくられた王立種馬牧場の出身だっ

たと言われている。ちなみにカディス県の都市ヘレス・デ・ラ・フロンテーラは、現在でも最高級馬の産地として知られている。

北米で最初の農園は、フロリダ北部から中央部で布教活動を始めたイエズス会とフランシスコ修道会の修道士によって建設された。修道士たちは牛と馬を中心とする繁殖活動を行い、そこで生まれた家畜はフロリダの広大な草原ですくすくと育った。やがて、そうした馬の多くはフロリダを拠点としていた先住民チカソー族の手に渡って北上し、その後プランテーションを始めた入植者たちの間で大々的に取引されるようになる。そして、どっしりと筋肉質で快活なその馬は短距離でも急加速ができると評判を呼び、チカソーという名で知られるようになった。現在、そのチカソーは独立した馬種として成立しているものの、頭数はきわめて少ない。とはいえ、チカソーにはクォーター・ホースとの類似点が数多く見られることから、クォーター種の確立に大いに貢献したものと広く認識されている。

チカソー族の馬がフロリダ州周辺の南部の州に広がったのと同じ頃、バージニア州の愛好家グループが初期の競走馬をはじめとするイングランド系種の輸入を開始した。1611年にやってきた最初の17頭は、アイリッシュ・ホビーや俊足のギャロウェイ（いずれも絶滅種）、コネマラ、そして小型ながら敏捷性に優れたイングランド系種であったと考えられている。それらの馬は主に競走馬の繁殖を目的として、チカソーおよび米国系種とスペイン馬の交雑種と交配された。

そうした動きのなかで、米国では非公式の競馬が盛んに行われるようになった。しかしレースに適した距離の直線トラックを確保するのは難しく、初めはクォーター・マイル（4分の1マイル＝約400m）の短距離レースに2頭を出走させる形式が主流であった。このレースはしばしば町なかの通りで行われ、賭博システムもすぐに定着した。こうした短距離レースで求められたのは、スタンディングスタートからすぐさま安定したギャロップ［訳注：一歩ごとに四肢全部を地上から離して走る最も速い走法］ができる馬で、すばやい加速力でその名を轟かせた現代のクォーター・ホースは、このクォーター・マイル・レースにちなんで名付けられた。クォーター・ホースはまた、当時のトラックの短さから「ショート・ホース」とも呼ばれ、特に米国独立戦争（1775～1783年）まで植民地域で人気を博した。

こうしてクォーター・ホースは18世紀中頃までにひとつの馬種として定着するようになり、たとえ異なる地域で異なる系統に基づいて繁殖を行っても、筋肉質でたくましい体つきや驚異的な加速力などの特

徴を保持するようになった。この馬が初期に大きく影響を受けたのが、サラブレッドのジャナス(1746年頃生まれ。リトルジャナス、フライングディックとも呼ばれる)だった。ジャナスはサラブレッドの三大始祖の1頭であるゴドルフィンバルブ(別名ゴドルフィンアラビアン)の孫にあたる馬で、1752年に大農園主のモーディカイ・ブースの手によりバージニア州に持ち込まれた。引き締まったコンパクトな体にソレル(薄赤褐色)の毛をまとったジャナスは、短距離で発揮する驚異的なスピードを子孫に引き継ぎ、34年の長い生涯を通して競走馬の作出に大いに貢献した。

しかし19世紀に入る頃には、オーバルトラック[訳注:楕円に近い形のトラック]で行われる長距離レースが台頭するようになった。これは、より長い距離で走行スピードを保つことができるサラブレッドが増えたためだ。そして徐々に長距離馬の人気が高まっていき、それに伴い短距離馬に対する人々の関心は薄れていった。

だが、クォーター・ホースの歴史がそれで終焉を迎えたわけではない。実は南東部の州で短距離競走馬が繁殖されたのと時を同じくして、南西部の州でも俊足で敏捷な馬の繁殖が行われていた。互いによく似た血統を持つこれらの馬は、優れた運動能力と牛追いの才能を持っていたことから、牧畜業者や農場主、カウボーイたちの大きな支持を集めた。さらに西部へ向かう開拓者が増加したことも、短距離馬の需要を高める要因となった。そうしたなか、荷車や馬車を引き、道なき道でも安全に歩を進め、いざとなれば急加速することもできるクォーター・ホースは、スピードと快活さに加え、穏やかで従順な性質も備えていたため重宝された。

クォーター・ホースの初期の遺伝子的な歩みについては記録がほとんど残されていないが、当初はスペイン馬、のちにはバルブやアラブ、マスタング、モルガン、サラブレッド、さらにはヨーロッパ産輓馬の血統など、実にさまざまな血統の影響を受けたことがわかっている。そのうち初期に最も大きな影響を与えたのは、英国から持ち込まれた優秀なサラブレッドの種牡馬であるダイオメド(1777年生まれ)の息子、サーアーチー(1805年生まれ)で、彼の子孫がクォーター・ホースの基礎を築くこととなった。そして現在では、アメリカン・クォーター・ホース協会(AQHA = American Quarter Horse Association)は世界最高となる数百万頭もの登録数を誇るまでになり、クォーター・ホースもまた世界的に最も繁栄した馬種のひとつとしてその名を刻んでいる。

MORGAN

モルガン

有史－米国－一般的

HEIGHT｜体高
143～154cm（14.1～15.2ハンド）

APPEARANCE｜外見
頭部は美しく上品で、目の間は広く離れている。頸は筋肉質で、きれいなアーチを描く。体も筋肉質でよく引き締まっている。き甲は抜けており、背は短く、腹袋は豊か。胸は深く幅広で、肩はほどよく傾斜している。

COLOR｜毛色
あらゆる毛色が認められるが、特に鹿毛と栗毛が多い。

APTITUDE｜適性
乗馬、軽輓馬、馬場馬術、障害飛越競技、ショーイング、馬術競技、ウェスタン乗馬。

気品あふれるモルガンは米国で最も古く登録された馬だが、この馬ほど起源について激しい論争が巻き起こっている例はほかにないだろう。モルガン誕生の経緯については明確な記録が残されておらず、現在もさまざまな説がささやかれている。そのなかで定説となっているのが、ある1頭の種牡馬の影響を色濃く受けて発展したという説であり、その種牡馬というのが、ライオンのような勇敢なハートを持つジャスティンモルガンという名の馬だ。

もともとは「フィギュア」と呼ばれていたジャスティンモルガンは、1789年にニューイングランドで誕生した。鹿毛の小柄な馬で、体高は142cm（14ハンド）程度だったが、体格が2倍もある動物にも引けをとらない馬力と気概、そして驚異的なスタミナの持ち主であることが生まれてすぐに判明した。だがフィギュアは2歳の頃、借金のかたとしてジャスティン・モルガンという名の男性の手に渡る。彼はフィギュアを売ってお金を取り戻そうとしたが、売り先を見つけることができなかったため、地元の農家へ貸し出した。するとフィギュアはたちまち本領を発揮し、すさまじい働きぶりで周囲をあっと驚かせた。その評判はすぐに広まり、引く手あまたとなったフィギュアは以後、何度か飼い主が変わることとなった。

フィギュアは農耕や運搬、森林での丸太引きの作業に加えて、荷馬車も引いた。さらに競走に出れば、圧倒的な強さで勝ち続けた。フィギュアにまつわるある賭けで、飼い主が大儲けしたというエピソードもある。その賭けというのは、丸太引きの現場で朝から晩まで働いたあと、ほかの馬がびくとも動かせなかった大木をフィギュアが動かせるかどうか――しかも木の上に大の男を3人乗せて――試すものだった。飼い主以外の全員が動かせないというほうに賭けるなか、フィギュアはものの見事にそれを引いてみせたのだった。

フィギュアは小さな馬で、形の良い頭部とアーチ状の頸、そして屈強な短い背と丸みを帯びた力強い後肢を備え、とても美しい姿をしていた。また、流れるようなたてがみと尾を長くなびかせる姿も人目を引いた。しかし最大の魅力はなんと言っても、すべての子孫にその美しい容姿と優れた性質を確実に受け継がせる点だった。そんなフィギュアは所有者のジャスティン・モルガンが亡くなると、「ジャスティンモルガンホース」と呼ばれるようになり、のちに「モルガン」と短縮して呼ばれるようになった。

その後、ジャスティンモルガンの子孫が馬力と働きぶりで評判を集めると、さらに繁殖が進められ、移動や運搬、あるいは農業の分野で広く用いられるようになった。南北戦争（1861～1865年）では軍用馬としても用いられ、大砲の輓馬としての役割などを務めた。さらには繋駕速歩競走でも高い人気を集め、なかでもブラックホーク（1833年生まれ）とその息子イーサンアレン（1849年生まれ）の活躍ぶりは広く知られた。この2頭は米国原産のスタンダードブレッドとサドルブレッドの発展にも大きな影響を与えた。また、テネシー・ウォーカーの基礎をつくったのもモルガンである。

しかし体高のある大型馬の人気が高まるにつれ、モルガンも異系統の大型馬と交配されるようになり、やがては元の姿を失ってしまった。それを受けて1890年代には新たに繁殖プログラムが確立され、モルガン本来の容姿と性質を取り戻す努力がなされた。そうして1894年には初の血統書が刊行され、米国で最も古く登録された馬となったのだった。

TENNESSEE WALKING HORSE

テネシー・ウォーキング・ホース

有史−米国−一般的

HEIGHT | 体高
145～173cm(14.3～17ハンド)

APPEARANCE | 外見
がっしりとして筋骨たくましい体つきで、美しい頭部と、エレガントなアーチを描く頸を持つ。肩は傾斜しており、腹袋は豊か。背は引き締まっており、後躯は筋肉質。

COLOR | 毛色
あらゆる毛色が認められるが、青毛と栗毛が多く見られる。

APTITUDE | 適性
乗馬、軽輓馬、ショーイング、馬術競技、ウェスタン乗馬。

テネシー・ウォーカーとも呼ばれるテネシー・ウォーキング・ホースは、もともと万能型の実用馬として作出された馬だった。そのため複雑な地形でも一定の中速度を保つことができ、乗り心地は非常にスムーズで快適だ。

この馬が進化を遂げたのは19世紀初めのことだった。開拓者がケンタッキー州東部にあるアパラチア山脈を越えて西方を目指し、テネシー州やケンタッキー州西部、ミズーリ州に定住地を求めた時代だ。なかでもテネシー州の真ん中に位置する現在の中部テネシー[訳注:40郡から構成される地域]は、バージニア州などからやってくる開拓者たちの主要目的地だった。裕福な者はこの地域の肥沃な土地を生かして、広大なプランテーションを開いた。

そういった大農園主たちが必要としたのが、土地を耕したり馬車を引いたりするだけでなく、乗用馬としても見た目が秀麗で、家族を教会に連れていくにふさわしい気品を持ち、なおかつ1日中働き続けることができるたくましい馬だった。実際、テネシー・ペイサー(「テネシーの側対速足馬」の意)、サザン・プランテーション・ホース(「南部大農園の馬」の意)、ターン・ロー・ホース(「畝の端で方向転換できる馬」の意)などと呼ばれた大農園の馬たちは、身のこなしが軽やかで、作物を傷つけることなく畝から畝へと歩を進めることができ、道なき道でも安定した足取りを保つことができる優秀な馬であった。

そうしたなかで誕生したテネシー・ウォーキング・ホースは米国原産の特殊歩様馬の1種で、乗り心地が快適なことから人々に広く愛されてきた。スペイン馬のなかでも特にマスタングを基礎とし、その多くがアストゥリアンとスパニッシュ・ジェネット(絶滅種)から歩様を受け継いでいる。

しかし初期のテネシー・ウォーキング・ホースに最も大きな影響を与えたのは、特殊歩様馬のナラガンセット・ペイサー(絶滅種)だった。特にスピード感あふれる早馬として知られたナラガンセット・ペイサーは当時を代表する乗用馬で、滑らな歩様と軽快なスピードを武器にたびたび競走馬としても出走した。米国のすべての特殊歩様馬の基礎となった馬でもあり、競馬が盛んだったロードアイランド州とマサチューセッツ州で特になじみが深い。そんなナラガンセット・ペイサーはスパニッシュ・ジェネットやブリティッシュ・ホビー、アイリッシュ・ホビー、ギャロウェイ(いずれも絶滅種)、カナディアン・ホースに起源があると考えられている。

そのほかにも、テネシー・ウォーキング・ホースの誕生に実質的な貢献をした馬種として、カナディアン・ペイサーやモルガン、スタンダードブレッド、サドルブレッド、サラブレッドが挙げられる。そのうちカナディアン・ペイサーは、18世紀以降、ナラガンセット・ペイサーとともにノースカロライナで高い人気を誇った馬で、テネシー・ウォーキング・ホースの歩様に大きな影響を与えた。

ノースカロライナからは、ほかにも多くの開拓者がアパラチア山脈を越えて滑らかな歩様の馬を連れてきた。ノースカロライナと中部テネシーの間を頻繁に行き来したそれらの馬のなかに、カナディアン・ペイサーとサラブレッドの交配により生まれたコッパーボトムという名の牡馬がいる。この馬は種牡馬として広く用いられ、テネシー・ウォーキング・ホースのコッパーボトム系統を確立する基礎となった。その後、ホースショーのチャンピオン馬を数多く世に送り出したサドルブレッドの種牡馬、ジョヴァンニ(1910年生まれ)などが大きく貢献し、現代のテネシー・ウォーキング・ホースは確立されることとなった。

MISSOURI FOX TROTTER

ミズーリ・フォックス・トロッター

有史－米国－一般的

HEIGHT | 体高
142 ～163cm(14 ～16ハンド)

APPEARANCE | 外見
形の良い頭部に、筋肉質でエレガントな頸。胸は深く幅広で、肩は45 ～50度の角度で傾斜している。背は力強く、肢は丈夫で距毛はない。尾付きは高く、尾を高く掲げることもできる。

COLOR | 毛色
あらゆる毛色が認められるが、栗毛が主。

APTITUDE | 適性
乗馬、軽輓馬、ショーイング、馬術競技、ウェスタン乗馬。

ミズーリ・フォックス・トロッターの起源は、入植者たちが北米大陸の広大な土地を求めて西部へ向かった1820年代初めにまでさかのぼる。1820年から翌年にかけて、開拓者たちの多くはテネシー州の肥沃なプランテーションと、ケンタッキー州とテネシー州にまたがる大草原を捨て、はるかミシシッピ川の向こうにある、ミズーリ州南部のオザーク高原を目指した。密林と草原が広がるその広大な土地は、やがて牧畜と採鉱の中心地となった。

初期の開拓者たちにとって、馬は非常に重要な交通手段であった。人と家畜が未開拓地を進むのは危険きわまりなかったが、そんなときも歩みの安定した馬が大きな助けとなってくれたのだ。また、1日中働くことができ、長距離の移動もできる馬や、家族の誰でも容易に扱い乗りこなすことができる馬も必要とされた。そのためテネシー州やケンタッキー州、バージニア州からオザーク高原にやってきた馬は、テネシー・ペイサー、ナラガンセット・ペイサー(絶滅種)、カナディアン・ペイサー、ケンタッキー・サドラー(アメリカン・サドルブレッド)、モルガン、アラブ、そして初期のサラブレッドなど多岐にわたっていた。

当時、その一帯に移ったブリーダーにとって、スピードと乗り心地に優れた馬の繁殖は至上命題であったが、やがてペイサーやテネシー・ウォーキング・ホース、サドルブレッドといった独特の歩様を持つ馬が、そのようなニーズを満たしてくれることがわかった。そうして開拓者たちはさまざまな系統の馬を交配し、数多くのミズーリ・フォックス・トロッターの初期血統を誕生させた。オザーク高原で繁殖された、サラブレッドのジョリーロジャーの血を引くブリマー・ホースや、モルガンとサラブレッドを掛けた基礎種にちなんで名付けられたオールドスキップ系統などもそれに含まれる。種牡馬のコーザムデア(1941年生まれ)も、フォックス・トロッターの発展に大きく貢献した。サドルブレッドとしてすでに登録されていたコーザムデアは、1948年に設立されたミズーリ・フォックス・トロッティングホース協会にも種牡馬第1号として登録されている。

そうしたなか、19世紀には早くも非常に滑らかな歩様が特性として定着した馬が出現し始めていた。ちなみに特殊歩様には、フラットフットウォーク、フォックストロット、そして印象的な駈歩(かけあし)の3種類がある。フラットフットウォークはゆったりとしたリズミカルな4拍子を刻む常歩(なみあし)、フォックストロットは前肢が常歩、後肢は滑るような独特の速歩(はやあし)の歩様だ。特にフォックストロットでは、騎乗者と馬体への震動が最小限に抑えられるため馬も騎乗者も疲れにくく、長時間でもさほど干渉を受けず快適に乗り続けることができ、また速度も時速8 ～12km(5 ～8マイル)を保持することができる。このフォックストロットのときは、馬は側対歩の動きに合わせて頭と尾を振る。3つ目の駆歩は3拍子のリズムで、3本の肢が接地している時期と、四肢すべてが地面から離れている時期がある。

その後自動車が出現すると、米国の使役馬の需要はレジャー産業で息を吹き返すまで低迷を続けた。しかし家畜産業が盛んな地元では、ミズーリ・フォックス・トロッターの人気が落ち込むことはなかった。彼らはその安定した歩様とスタミナを生かし、ミズーリの牧畜業で牛追いなどをして広く活躍を続けたのだ。現在では、フォックス・トロッターはトレイルライドやホースショーで人気を集める馬種となっているが、今でも牛追いなどをする姿は、少ないながらも見ることができる。また、この馬は気質が穏やかなため、子どもや初心者でも安心して乗馬を楽しむことができる。

MISSOURI FOX TROTTER | ミズーリ・フォックス・トロッター

AMERICAN SADDLEBRED

アメリカン・サドルブレッド

有史–米国–一般的

HEIGHT | 体高
152～163cm(15～16ハンド)

APPEARANCE | 外見
形の良い洗練された頭部が、アーチ状の長い頸の先についている。胸は深く幅広で、肩はほどよく傾斜しており、き甲は抜けている。背は短く力強い。肢は頑強で、距毛はない。繋(つなぎ:蹄とくるぶしの間)は長くしなやか。

COLOR | 毛色
あらゆる毛色が認められる。

APTITUDE | 適性
乗馬、軽輓馬、農用馬、駄馬、ショーイング、馬場馬術、障害飛越競技、馬術競技、ウェスタン乗馬、エンデュランス。

ケンタッキー・サドラーとも呼ばれるアメリカン・サドルブレッドは、米国原産の特殊歩様馬のなかで最も有名で、最も魅力的な馬だ。内に秘めた情熱と従順さが絶妙なバランスで同居し、その動く姿は息を呑むほど美しい。この馬が生まれ持つ独特の歩様と優雅さにかなう馬はいないだろう。

アメリカン・サドルブレッドの起源は、英国からの入植者がギャロウェイ、ブリティッシュ・ホビー、アイリッシュ・ホビー(いずれも絶滅種)を連れて北米大陸にやってきた17世紀にまでさかのぼる。その初期の歴史においてはスパニッシュ・ジェネット(絶滅種)の影響もあったと考えられているが、同じく絶滅種で同様の先天的な特殊歩様を持つナラガンセット・ペイサーの影響のほうが大きかったと思われる。

大型馬ではなく派手さもなかったナラガンセット・ペイサーは、より華やかな馬がもてはやされるようになると、新たに輸入された初期サラブレッドなどと異種交配されるようになった。その後、ナラガンセット・ペイサーはカナダ産トロッターの繁殖牝馬とも交配され、これにより滑らかな歩様を受け継ぐカナディアン・ペイサーが誕生した。カナディアン・ペイサーはのちにアメリカン・サドルブレッドの誕生に貢献することになるのだが、なかでもトムハル(1806年生まれ)という名の種牡馬の影響が大きかった。

そうして誕生したカナディアン・ペイサーとナラガンセット・ペイサーとの交配種に初期サラブレッドの血統が入ったことにより、アメリカン・ホースと呼ばれるタイプの馬が誕生する。アメリカン・ホースは、滑らかな歩様と美しい容姿を併せ持つ優れた万能馬で、のちにモルガンやスペイン馬とともに、アメリカン・サドルブレッドの誕生にも貢献することとなった。

一方、ケンタッキー州ではブリーダーたちが特殊歩様のたくましい馬を繁殖し、さらにサラブレッドやモルガンとの交配を進めたことにより、一定の特性を示す馬が誕生した。これがケンタッキー・サドラーと呼ばれるようになる馬で、彼らは土地を耕し、農作物を運び、荷車や2輪馬車を引く使役馬として用いられた。さらにセルフキャリッジにも優れていたため、威厳あふれる優秀な乗用馬としても活躍した。アメリカン・サドルブレッドの黎明期に最も大きな影響を与えたのは、そのケンタッキーで生まれたデンマーク(1839年生まれ)という牡馬のサドラーで、彼は1908年にこの品種の始祖馬として認定された。

アメリカン・サドルブレッドは訓練によってさらに特殊な歩様を仕込まれることもあるが、基本的に先天的な特殊歩様を持つ馬だ。ショーでは3種歩様か5種歩様のクラスにエントリーされる。3種歩様の種目では、快活な常歩(なみあし)、膝を高く上げるハイステップの速歩(はやあし)、ゆったりとリズミカルな駈歩(かけあし)が必須となり、また全体像を強調するためにたてがみを刈り込み、尾も短く手入れされる。

5種歩様の種目では、スピードと快活さが重視され、優雅な常歩、ハイステップの大胆な速歩、正確で悠然と進むハイステップのスローゲート[訳注:均等のリズムを刻む4拍歩様]、高く上げた前肢をすばやく着地させるラック[訳注:軽駆けのこと]、そしてゆったりとした滑らかな駆歩ができなければならない。この5種歩様の種目では、たてがみと尾は手を加えずに自然な長さのまま残す。

彼らはそうしたショーだけでなく、馬車競技や馬場馬術、障害飛越競技、ウェスタン競技馬の運動能力を競うレイニングやエンデュランスなどの競技でも高いパフォーマンスを発揮する。

BANKER HORSE

バンカー・ホース

有史－米国－希少

HEIGHT｜体高
132～145cm(13～14.3ハンド)

APPEARANCE｜外見
外見にはっきりとスペイン馬の影響が感じられる。直頭か羊頭の横顔と、堂々とした身のこなしがその最たるものだ。

COLOR｜毛色
主に薄墨毛、河原毛、栗毛、青鹿毛だが、駁毛も見られる。

APTITUDE｜適性
野生馬だが、家畜化すれば乗馬や軽輓馬、馬術競技やウェスタン乗馬にも向く。

ノースカロライナ州東部の海岸に連なる砂島、アウターバンクスが、希少種バンカー・ホースの生まれ故郷である。このバンカー・ホースはさまざまな困難を乗り越えてきた馬だ。だが、数奇な運命に翻弄されながらもたくましく生き抜いてきたこの馬が、今また身勝手な人間によって生息地を奪われ、絶滅の危機にさらされている。

アウターバンクスに居住する先住民アルゴンキン族の人々は、その地をハッターセイル(hattersail＝「草木が少ない」の意)と呼んでいた。彼らの住む砂島は長きにわたり、国内で最も孤立した地であった。大西洋から本土の海岸を守るこの島々には、荒れ狂う波が容赦なくぶつかり、激しい嵐やハリケーンが襲いかかる。そのため付近の海では船の難破が後を絶たず、いつしかその一帯は「大西洋の墓場」として知られるようになった。

バンカー・ホースの歴史が幕を開けるのは1526年、イスパニョーラ島のスペイン人大農園主ルーカス・バスケス・ド・アイリョン(1475～1526年)率いる探検隊が、ノースカロライナ州の海岸に初めてやってきたときのことだ。当時、イスパニョーラ島をはじめとする西インド諸島では、コンキスタドールが連れてきたスペイン馬を基本とする大規模な繁殖計画が進められており、アイリョンの探検隊もそこで生まれた馬を引き連れ、現在のサウスカロライナ州ジョージタウン郊外に上陸した。そして植民地を建設するが、アイリョンがその数カ月後に死亡すると、先住民が蜂起。結果、スペイン人の一団は植民地を放棄し、馬を残して逃げ帰った。

その後、アウターバンクスに再び馬がやってきたのは1580年代、イングランド人のサー・ウォルター・ローリー(1552～1618年)がその島のひとつ、ロアノーク島の植民地化を試みたときだった。4年もの間、ローリーの船はイングランドとアウターバンクスの間を何度も往復した。だが結局、その地に残り定住しようという者はいなかったようだ。

ともあれ1585年、ロアノーク島へ向かうローリーの遠征隊はプエルトリコで一時停泊し、そこでイスパニョーラ島産の馬を多数手に入れた。しかし、航海を再開した船団はアウターバンクスの入り江に差しかかったところで嵐に遭い、先導船が浜に乗り上げてしまう。船員たちは船をなんとか動かそうと、積荷と家畜を次々と船から下ろした。こうして島に取り残された馬たちが、のちにバンカー・ホースとして知られるようになったのだ。

そこは真水もなければ草木も乏しい、砂がただ広がるばかりの過酷な環境であった。それでも四方を水に囲まれ、捕食者に襲われる心配のなかったその島は、馬たちにとっては安全なすみかになったようだ。そうしてバンカー・ホースはまたたく間に頭数を増やし、隔離された場所で純粋な血統として順調に育っていった。

しかし彼らはやがて人間に見つかって捕獲され、スパニッシュ・ジェネット(絶滅種)とアストゥリアンから受け継いだその特殊歩様が乗用に適していると評判を呼ぶようになる。人間の手に渡ったバンカー・ホースは、農作物や重い漁網を運んだり、土地を耕したりと、使役馬として重宝された。そこで人々は、その優秀な特性に関心を寄せる米国本土へ送るために、定期的に一斉捕獲を行うようになった。

さらに、ここ60年ほどの間にアウターバンクスでは観光産業が著しく成長し、バンカー・ホースはそのあおりを受けるようにもなった。生息地が狭まり、交通事故に遭う例が激増しているのだ。そのためバンカー・ホースは現在、深刻な絶滅の危機にさらされており、献身的な愛好家の努力によって辛うじて生きながらえているといった状態だ。

ASSATEAGUE/CHINCOTEAGUE

アサティーグ/シンコティーグ

有史－米国－希少

HEIGHT｜体高
122～142cm(12～14ハンド)

APPEARANCE｜外見
頭部は形良く上品で、スペイン馬またはアラブの影響を感じさせる。体は小さいが、きわめて頑強。その大きさのわりに肢は長く、力強い。

COLOR｜毛色
あらゆる毛色が認められるが、なかでも駁毛が多い。

APTITUDE｜適性
野生馬だが、家畜化すれば乗馬や軽輓馬、馬術競技やウェスタン乗馬にも向く。

アサティーグ島とシンコティーグ島は、メリーランド州とバージニア州の海岸近くに浮かぶ島だ。バージニア州に属するシンコティーグ島より、メリーランド州とバージニア州の2州にまたがるアサティーグ島のほうがやや大きく、どこまでも続く砂浜、静かな入り江、手つかずの湿地帯など、荒涼としたなかにのどかな美しさが宿る。このアサティーグ島は国立海浜公園として保護され、そのメリーランド州側に生息するポニーがアサティーグ、バージニア州側に住むポニーがシンコティーグと呼ばれる。

この力強く魅力的なポニーの誕生については、神話めいた謂(いわ)れが数多く存在する。難破したガリオン船から島へ泳ぎ着いた馬が祖先だとする説や、海賊が置き去りにした馬の子孫だという説など、実にさまざまだ。しかし実際には、彼らの祖先は1669年にこの島にやってきた。米国本土への移住者たちが、所有馬にかかる税金と土地に柵を建てる金を節約するために、島に解き放ったのだ。焼き印を押され、塩沼に置き去りにされたその馬たちは、島で野生と化した。そういった馬たちのうち、スペイン馬やバルブ、アラブの交雑種であったコロニアル・ホース(「植民地の馬」の意)が島のポニーの基礎となったのだ。

アサティーグとシンコティーグはポニーに分類されるが、体つきや頭部の形状には小型馬としての特性が強く表れている。コロニアル・ホースももともとは小さな馬だったから、その影響も大きいのだろう。そして島での質素な暮らしのせいで、さらにその成長が減退したに違いない。ほかの馬たちにしても、塩沼の草などといった粗悪な食糧で命をつながなければならないうえに、極端な気候の変化や大量の蚊の襲来にも悩まされ、なかなか体格が進化しなかったと思われる。

さらに、閉ざされた群れのなかで同系交配を繰り返したことにより、この島の馬たちは馬格だけでなく性質も大幅な低下を招いていた。こうした問題を解決するために、ウェルシュ種とシェトランド系種、そしてピント種の血統を取り入れる処置がとられた。その結果、駁毛のポニーが多く誕生するようになったが、問題はほぼ解消され、現在では美しさと力強さが同居する、子どもの乗馬にも適したポニーとして親しまれている。

アサティーグの歴史を語るうえで欠かせないのが「ペニング」だ。ペニングとはいわゆる「追い込み」のことで、アサティーグを捕まえたり、売りに出したり、検査したり、焼き印を入れたりするために1700年代から始まった習慣だったが、その後シンコティーグにも行われるようになった。1885年からは、ある日に一方の島で、翌日にもう一方の島で実施されるようになり、さらに1909年からは「ペニング・デー」として毎年7月最後の水曜日と木曜日に行われる一大イベントとして開催されるようになった。

しかし1920年代にアサティーグ島の裕福な地主が、トムズ・コーヴと呼ばれる牡蠣が豊富に獲れるエリアへの立ち入りを禁じると、多くの島民がシンコティーグ島へ移住する事態となり、ペニングの伝統にも変化が生じた。そうして1925年に始まったのが「ポニースイム」というイベントだ。これは、ソルトウォーター・カウボーイと呼ばれる「海の牧童」が最も狭い海峡の入り口にポニーの群れを集め、アサティーグ島からシンコティーグ島まで海を渡らせる催しで、第1回目から大きな評判を集めた。現在も同地で年に1度開催されるこの一大イベントはポニーの過剰な増加を防ぎ、島の生態系を守るという点でも一役買っている。

ROCKY MOUNTAIN HORSE

ロッキー・マウンテン・ホース

有史–米国–比較的多い

HEIGHT | 体高
144 ～163cm(14.2 ～16ハンド)

APPEARANCE | 外見
頭部は形良く、適度な長さの頸はややアーチを描く。肩はほどよく傾斜しており、胸は深く幅広。側対歩の歩様を先天的に備えており、馬も騎乗者も長距離の移動を楽にこなすことができる。

COLOR | 毛色
青鹿毛系の被毛で、たてがみと尾は亜麻色。胴は単色で、膝あるいは飛節より上には白斑がない。

APTITUDE | 適性
乗馬、牧畜用馬、ショーイング、馬場馬術、障害飛越競技、ウェスタン乗馬、トレイルライド。

ロッキー・マウンテン・ホースは、ケンタッキー州の誇りであり宝である。初期の記録は少ないが、この馬のすばらしい特性はその子孫へと脈々と受け継がれている。また、ロッキー・マウンテン・ホース協会も1986年の創設以来、馬種の保存と普及のために大きな役割を果たしている。

ロッキー・マウンテン・ホースの故郷は、ケンタッキー州東部にあるアパラチア山脈のふもとで、その出現の時期はアメリカン・サドルブレッド(ケンタッキー・サドラー)と重なると考えられている。つまり、バージニア州や南北カロライナ両州から新天地を求めて開拓者たちが続々と押し寄せた時代だ。

開拓者たちは、複雑な地形もある程度の速度で進むことができ、かつ豊富なスタミナと安定した歩様を併せ持つ馬を必要としていた。貧しい時代ゆえ、馬は畑を耕したり、農作物を運搬したり、人を乗せて運んだりと、1頭で何役もこなさなければならず、また訓練がしやすいよう穏やかで従順な性質でなければならなかった。アメリカン・サドルブレッドやミズーリ・フォックス・トロッター、テネシー・ウォーカー、そしてこのロッキー・マウンテン・ホースなど、ミズーリ州やケンタッキー州、テネシー州で発展した馬たちが、共通して穏やかな性格であるのもまったくの偶然ではない。

アメリカン・サドルブレッドと同じく、ロッキー・マウンテン・ホースの起源もまた、スペイン馬や米国原産の特殊歩様馬の発展に貢献した小型馬、ナラガンセット・ペイサー(絶滅種)にあると見られている。そしてその特性は、地理的要因によってさらに強化されたと考えられる。雨風にさらされるアパラチア山脈のふもとで冬の極寒に耐え、硬い草などを食べて飢えをしのぎながらたくましい馬に進化したのだ。

記録には残されていないが、1890年代のケンタッキー州東部に、ロッキーマウンテンスタッドコルト1890という名の、特殊歩様を持つ牡の子馬が持ち込まれたと伝えられている。ボディは濃いチョコレートブラウンで、豊かな亜麻色のたてがみと尾が美しい子馬だったようだ。その牡馬と地元の牝馬を交配して生まれた子馬が、まるで父馬の生き写しだったことから、「ロッキー・マウンテン・ホース」と呼ばれるようになったという。

とはいえ、当時は先天的な特殊歩様を持つ馬が多く、ナラガンセット・ペイサーやカナディアン・ペイサーも広範囲に分布していた。優性遺伝子を持つ父馬が同じ特性を持つ子馬をもうけることは珍しいことではなく、モルガンをはじめとするほかの馬種でもそういった現象は見られた。したがってロッキー・マウンテン・ホースの“誕生”も、それほど特別なことではなかったのかもしれない。

ともあれ、ロッキー・マウンテン・ホースの発展の過程で最も重要とされるのが、サム・タトルというケンタッキー州に住むブリーダーが所有していたトーブという種牡馬だ。ロッキーマウンテンスタッドコルト1890の子孫にオールドトーブ(1928年生まれ)という名の馬がおり、それがタトル所有の農園でトーブ(1942年生まれ)をもうけた。すばらしい性質でタトルに深く愛されたトーブは良質の子をもうけ、その後10年にわたって種牡馬として活躍した。

トーブはまた、タトルが開設したトレイルライディングの施設でも、一番人気のトレイルホースとして献身的に働いた。始祖馬として名を残すトーブは37年の長寿をまっとうし、その長寿の特性も現在のロッキー・マウンテン・ホースにしっかりと伝えている。

AMERICAN BASHKIR CURLY

アメリカン・バシキール・カーリー

有史－米国－一般的

HEIGHT | 体高
135～163cm(13.3～16ハンド)
平均152cm(15ハンド)

APPEARANCE | 外見
頭部は形良く、目の間は広く離れている。頸はがっしりとして筋肉質。き甲は抜けており、肩は筋肉質で傾斜している。背は短めから中程度の長さで、尻は丸みを帯びている。前肢は前膊(ぜんぱく:人間の手首と肘の間にあたる)が長く、砲骨(ほうこつ:人間の中手骨にあたる)は強く高密度でなければならない。

COLOR | 毛色
あらゆる毛色が認められる。巻き毛が特徴。

APTITUDE | 適性
乗馬、軽輓馬、牧畜用馬、障害飛越競技、馬術競技、ウェスタン乗馬。

アメリカン・カーリー・ホース、またはシンプルにカーリーとも呼ばれるアメリカン・バシキール・カーリーの歴史には、根拠の疑わしい物語と紛らわしい馬種名のせいで、なんとも不可思議な謂れがつきまとっている。たとえば、馬種名に含まれる「バシキール」という語から、ロシア連邦管区ウラルとヴォルガでバシキール人が繁殖した古代ロシアン・バシキール・ホースを連想しがちだが、この2つの馬のつながりを立証する記録は存在せず、近年実施された遺伝子検査でも決定的な答えは得られなかった。見事な巻き毛を持ち、かつ多才なアメリカン・バシキール・カーリーが、一体どのような経緯で北米大陸に出現したのか、その真相はいまだ闇のなかだ。

ロシアにルーツを持つという一般的な説は、18世紀末～19世紀半ばにかけてロシアがアラスカを領有していたことから生まれたものだ。ロシア人は駄馬を伴ってシベリアを集団移動すると、ベーリング海峡を渡ってアラスカに上陸し、開墾を試みた。しかしその事業は失敗に終わり、家畜は倒れ、作物は朽ち果てた。馬たちもシベリア横断の道中、あるいはアラスカでの過酷な生活のなかで、そのほとんどが命を落とした。アラスカの地でなんとか生き延びた馬もいたが、それもどうやらシベリア極北に生息する耐寒性がきわめて高い直毛のヤクート種だったようだ。いずれにせよ、1817年のロシア領アラスカで生存していた馬は、たった16頭だった。

また、アメリカン・バシキール・カーリーの特徴である巻き毛も、ロシアのバシキールにいつも発現するとは限らず、むしろタジキスタンを故郷とするロカイ種のほうに多く見られた。しかしロシアのバシキールと同じくロカイがアラスカにやってきたという証拠もなく、たとえロカイがアラスカに渡来していたとしても、さらに何千キロメートルも険しい道のりを南下し、巻き毛の米国種誕生の地であるネバダ州まではるばるやってきたとは考えにくい。

一方で、1700年代の終わり頃に南米大陸に巻き毛の馬がいたという証拠が残されている。おそらくこれは、スペインをはじめとするヨーロッパ各国からコンキスタドールが持ち込んだ馬から派生したものだろう。また、1801年から翌年にかけての冬に、サウスダコタのスー族が、モンタナ州を中心に居住するクロウ族から巻き毛の馬を入手したという記録もある。さらにその数十年後の1848年には、興行師でありサーカス団のオーナーでもあったP・T・バーナム(1810～1891年)がショーに使う巻き毛の馬を購入したと、自著で語っている。

しかしアメリカン・バシキール・カーリーの初期の歴史に関係すると思われる情報はあまりにも断片的で、ようやく近代の足跡をたどる礎ができたのは1898年のことである。その年、ネバダ州の山あいで牛の点検をしていたイタリア生まれの農場主ジョン・ダメールとその息子が、野生のマスタングの群れのなかに美しい巻き毛の馬がいるのを見つけた。ダメール親子は、さびれた炭鉱の町ユーレカの北西のはずれで農場を営んでいた。冬は寒さが厳しく、夏は焼けるように暑い高地のこの砂漠地域には、マスタングの群れが生息していた。そして1931年になると、ダメール親子はマスタングの群れのなかから捕獲した巻き毛の馬のうち何頭かを訓練して売りに出した。ダメール親子によると、この年に初めて巻き毛の馬を扱ったが、その能力を実感したのは翌1932年のことだったという。

その年の冬は気温が急激に落ち込み、何カ月も悪天候が続いた。そしてようやく春になり雪が解けると、ダメール親子は所有馬の群れを探しに山へ出かけた。親子はそこで、巻き毛の馬以外が全滅してしまったことを知る。これがきっかけでダメール親子は、巻き毛を持つこのたくましい馬を捕獲して訓練すれば、すばらしい使役馬になると確信したのだった。

その後1951年と翌年の冬もユーレカの町は厳しい寒さに見舞われた。このときもやはり、極寒に耐えることができたのは巻き毛の馬だけだった。そこでダメールはついに巻き毛の馬の群れを確立すべく、本格的な繁殖活動を開始する。彼はまず、野生のマスタングの群れから2歳の牡馬を捕獲し、コッパーDと名付けて根気よく訓練した。それから3Dという銘柄を立ち上げ、巻き毛の馬の忍耐力、知性、従順な性質を維持しつつ、品質と外見のさらなる改良を目指し、綿密に計算された繁殖プログラムに着手した。その繁殖では、モルガンやアラブの種牡馬のほか、クォーター・ホース系統の馬やサドルブレッドの種牡馬など頑強な馬も積極的に用いた。

こうしたダメールの努力の甲斐もあり、コッパーDは巻き毛の種牡馬として人気を集めた。現存のアメリカン・バシキール・カーリーも、そのほとんどがコッパーDの子孫である。一方で、カーリーの初期の異種系統もほかの州で発見されている。それはワイオミング州南西部のロックスプリングスに生息する野生馬のなかに見られ、おそらく1940年代にカーリーの繁殖が行われた種馬牧場、ララミー・スタッドにルーツを持つものと考えられている。

アメリカン・バシキール・カーリーの歴史を語るうえでは、近年実施された遺伝子検査にも触れないわけにはいかない。これはカーリーのルーツを探り、馬種の統一特性を調査しようとする試みだった。しかし検査の結果、現代のアメリカン・バシキール・カーリーは遺伝子的に種として識別できないことが判明した。クォーター・ホースやモルガンを筆頭に、異種交配が盛んに行われたことが原因だった。

また、同じ種の個体が共通して持っているはずの血液マーカーも、カーリーにはひとつも見当たらなかった。つまり、"純血"のカーリーは存在しないということになる。この馬が体高から体つきまで外見がばらばらなのは、そういった事情があるからなのだ。だが近年の選定的な繁殖活動により、類似の特性が定着した馬も誕生している。その特性とは、知的で穏やかな性質と優れた機動性だ。そのほか、ランニングウォークに近い独特の歩様を先天的に持つ個体もたまに見られる。

第5章 威風堂々

競争で優位性を得るためにスピードを追求するのは、ある意味、人間の性と言えるだろう。いにしえの馬乗りたちが衝動的なレースに興じたというのも想像に難くない。しかしそんな娯楽とは別に、文化の発展の過程において、スピードとバイタリティへの渇望が生まれたのも必然のことだった。ライバルや敵よりも速く動き、獲物にいち早く追いつくことが繁栄につながる第一歩だったからだ。そして大きな成功をつかむのは、優れた乗馬能力と最高の馬を手にした者だった。

世界初の正式なレースは、兵法から生まれた戦車競走だった。古代ギリシャで興ったミケーネ文明(紀元前1600～同1100年)の青銅器にも描かれている戦車競走は、やがてスポーツ競技として確立され、ヒッポドロームと呼ばれる専用競技場もつくられた。古代ギリシャの人々が戦いと戦車競走のために考案した軽量戦車は、1頭立て1人乗りの2輪馬車のはしりで、19世紀初めから繋駕速歩競走で再び用いられるようになった。

そして紀元前776年に開催された第1回オリュンピア祭[訳注：古代ギリシャで4年ごとに開催された、ゼウスに捧げる祭典。紀元前393年まで続き、各種競技が行われた]では、2頭立ての戦車競走と繋駕速歩競走が競技として採用され、その後4頭立ての競技が生まれた。乗馬競技が初めて行われたのは紀元前644年のオリュンピア祭で、騎手は馬に鞍をつけずに乗馬した。古代芸術からもわかるように、当時の馬はまだ小柄で、馬格はその後何世紀もかけて徐々に進化していった。

戦車競走は古代ローマにも伝わり、キルクスと呼ばれる専用競技場が建設された。なかでもローマ市内に建てられたキルクス・マクシムス[訳注：イタリア語ではチルコ・マッシモ]の規模は桁外れに大きく、20万人もの観客を収容できたと言われている。戦車競走が行われる日は祭日とされ、危険が伴うこのレースには賞金システムも導入された。実際、御者が命を落としたり、馬が重傷を負ったりすることも珍しくなかった。そのため御者を務めるのは、富と名声を勝ち取ろうとする奴隷や下層階級の市民がほとんどだった。しかし、やがてシステムが改変され、賞金は御者ではなく戦車の所有者の手に渡るようになった。それでもスピード感と危険に満ちた競技であることに変わりはなく、その人気も落ちることはなかった。そしてローマで始まったこの賞金配当システムが、今日の競馬の中核をなしている。

ローマ皇帝ネロ(37～68年)の時代になると、この競技はチーム戦に発展し、1チーム2～4頭、あるいは10頭もの馬に戦車を引かせてレースが行われるようになった。また、スタート時の公平を図るためにバネ仕掛けの出走ゲートや、より詳細な競技ルールが導入されたが、それでも買収や八百長が横行していたようだ。ともあれ競走馬の所有者たちは、より速い馬を入手しようと、各地からさまざまな馬を取り寄せた。そうしたなか、北アフリカの砂漠地帯からやってきた馬が大きな評判を呼んだ。このようにスピードと忍耐力に優れた馬の獲得に並々ならぬ情熱が注がれた結果、ローマ時代を通じて戦車競走は活況を呈したが、ギリシャ人に比べると乗馬のスキルは低下したようだった。

一方、世界で最も長い歴史と伝統を持つ競馬大国のひとつである英国で平地競走が初めて正式に行われたのは、ローマ皇帝ルキウス・セプティミウス・セウェルス(145～211年)がブリタニアのヨークを統治していた時代とされている。その最古のレースが開催されたのは、現在のイングランド北部ヨークシャー地方であった。馬繁殖の世界で古くから中核を担い、現在も競馬が盛んな場所だ。だが実は、最古の英国原産種は大陸原産種に比べて質が劣っていた。馬格が小さく、見た目もエレガントさを欠いていたのだ。

それでも英国種にはスピードと生来の強靭性があったため、この性質を引き継ぎながらも馬格や外見が改善された英国種の作出が試みられた。こういった改良は各地で行われ、たとえばヨークシャー地方では優秀な輓馬であるクリーブランド・ベイや、ノーフォーク・ロードスター(絶滅種)を基礎とするハクニー・ホースとハクニー・ポニー、そしてヨークシャー・ロードスター(絶滅種)などが生み出された。サラブレッドの基礎が形成されたのも、この地方だ。そうした努力の甲斐あって、英国では現在もなお競馬は絶大な人気を誇っている。

英国の平地競走に関する最古の記述は、カンダベリー大司教の書記だったウィリアム・フィッツスティーヴンが1174年に著した『Description of the City of London(ロンドンの町の描写)』のなかに見られる。ロンドンのスミスフィールド・マーケットで開催されたレースについてだが、その頃にはすでに騎士道時代が全盛期を迎え、単純な競馬よりも一騎打ちの馬上槍試合などが人気を集めるようになっていた。しかしヘンリー8世(1491 ~1547年)の時代になると競馬人気が再燃し、馬格とスピードの強化を中心に据えた国産馬の改良が図られた。そこでアフリカとヨーロッパ大陸からバルブやネアポリタン、イベリア馬、フリージアン、砂漠地帯に住む馬などが積極的に取り寄せられるようになり、英国産の馬と交配された。ただし、海外から高級馬を輸入することができたのは王族や富裕層だけで、サラブレッドの競走馬の繁殖は事実上、上層階級の専売特許だった。

スチュワート王朝時代のイングランド王ジェームズ1世(1566 ~1625年)も王室の伝統を引き継ぎ、ヨークシャーやロンドン西部のクロイドン、北部のエンフィールド・チェイスで競馬を普及させると、自身もロンドン郊外にあるエプソム競馬場に足繁く通った。ジェームズ1世の孫にあたるチャールズ2世(1630 ~1685年)も競馬を愛し、1634年には第1回ニューマーケット・ゴールドカップ[訳注:芝20ハロン(約4023メートル)で行われるG1レース。現在はアスコット競馬場で開催]に融資している。さらにチャールズ2世は競馬の賞金を引き上げ、このスポーツの規定と指針の基盤をつくったほか、王として初めて公的に所有馬を出走させた。また、ヨークシャーと並んでサフォーク州ニューマーケットが英国競馬の中心地として確立されたのも、チャールズ2世の時代であった。ニューマーケットは現在も競馬の町として栄えている。

この時代、競馬は英国だけでなく、ヨーロッパ全域で人気を博した。たとえばイタリアでは1656年、14世紀から競馬が行われていたトスカーナ州シエーナで、現在も続くパーリオ[訳注:街の中心の広場で開催される、地区対抗の裸馬レース]が初めて開催された。このようにヨーロッパで競馬が隆盛期を迎えようとする一方、米国では1620年代にバージニア州でようやくレースが行われるようになったばかりだった。だが1630年代にバージニア州でレースが合法化されると、イングランドや北アフリカ、南アフリカから純粋種の馬が次々と輸入されるようにな

り、北米の馬たちの質が格段に向上した。

その際、もちろん俊足の競走馬の繁殖だけを目的に交配が行われていたわけではない。征服王ウィリアム1世(1028～1087年)の時代からイングランドで続く、馬上から猟犬を使って行うハンティング(主にシカ狩り)も人気を呼び、1534年にはすでにバージニア州ノーフォークでキツネ狩りが行われていたとの記録も残されている。英国におけるハンティングの性格は、細かい農地が入り組んでいた開放耕地[訳注:収穫が終わった土地を、次の種蒔きまで放牧地として共同で利用すること]を統合し、柵や塀などの仕切りを設けて所有者を明確にする「囲い込み(エンクロージャー)」(1450～1640年、1750～1860年)を契機に変化し、そうした柵などを飛び越えることができる俊足かつ機敏で持久力のある馬が必要とされるようになった。

このような変化に平地競馬の要素が加わって18世紀に誕生したのが、「スティープルチェイス(steeplechase)」と呼ばれる障害競走であ

る。スティープルチェイスという名称は、もともと教会の尖塔(steeple)など2つの目印の間のコースで馬を走らせたことからつけられた。今日、英国で行われているスティープルチェイスでは、プロのジョッキーが英国障害競馬の規定に則って馬を走らせるが、ほかにもスタートとゴール地点だけを決め、途中の走路は自由に選択できるポイント・トゥ・ポイント・レースという類似の競技もある。この競技にはアマチュア騎手も参加できるが、競技の起源と性格を反映し、馬は計4日以上猟に使われていなければ出走することができないと定められている。

競馬、障害競走、スティープルチェイスには、スピードに加え豊富なエネルギーとスタミナを併せ持つ馬が求められたが、それは運搬用の馬でも同じだった。馬車が誕生した当初は道路がまだ整備されておらず、轍のついた地面や不安定な地形が最大の障害となっていたため、大きな荷車を安定して引くことができる重輓馬が広く使われていた。一方で自家用馬車や4輪馬車など、小さな荷を高速で引ける俊足の軽量馬のニーズもあった。イングランドで初めて設計された馬車のひとつで、1555年にウォルター・リッポンがラトランド伯のためにつくった馬車にも軽量馬が用いられた。ちなみに世界で初めて登場した馬車は、14世紀のハンガリーでつくられた「コチ」(kocst＝「車」の意)と呼ばれる4輪馬車である。

その後、英国で馬車が全盛期を迎えるのは、道路事情が改善され、馬の繁殖プログラムが軌道に乗った18世紀のことだった。そして馬の繁殖が進んだことでサラブレッドが誕生し、これがさらに長期的な血統馬繁殖プログラムへとつながっていく。こうして英国では、新たに繁殖された優秀な馬車馬と、長い伝統を誇る頑強なトロッターがともに活躍するようになる一方で、自家用馬車での移動が多くなったことにより、エレガントな容姿と滑らかで効率的な歩様、そして豊富なスタミナを有する馬が求められるようになった。それには、ある程度のスピードを長時間保持することができ、滑らかな側対歩の歩様を持つ馬が最適だった。

その頃、騎手たちは非公式のレースや競技にも参加するようになり、馬車競技とともに繋駕速歩競走も復活した。この繋駕速歩競走は現在でも北米で盛んで、ほかにもオーストラリアやフランス、ロシアなどで行われている。そうした国では、ニーズの高まりとともにアメリカン・サドルブレッド、フレンチ・トロッター、オルロフ・トロッター、ロシアン・トロッター、フィニッシュ・ユニバーサル、冷血種トロッター、ノース・スウェディッシュ・トロッターが作出された。トロットで行われる繋駕速歩競走には、斜対歩のトロッターと側対歩のペイサーがそれぞれ出走するレースがある。右の前後肢と左の前後肢がそれぞれ対になって動く側対歩は、アメリカン・スタンダードブレッドに先天的に見られる歩様で、斜対歩よりも若干スピードで上回る。

米国で初めて行われたトロットレースは、騎手が競走馬の背に騎乗する形式で行われた。この形式によるレースはその後、18世紀のニューイングランド植民地で盛んに開催され、その頃になるとサラブレッドによる競走も確立されていた。米国のトロッターの発展に大きな影響をもたらしたのは、1788年に輸入された英国産サラブレッドのメッセンジャー(1780年生まれ)で、ノーフォーク・ロードスター(絶滅種)からトロットの歩様を受け継いだこの馬と、米国産のモルガンやナラガンセット・ペイサー(絶滅種)などとの交配により、世界最速のトロッターであるアメリカン・スタンダードブレッドが誕生したのだった。

繋駕速歩競走が米国で行われるようになったのは、車両の進歩とコース整備が格段に進んだ1830年代のことだった。1850年代には軽量の繋駕車(1人乗りの2輪馬車)が導入されたが、1892年になるとより軽量の繋駕車に取って代わられ、速歩のスピードに大きな変化がもたらされた。繋駕速歩競走はオーストラリアでも人気を呼び、1810年にはシドニー郊外で初めてレースが開催された。このときのレースではトロッターと平地競走馬が用いられ、いずれも国内で人気を博した。またオーストラリアでは競馬も人気で、1861年に始まった国内最大のハンディキャップ競走であるメルボルン・カップは、現在も国を挙げての一大イベントとしてにぎわいを見せている。

現在盛り上がりつつある馬車競技も、豊富なエネルギーと持久力、そして知的能力が求められるスポーツだ。19世紀までにさまざまな形式の馬車競技が行われ、特にドイツやハンガリー、オーストリアなどで人気を博した。そのためヨーロッパでは優秀な馬車馬が次々と誕生し、現在その多くが馬場馬術、障害飛越競技、総合馬術競技で活躍している。馬車競技のなかでも特に人気があるのは、3日ほどかけて行われるトライアルだ。審査は4頭立て、2頭立て、タンデム(縦並びの2頭引き馬車)、あるいは1頭立てで行われ、スキル、服従度、馬および御者の技巧をテストする馬場審査と、持久力とスピードのコンビネーションをテストする野外歩行、そして正確性、スピード、技能をテストする障害コースの3種目で構成されている。

威風堂々 | ENERGETIC GRANDEUR

ARABIAN
アラブ

古代─中東─一般的

HEIGHT｜体高
143～153cm（14.1～15.1ハンド）

APPEARANCE｜外見
繊細さを感じさせる頭部と、大きな目が印象的。先端が内にカーブした耳はよく動く。エレガントな頸は、傾斜した長い肩へと連なる。き甲はよく抜けており、背は短く、胸は深く幅広。幅の広い平尻で、尾付きは高く、尾を高く掲げることもできる。

COLOR｜毛色
芦毛、鹿毛、青毛、栗毛が主だが、ときおり粕毛も見られる。

APTITUDE｜適性
乗馬、耐久騎乗競技、ショーイング、馬場馬術、障害飛越競技、馬術競技、ウェスタン乗馬、ブリティッシュ乗馬、エンデュランス。

アラブほど謎めいた歴史を歩み、神話とロマンスに彩られた馬はほかにいないだろう。内に秘めた情熱と洗練された外見から、この馬は過去に幾多の物語を紡ぎ出してきた。神々の心のなかで形作られ、灼熱の地で生命を吹き込まれ、完璧さの具現としてこの世に生み落とされた――そう信じて疑わない者もいるほどだ。しかし神話と真実は異なる。それでもこの小型馬が、これまで数え切れないほどの近代馬に大きな影響を及ぼしてきたことは間違いない事実だ。

アラブの出生地と進化の過程については、これまで激しい議論が交わされてきた。サウジアラビアの砂嵐のなかでその端麗な容姿を進化させたと言われる一方で、ほかの馬とは別の亜種に属すると主張する者もいる。確かに、椎骨がひとつ少なく、大きな額を持つアラブは、ほかの馬とは身体的構造が異なるかもしれない。しかし、こうした事象は別の馬種にも表れうるし、実際のところアラブはほかの家畜馬と同じ数の染色体を有している。

ともあれアラブの出生に関して現在主流となっている見解は、アラビア半島北部にある肥沃な三日月地帯で生まれたというものだ。文明発祥の地とされていることから「文明のゆりかご（Cradle of civilization）」とも呼ばれるその帯状の土地には、現在のシリア、トルコ、イラク、イラン、エジプトが含まれる。この地域は南方のアラビア半島よりも気候が穏やかで、馬が生息するのに十分な降水量にも恵まれている。こうした地で生まれたとされるアラブはその後、砂漠地帯の馬から影響を受けて発展したと思われる。

アハルテケやカスピアンなどの砂漠地帯に住む馬は、三日月地帯の東方に位置するトルクメニスタンやカザフスタンから、中央アジアのステップ（大草原地帯）にいたる地域で有史以前に生存したタイプ3、タイプ4の馬から誕生した。砂漠に起源を持つそれらの馬は、地理的条件が異なる生誕地でそれぞれが異なる進化を遂げつつも、類似の特性を示している。繊細な毛、薄い皮膚、耐候性、最小限の水で生き抜く耐久性、粗食に耐える能力、豊富なスタミナ、知性、そして軽量の身体構造などだ。そうした特徴を持つ砂漠地帯の馬のなかでも特に外見的共通点が多いカスピアンが、アラブの発展に大きく寄与したと考えられている。

その起源がどうであれ、昔も今もアラブは人々から深く崇拝されている。たとえば古代イスラム世界の人々や、アラビアの歴史に深い関わりを持つ砂漠地帯の遊牧民ベドウィン族は、アラーからの贈り物としてこの馬を大切に扱った。特に「ジバー（jibbah）」と呼ばれるふくれた額を持つ馬はアラーの祝福とされ、ジバーが大きければ大きいほど神の御加護が深いと信じられていた。また、「ミトバー（mitbah）」と呼ばれるアーチ状の頸と頭部の接続部は勇猛さを表し、高く掲げられる尾は魂の象徴であった。

そうした宗教的な意味合いと空想から生まれた畏敬心から、これらの特質を維持すべくほぼ隔離状態で飼育されたアラブは、長期にわたって純血が守られた。純血を維持することが昔から最重要事項とされたおかげで、アラブの特性は消えることなく定着したと言える。そのため、英国産サラブレッドとフランス原産の競走馬であるセル・フランセ、あるいはオランダ温血種とデンマーク温血種など、それぞれ識別が難しい馬が多いなか、アラブはほかの馬種と簡単に見分けがつく。

アラブの歴史とベドウィン族の歴史は、実に密接な関係にある。もともとベドウィン族の文化の基盤はラクダであったが、紀元前2500年頃までにはアラブの馬が彼らの精神と生活の中心となり、やがてサウジアラビアの広大な奥地で共生関係を築くようになった。そうして大切な宝として厳重に保護された馬たちは、富と尊敬の象徴となり、戦いにも不可欠な存在となった。戦いでは、特に牝馬が騎馬として珍重された。牡馬のように頻繁に鳴き声を上げないため、奇襲をかけるのに好都合だったからだ。兵士を背に乗せて戦闘に臨んだ牝馬は、絶対的な忠誠心と勇敢さで主人と固い絆を育み、家族同然に手厚く扱われた。牝馬が見せたそうした性質は現在のアラブにも色濃く残っている。

また、子馬の外見に優性的に発現するのは母馬の特性だったため、繁殖の際にも牝馬の育種系統が最も重視された。この遺伝的特徴は現代のアラブ種にも共通して見られる。そうしたこともあって、ベドウィン族の人々にとって最高の贈り物と言えば良質なアラブの牝馬にほかならなかったが、その慣習はオスマン帝国の支配者がヨーロッパの統治者にアラブの馬を献上するなど、ベドウィン族以外にも広まり、長らく続いた。

だが、アラブを生活に浸透させたのは何もベドウィン族だけに限らない。アラブ種に外見が酷似する馬の姿は、紀元前16世紀頃の古代エジプトでヒエログリフ(神聖文字)にも用いられているほか、旧約聖書にもそのような馬についての記述が見られる。古代ギリシャの著述家クセノポン(紀元前430～同354年)の著書にも、アラブ種と思われる馬が登場する。また、古代オリエントのフルリ人やアナトリア半島のヒッタイト人、バビロニアのカッシート人、中東の少数民族アッシリア人、そしてバビロニアとペルシアの人々が飼っていた小型で敏捷なデザート・ホースが、アラブかその祖先だったと主張する向きもある。しかし一般的には、アラブ種を作出し、馬種の保存に最も貢献したのは、やはりベドウィン族だったと考えられている。

口頭伝承の伝統が強いベドウィン族の人々は、記録にこそ残してはいないが、繁殖に用いた種畜や系統をしっかりと記憶し、純粋種の繁殖に心血を注いだ。そのため民族間で種畜の売買は行われてはいたものの、貴重な牝馬だけは決して手放さなかった。彼らが特にこだわったのは、西方に流れて失われてしまったアラブ種の系統馬を繁殖することだった。だが、そうした目的のもとで繁殖された馬には身体的特徴に若干の差異が生じた。

そのような異種系統と亜系統の名称についてはいまだに議論が尽きないが、イスラム教の開祖ムハンマド(570～632年)が所有する牝馬から生まれた最初の古代5系統は、クハイラン(Kuhaylan)、ウバイヤ(Ubayyah)、サラビヤ(Saglaviyah)、ダーマ(Dahmah)、シュワイマ(Shuwaymah)であったと言われている。同一系統内の交配による系統繁殖は今もなお中東で行われており、現代の主要系統はクハイラン、サラウィ、ムニキの3系統となっている(この系統馬は西洋ではほとんど見られない)。

やがてアラブが生誕地である砂漠という孤立した地を出て、世界に広まるようになったのは、イスラム教が興り、ムハンマドが馬の所有と繁殖を推奨したことがきっかけであった。馬は当時、中東から北アフリカ、ヨーロッパから地中海沿岸地域、そして東の中国にいたるまで、イスラム教の伝道に用いられた。多くの国の文化に接触するなかで、アラブの馬はあまねく好意的に受け入れられた。どっしりと重厚感のあるヨーロッパ原産馬と対極をなす、光沢のある美しい毛並みの敏捷な小型馬に、人々はたちまち心を奪われたのだ。そんなアラブ種の影響を受けなかった馬種と言えば、すでに完璧な馬として進化を遂げ、アラブ種の影響を受けるには不向きだったアンダルシアンくらいだろう。

アラブは17世紀の終わりから18世紀の初めにかけては英国原産種、特にサラブレッドの発展に大きく貢献した。そして18世紀と19世紀には、ヨーロッパ全域でアラブ種の人気が高まり、ポーランドやドイツ、ハンガリー、オーストリア、英国、ロシア、さらにはオーストラリアと米国でも王族が主要な種馬牧場を建設した。そうしたこともあって現在アラブは世界に最も広く分布する馬のひとつとして知られるが、その確かな品質と特性はよどみなく受け継がれている。

生まれ持った気品と生命力にあふれ、体全体に活力をみなぎらせるアラブは、この世で最も美しい動物のひとつと言っても過言ではない。彼らは知的能力も高いため訓練がしやすく、自分に向けられた優しさも悪い仕打ちもしっかりと憶えている。また、ほかの種と比べても飼い主に対する忠誠心が強く、非常に愛情深い。さらに運動能力がきわめて高いうえに、鋼の強さと耐久性を誇り、競馬から馬場馬術にいたるまであらゆる競技をこなす。なかでもエンデュランス競技ではその代表格として君臨しており、ブリティッシュ乗馬とウェスタン乗馬のどちらにも適性を示す希少な馬としても知られる。

ENGLISH THOROUGHBRED

イングリッシュ・サラブレッド

有史−イングランド−一般的

HEIGHT｜体高
152～173cm(15～17ハンド)

APPEARANCE｜外見
美しく均整のとれた頭部に、よく動く耳。頸は長く、アーチを描く。き甲は抜けており、肩は筋肉質。背は長く、胸は幅広でよく張っている。斜尻で、尾付きは高い。長い肢は力強く、距毛はない。

COLOR｜毛色
ほとんどが鹿毛、栗毛、青毛、芦毛だが、粕毛と月毛、青鹿毛も認められる。また白斑がよく見られる。

APTITUDE｜適性
乗馬、競馬、ショーイング、馬場馬術、障害飛越競技、総合馬術競技、馬術競技。

世界中にその足跡を残し、何世紀にもわたり多種多様な馬種の発展に貢献してきた、まさに全能とされる馬種がわずかだが存在する。アンダルシアン、バルブ、アラブがそうだ。そしてもう1頭、イングランドが誇るサラブレッドもその勲章を与えるにふさわしい。馬種としての短い歴史を考えればなおのことだ。

サラブレッドは無類の運動能力で近代馬の頂点に君臨している。スピードとスタミナでサラブレッドに匹敵する馬はまずいないだろう。短距離のスピードに優れる馬や、中速度を長時間持続できる馬はいるが、スピードと持久力のコンビネーションという点ではサラブレッドにかなう馬は見当たらない。ライバルたちと一線を画するその高い能力に加え、強い精神力を持つことから、サラブレッドは「勇敢で不屈の精神を持つ馬」と表される。

この偉大な馬が近代史を築いたのは、17世紀の終わりから18世紀全般にかけての頃だ。ただしサラブレッドの基礎は、その何百年も前にすでに英国でつくられていた。最古の英国原産種は全体的に馬格が小さく、ヨーロッパ大陸や南アフリカ、アジアの馬と比べて優雅さにも欠けていたが、スピードと強靭さでは負けていなかった。たとえばスコットランドと北イングランド原産のギャロウェイは滑らかで俊敏な側対歩で知られたし、アイリッシュ・ホビーは気力に満ちたエネルギッシュな馬だった。いずれも残念ながら絶滅してしまったが、実はこの2種こそがフェルとコネマラの発展に寄与し、のちにサラブレッドの基礎となる馬の作出にも貢献することとなったのだ。

英国において競馬は歴史的に王室と密接な関係を持ち、現在でも英国王室の支持が厚い。国内の種畜の質を向上させるため、外国産馬を輸入し、国産馬と交配させたのも、王侯や貴族所有の飼育場であった。たとえばウィリアム1世(1028～1087年)の時代にはアンダルシアンの種牡馬が輸入され、騎士と従者にふさわしい馬の繁殖に用いられた。また、リチャード2世(1367～1400年)は競走馬に用いる"駿馬"の育成に資金を注ぎ込んだ。リチャード2世はイベリア半島北東部に存在したナバラ王国の君主から2頭のスペイン馬を贈られたと言われているが、これはフランス原産の軽種だった可能性もある。ともあれ、こうした歩みからも英国ではずいぶん早くから軍用のみならず、狩猟用、競走用の国産馬の改良に関心が高かったことがうかがえる。

英国が初期に輸入した馬の大半はスペイン(アンダルシアン)、北アフリカ(バルブ)、中東(トルクメニアン)の馬とイタリア原産馬だった。その後アラブの輸入が盛んになると、アラブ諸国からやってくるアラブ種以外の馬も「アラブ」と呼ばれ、混乱が生じた。だがアラブ種の馬は現地の所有者によって厳重に管理され、優秀な牝馬が売りに出されることはほとんどなかった。そのため、アラブはのちにサラブレッドの発展に大きな影響を与えることになるものの、馬種作出の初期においてはそれほど大々的に取り入れられてはいなかった。

その後ヘンリー8世(1491～1597年)の時代になると、馬の平均体高を上げるために、共有地に放牧する馬の体高の下限を定めるなど、馬の繁殖に関する法律が数多く定められた。ヘンリー8世はまた、ハンプトン・コート宮殿内にロイヤル・パドックを設け、スペイン馬やバルブに加えて、馬繁殖の権威でイタリア北部のパドヴァを支配するゴンツァーガ家から東洋馬も取り寄せた。チェスターとヨークで初めて公式に競馬が行われたのも、やはりヘンリー8世の時代で

あった(それぞれ1511年と1530年)。つまり、その頃までに俊足の競走馬が誕生していたということであり、俊敏な英国産の馬と東洋馬やスペイン馬、バルブなどを掛け合わせて生まれたそれらの馬は、サラブレッド種の先駆けであった。

サラブレッドの近代史の軸となったのは3頭の種牡馬、すなわちバイアリーターク(1684年頃生まれ)、ダーレーアラビアン(1700年頃生まれ)、そしてゴドルフィンバルブ(1724年生まれ)だ。とはいえ、東洋馬や牝馬から受け継いだ性質もまた、サラブレッドの作出において重要な要素であった。興味深いのは、この時点で英国産馬がまずまずのスピードを獲得していた点だ。これは、スピードとエレガントさの強化を図るなかでトルコマンやアラブ、バルブなどの温血種を数多く交配に用いたことで得られたものだった。そして上記のサラブレッド三大始祖が、その特徴を確実に子に受け継がせる優性遺伝を持っていたことも幸いし、サラブレッドという馬種の特性が最終的に決定づけられたのだ。

そのサラブレッド三大始祖のなかで最も早く生まれたバイアリータークは、1689年にイングランドに輸入された。以前はアラブ種であったと言われていたが、現在ではアハルテケであったと考えられている。バイアリータークの子孫として挙げておきたいのは、牡馬のジグ(1701年生まれ)と、ジグの子孫でサラブレッドの血統を確立した牡のヘロド(1758年生まれ)、そして20世紀のレース界を席巻したテトラーク(1911年生まれ)だ。

ダーレーアラビアンがイングランドへやってきたのは、バイアリータークの渡英から15年後の1704年のことだ。シリアのアレッポの馬市で売りに出されていたダーレーアラビアンは、アラブ種の競走馬系統の名血でトルクメニアンの影響を受けるムニキ系の馬だった。サラブレッド三大始祖のなかで最も体高が高く(15ハンド=152cm)、かつバランスがとれた体格を持つ非常に洗練された馬で、イングランドに渡ると競走馬繁殖の中心地であったヨークシャーへ送られ、ベティリーデス(1704年生まれ)という牝馬と交配された。ベティリーデスは有名なリーデスアラビアンの血統を持ち、バルブとトルクメニアンの影響も受けている馬だった。

ゴドルフィンバルブ(別名ゴドルフィンアラビアン)については、いまだ議論が交わされており、モロッコ産またはチュニジア産のバルブか、イエメン産のアラブのどちらかであったと言われている。いずれにせよゴドルフィンバルブは、1730年頃までケンブリッジシャーにあるゴドルフィン伯所有のゴグマゴグ牧場で、当て馬[訳注:種付けの際、牝馬の発情を促したり、発情の有無を調べるために用いられる牡馬]としての役割を与えられていた。ゴドルフィンバルブの種牡馬としての真価が見出されたのは、ロクサナ(1718年生まれ)という牝馬の間にすばらしい子馬をもうけてからだ。

サラブレッドの著しい躍進は、18世紀以降の国内外における他馬種の発展に大きな影響を与えた。異種交配により生まれる混血種のすばらしさが世に知れわたると、サラブレッドはまず馬車馬や騎馬、狩猟馬、トロッターの作出を目的として用いられ、やがて競技用馬の繁殖にも広く用いられるようになった。

こうして英国産馬とサラブレッドの交配が進められるなかで、ヨークシャー・コーチ・ホースやノーフォーク・ロードスターが誕生した。いずれも絶滅種であるが、特にノーフォーク・ロードスターは18世紀と19世紀のイングランドにおける傑出した馬種のひとつと言え、トロッターのハクニー種の誕生にも多大なる貢献をしている。このノーフォーク・ロードスターは、サラブレッドの牡馬メッセンジャーの4代前の祖先であるブレイズ(1733年生まれ)の子、オリジナルシェールズ(1755年生まれ)の血統を汲んでいる。メッセンジャーはのちに世界最速トロッターであるアメリカン・スタンダードブレッドの基礎をつくった馬だ。このようにトロッターの誕生とサラブレッドの発展には少なからぬ重なりが見られる。

サラブレッドはやがて、ヨーロッパ大陸にも数多く輸出されるようになった。サラブレッドの種牡馬は、オランダ北部のフリースラント州東部とドイツではオルデンブルグとホルスタインに影響を与え、プロイセンではトラケナーの発展に貢献した。また、ハンガリーではサラブレッドの種牡馬であるフリオーソ(1836年生まれ)とノーススター(1844年生まれ)がフリオーソ・ノーススター種を確立し、フランスではアングロ=ノルマン種の誕生に寄与した。ドイツのツェレに1735年に設立されたハノーバー種の繁殖牧場でも、多くのサラブレッドが種畜として用いられた。

このようにヨーロッパの温血種が発展する過程で、サラブレッドの直接的な影響を受けていない馬はほとんどいないと言っていい。さらにヨーロッパのみならず、世界のどの国を訪れようとも、サラブレッドの姿とその息吹は感じることができる。

AUSTRALIAN THOROUGHBRED

オーストラリアン・サラブレッド

有史－オーストラリア－一般的

HEIGHT｜体高
152～173cm（15～17ハンド）

APPEARANCE｜外見
美しく均整のとれた頭部に、よく動く大きな耳。長い頸はアーチを描く。き甲は抜けており、肩は筋肉質でほどよく傾斜している。背は長く、胸は幅広でよく張っている。斜尻で、尾付きは高い。長い肢は力強く、距毛はない。

COLOR｜毛色
ほとんどが鹿毛、栗毛、青毛、芦毛で、白斑がよく見られる。

APTITUDE｜適性
乗馬、競馬、ショーイング、馬場馬術、障害飛越競技、総合馬術競技、馬術競技。

オーストラリアに英国植民船団が初めて馬を連れてやってきたのは1788年のことだが、馬種はイングリッシュ・サラブレッドではなく、南アフリカ産の交雑種だった。当時、英国からオセアニアにまでサラブレッドを輸送するのは途方もなく困難なことだった。しかしオーストラリアはその後、短期間のうちに世界有数のサラブレッド大国に成長し、今や米国に次ぐ世界第2位の産出数を誇るまでになっている。

オーストラリアン・サラブレッドの初期の歴史で最も有意義だったと言えるのは、ロッキンガム、ワシントン、ノーサンバーランドという種牡馬3頭の輸入であった。オーストラリアにおけるサラブレッドの血統は、この3頭なくしては語れない。ロッキンガムは、1797～1799年の間にケープタウンからやってきた馬で、サラブレッドか東洋馬、

あるいはその両方の血を汲んでいたと考えられている。1800年頃にシドニーにやってきた米国生まれのワシントン(誕生年不明)は、サラブレッドの血を引いていた。優秀な英国産馬車馬であったノーサンバーランド(誕生年不明)は、1802年前後にオーストラリアの地を踏んだ。同じ頃、シャークという名のアラブの牡馬も、ほかのアラブ種や東洋馬とともにインドからやってきた。それらの馬も、オーストラリア原産馬の迅速な改良に大きな役割を果たした。

一方、イングリッシュ・サラブレッドは、オーストラリアにやってきた裕福な陸軍士官や商人たちが乗用馬の質を競い合うなかで、スピードの向上を目的として輸入されるようになっていった。そうして組織的かつ選定的な繁殖プログラムが実施されるようになり、前述したロッキンガム、ワシントン、ノーサンバーランドの3頭と、アラブ種のシャークおよびオールドヘクター(1800年頃生まれ。単にヘクターとも呼ばれる)が、そのプログラムの中心的役割を担った。だが、1830年代になると英国から途切れることなくサラブレッドが輸入されるようになり、それらの馬が繁殖に用いられることとなった。5カ月にわたる過酷な船旅に耐え、馬たちが無事にオーストラリアの地を踏むことができたのは、ひとえに船乗りたちの積荷への配慮と、船上に特別に設けられた厩舎のおかげであった。

そうした馬たちと、厳しい環境下で生き抜く術を身につけた、たくましく賢い馬を基礎としてオーストラリアン・サラブレッドは誕生した。その草創期を支えた重要な種牡馬は、1824年に輸入されたイングリッシュ・サラブレッドのスティールトラップ(1815年生まれ)だ。スティールトラップは、植民地オーストラリア初の純血サラブレッドとなるチャンセラー(1826年頃生まれ)をもうけるなど、1840年代までに有能な純血サラブレッドの種牡馬を多数世に送り出した。

この頃すでに競馬が始まっていたオーストラリアでは、1901年の独立に伴って州が設置されたことを契機に、地方競馬クラブが発足し、サラブレッド繁殖に火がついた。そして国内各地に競馬場が建設され、以後、オーストラリアン・サラブレッドは目覚ましい活躍を見せるようになった。現在では、その血統が世界の競馬シーンで見られるようになり、多くの種牡馬が世界各地で子孫繁栄に努めている。

AMERICAN THOROUGHBRED

アメリカン・サラブレッド

有史—北米—一般的

HEIGHT | 体高
152～173cm(15～17ハンド)

APPEARANCE | 外見
美しく均整のとれた頭部に、よく動く大きな耳がついている。頸は長く、アーチを描く。き甲は抜けており、肩は筋肉質。背は長く、胸は幅広でよく張っている。斜尻で、尾付きは高い。長い肢は力強く、距毛はない。

COLOR | 毛色
ほとんどが鹿毛、栗毛、青毛、芦毛で、白斑がよく見られる。

APTITUDE | 適性
乗馬、競馬、ショーイング、馬場馬術、障害飛越競技、総合馬術競技、馬術競技。

アメリカン・サラブレッドは、初期のイングリッシュ・サラブレッドと米国の在来種との交配により誕生した。サラブレッドが英国から輸入されるようになったのは18世紀のことだった。その後、サラブレッドによる競馬が人気を博すと、米国育ちの競走馬作出を目指して集中的な繁殖活動が行われるようになった。そうして米国でもサラブレッドの発展が順調に進み、広く国産馬の改良にも用いられるようになった。とりわけ特殊歩様の馬と交配させたときの効果は絶大で、異種交配により生まれてくる子馬も特殊歩様の特性を失うことはなかった。

米国で初めて競馬場が建設されたのは1665年、サラブレッドの繁殖が定着する何年も前のことだった。トラックの長さは2マイル(3.2km)で、ニューヨーク州ロングアイランドのソールズベリー・プレーンズ地区(のちのヘンプステッド地区)に建てられた。第1回のレースには、ニューヨーク植民地初代知事のリチャード・ニコルズも駆けつけた。自身も熱心な馬の愛好家であったニコルズは、競馬をきっかけに質の高い馬の繁殖が進むよう願っていた。

それから60年以上経った1730年頃、北米に最初のイングリッシュ・サラブレッドがやってくる。ブルロック(1709年生まれ)という名のこのサラブレッドは、ジェームズ・パットンが取り寄せたのち、バージニア州ハノーバー郡のブリーダー、サミュエル・ジストの手に渡った。ブルロックは、サラブレッド三大始祖の1頭であるダーレーアラビアン(1700年頃生まれ)の子で、21歳で母国を出るまではイングランドの競馬界で輝かしい成績を収めていた。

そして1755年になると、エドワード・フェンウィックという人物がサウスカロライナ州に移住してくる。偉大なブリーダー一家として名を馳せていたフェンウィック家は、354頭もの優勝馬を世に送り出した英国チャンピオン馬、マッチェム(1748年生まれ)を所有していた。若きエドワードは、そのマッチェムの血を引く馬を何頭かと、のちにサウスカロライナの勝利馬を多数もうけることになる粕毛のサラブレッド、ブルータス(1748年生まれ)を連れてきた。

こうしてサウスカロライナ、バージニア、ニューヨーク、メリーランドの各州ではサラブレッドの繁殖が盛んに行われるようになり、1730～1750年代にかけてモンキー(1725年生まれ)やフェアノート(1755年生まれ)、ジャナス(1746年生まれ)など、優れたイングリッシュ・サラブレッドの輸入馬が多数、これらの地に集められた。そのうち1756年に輸入されたジャナスは、アメリカン・クォーター・ホースの誕生にも大きく貢献した。一方、モンキーはバージニアで300頭を超える子をもうけ、フェアノートは最高額の種付け料を記録した。

しかし1775年に米国独立戦争が勃発すると、英国からのサラブレッドの輸入が止まってしまう。それでも戦争終結後は取引が再開され、1800年までに推定340頭が北米にやってきた。戦後、サラブレッド繁殖の新たな中心地となったのは、気候が穏やかで、石灰岩の土壌に草が豊富に育つケンタッキー州とテネシー州であった。

南北戦争(1861～1865年)後には重要な2頭の牡馬、メッセンジャー(1780年生まれ)とダイオメド(1777年生まれ)が米国の大地を踏んだ。1788年に輸入されたメッセンジャーは、すばらしい子を多数もうけた。そのなかでも牝馬のミラーズ・ダムゼル(1802年生まれ)は、レースに出走すればほとんど負けなしという勝率を誇り、競走馬引退後は名馬アメリカンエクリプス(1814年生まれ)を世に送り出した。しかしメッセンジャーの最大の遺産は、なんと言ってもアメリカン・スタンダードブ

レッドだろう。メッセンジャーは直接的に、または子孫を通して間接的に、この世界最速トロッターの発展に貢献したのだ。

もう1頭のダイオメドは、1780年のエプソム・ダービー[訳注:ダービーステークスのこと]で優勝し、若かりし頃はイングランド随一の競走馬として名を馳せた。しかし早くに成功を収めたダイオメドは、やがてレースへの情熱を絶やして失墜してしまう。子もほとんどもうけることなく、種牡馬としても役に立たなかった。そのためダイオメドは格安で2人の米国人に引き取られ、種畜として渡米することとなった。するとダイオメドは一転、新天地で優秀な種牡馬へと変貌を遂げた。1808年にダイオメドが亡くなったときには、まるで国の英雄を失ったかのように米国中が悲しみにくれたという。

このダイオメドは、かの有名なサーアーチー(1805年生まれ)をもうけた。初期アメリカン・サラブレッドの偉大な1頭に数えられるサーアーチーが競走馬を早々に引退したのは、あまりにも強すぎたからだとも言われている。サーアーチーは種牡馬としても非常に優秀で、「その子孫で地球の半分を埋め尽くすことができる」と言われたほどだった。

競馬人気が全米に広がると、スポーツとしての純粋な興奮に、レース賞金の増額というスパイスが加わった。こうしたギャンブル的要素も、競馬の普及とサラブレッド繁殖への関心を高めるきっかけとなった。そして1823年、ニューヨーク州ロングアイランドで初期の有名なレースが行われる。サーアーチーの血を引くサーヘンリー(1819年生まれ)と、前述したメッセンジャーの子孫であるアメリカンエクリプスが対決したのだ。このレースでは、同一の組み合わせの競走馬で3度の競走を行う3ヒート方式が採用され、最初の1戦はサーヘンリーが制すも、残り2戦はアメリカンエクリプスが勝利を収めた。その日、フロリダ州知事のアンドリュー・ジャクソンと米国副大統領のダニエル・トンプキンスも競馬場を訪れていたと言われている。

しかし南北戦争のあと、レース形式が変更され、ブリーダーたちの戦略にも大きな影響が及んだ。4マイル(6.4km)で行われていたのが、最高1.5マイル(2.4km)程度にまで短縮されたほか、同一の競走馬で複数回競走を行うヒートレースが廃止となり、1回限りの競走で勝負をつける形態へと移行したのだ。こうした変化によって、馬には短距離でのスピードが求められるようになり、それまで重視されてきた強靭性とスタミナは以前ほど意味を持たなくなった。その結果、スタミナを武器とする大型馬よりも小型で軽量の短距離を得意とするスプリンターが台頭するようになった。しかし現在では、スプリンターの短距離レース、ステイヤーの長距離レースをはじめ、平地競走や障害飛越などさまざまな競技が行われている。

アメリカン・サラブレッドの血統書第1巻もその頃(1868年)、サンダース・ブルースとその弟によって刊行された。血統書の執筆に生涯を捧げたサンダースは、その後も数巻を刊行したが、事務所が火事に見舞われて経済難に陥った。そうしたこともあって1896年にジョッキークラブ(1894年設立)がサンダースから血統書を買い取り、それから現在にいたるまでその管理を行っている。

南北戦争後は、競馬界にもうひとつ大きな出来事があった。多くの州で賭博が禁止されたため、ブリーダーたちはよそで馬を走らせなければならなくなったのだ。そこで米国の競馬界は、アメリカン・サラブレッドを逆輸出のかたちで英国に送るようになった。だが英国競馬界は、米国産馬の流入に強い抵抗感を示した。アメリカン・サラブレッドは純血とは言えず、正統な血統を持つイングリッシュ・サラブレッドの種畜に悪影響をもたらすと考えたのだ。また、米国産馬が国内にあふれることにより、英国産馬の価格が低下することも懸念された。

そうしたこともあって英国ジョッキークラブは1913年、サラブレッドの血統書『ジェネラルスタッドブック』へのアメリカン・サラブレッドの登録を阻止する目的で、「ジャージー規則」を導入する。これは、祖先のすべての馬が登録されていなければ血統書に登録できないとするもので、1949年に撤廃されるまでの間、米国産馬を血統書から締め出すのに絶大な効力を発揮した(規則が廃止されたあとは、8〜9代さかのぼり純血が証明されれば、血統書に登録できるようルールが緩和された)。

だが、ジャージー規則がイングリッシュ・サラブレッドにとってあらゆる面で有益だったわけではない。実は当時、アメリカン・サラブレッドはイングリッシュ・サラブレッドに引けをとらないくらいスピードと質を高めており、英国のレースでもたびたび優勝を飾っていた。またジャージー規則では、その多くに米国系種の血が流れるフレンチ・サラブレッドを繁殖に用いることも規制された。規則導入前は、イングリッシュ・サラブレッドの遺伝子プールを守るためにフランスの血統も取り入れられていたのだが、こうした一連の措置により、イングリッシュ・サラブレッドの発展の歩みは減速することとなったのだった。

ともあれ多くの米国産馬に大きな影響を与えたアメリカン・サラブレッドは、現在では最高の馬としてその地位を確立している。

1
2

AMERICAN STANDARDBRED

アメリカン・スタンダードブレッド

有史−北米−一般的

HEIGHT | 体高
152 〜163 cm(15 〜16ハンド)
APPEARANCE | 外見
大きく形の良い頭部で、横顔はまっすぐか凸状。体つきはたくましく筋肉質で、胴は長く、腹袋は平ら。後躯は非常に力強く、尻高であることも多い。たてがみと尾毛はきわめて豊か。
COLOR | 毛色
ほとんどが鹿毛、栗毛、青毛、あるいは青鹿毛だが、まれに芦毛も見られる。
APTITUDE | 適性
繋駕速歩競走、乗馬、馬場馬術、障害飛越競技、馬術競技。

アメリカン・スタンダードブレッドの存在なくしては、米国の歴史と文化は語れない。この馬は誕生からわずか200年しか経っていないにもかかわらず、今や世界最速のトロッターとして君臨するまでになっている。そんなアメリカン・スタンダードブレッドは、そのエネルギーとスピードからは想像もできないほど、おとなしく従順で穏やかな気性の持ち主だ。彼らはまた、これまでに多くのトロッター種の改良と発展にも貢献してきた。

アメリカン・スタンダードブレッドが得意とする繋駕速歩競走には長い歴史がある。古代メソポタミアやギリシャ、ローマの人々は、馬にハーネスをつけて戦車を引かせる戦車競走を行っていた。だが、ローマ帝国が滅亡(476年)する頃には軍の形態に変化が生じ、戦車競走というスポーツも終焉を迎える。戦場における騎馬隊の有効性が明白になり、乗用馬の訓練に重きが置かれるようになったためだ。

それから長い時を経て、18世紀になると米国で再び繋駕速歩競走が始まり、19世紀にはスポーツとして様式化された。ただし、当時は主要道路も凹凸が激しく、馬車で競走をするには適さなかったため、初めは乗馬の形態で行われた。こうしたトロッターの乗馬競走はニューイングランド地方、なかでもナラガンセット・ペイサー(絶滅種)の生誕地であるロードアイランド州と、トロッター繁殖の中心地であったマサチューセッツ州で人気を呼んだ。1802年に競馬は不道徳であるとして一時的に禁止されたが、法の文言の不備をつく形でトロッターを用いたレースだけは容認されたため、その人気はますます高まっていった。

やがて、さまざまな馬車も導入されるようになり、1818〜1830年にかけてはニューヨークやボストン、フィラデルフィア、トレントン、ボルティモアでも繋駕速歩競走が開催されるようになった。そうして1830年までにこのスポーツは米国の人々の間に浸透し、そこに折よく馬車の改良と特定のトロッターの出現が重なった。トロッターの最大の特徴は側対歩の能力だが、アメリカン・スタンダードブレッドには生まれながらにその能力が備わっていた。そして足かせをつけて訓練を積むことで、さらに歩様を定着させた。

アメリカン・スタンダードブレッドの歴史をさかのぼると、1788年に米国に輸入されたイングリッシュ・サラブレッドのメッセンジャー(1780年生まれ)にたどり着く。メッセンジャーは繋駕速歩競走の類(たぐい)に出走することはなかったが、その父でイングランドの代表的な競走馬であったマンブリノ(1768年生まれ)はすばらしいトロットを披露していたようだ。また、メッセンジャーの4代前の祖先にはブレイズ(1733年生まれ)というサラブレッドがいるが、ブレイズがもうけた牡馬オリジナルシェールズ(1755年生まれ)はトロッターのノーフォーク・ロードスターの基礎となった。ノーフォーク・ロードスターは絶滅したが、そのトロットはスタンダードブレッドとハクニー種に受け継がれている。

米国に渡ったメッセンジャーは20年の長きにわたり、ペンシルベニア州の牧場で種牡馬としての役割を果たし、モルガンやナラガンセット・ペイサー、カナディアン・ホースなど、各地から入れ代わり立ち代わりやってくるさまざまな馬種と交配された。そのうちナラガンセット・ペイサーとカナディアン・ホースには、先天的にアンブル[訳注:片側の前肢と後肢を同時に運ぶ歩様]の歩様が備わっていることが多かった。これは、16世紀と17世紀に南北米大陸に渡来したスパニッシュ・ジェネット(絶滅種)から受け継いだものだ。メッセンジャーの子孫もみなトロットに優れ、そのまた子孫にもたくましい筋肉、スピード、側対歩、

3
1

度胸、従順な性格といった特性が脈々と受け継がれていった。このようにメッセンジャーはトロッターの種牡馬として大きな役割を果たし、1808年に亡くなったときには国の宝としてロングアイランドで手厚く埋葬された。

1849年には珍しい組み合わせの交配も行われた。そこで用いられたのは、ハクニーの種牡馬ベルファウンダー(1816年生まれ)を父に、メッセンジャーの同種異系子孫を母に持つ肢の不自由な年老いた牡馬と、同じくメッセンジャーの同種異系子孫だが気性が荒く見た目も劣るアブドゥラという名の牝馬だった。2頭の間にはハンブルトニアン(1849年生まれ)という牡馬が生まれ、この子馬は母馬とともに格安でニューヨーク州オレンジ・カウンティのビル・リスダイクという人物の手に渡った。すると数年後に、ハンブルトニアンがもうけた子のうちの1頭がトロッターの種牡馬として頭角を現し始め、やがては現代アメリカン・スタンダードブレッドの基礎を築くこととなったのだ。つまり、どのスタンダードブレッドもみな、リスダイクハンブルトニアンと名付けられたその馬にルーツを持つということであり、特にジョージワイクス(1856年生まれ)、ハッピーミディアム(1863年生まれ)、ディクテイター(1863年生まれ)、エレクショニア(1868年生まれ)という彼の子が、この血統の中心的役割を担った。

そして1870年になると、馬種管理の体系化と規制を目的として米国トロッティング協会が設立され、その翌年にはアメリカン・スタンダードブレッドの血統書も刊行された。それと同時に馬種名も決定され、血統書への登録条件としてトロッターは1マイル(1.6km)を2分30秒、ペイサーは2分25秒以内で走ることが定められた。選択交配を経て、スタンダードブレッドのスピードはさらに向上し、現在では1マイルを2分未満で走り切る馬も少なくない。

サラブレッドを用いた競馬が当初「王様のスポーツ」として王族や富裕層の間で発展したのに対し、アメリカン・スタンダードブレッドを使った繋駕速歩競走は「民衆のスポーツ」と呼ばれて親しまれた。自動車の出現により20世紀の初めには人気に陰りが出たものの、1940年代になるとその人気は再燃した。これは、ニューヨーク州で馬券の売上をプールして配当を決定するパリ・ミュチュエル方式が認められたことに加え、出走ゲートが自動化されたことと、投光照明の導入で夜間レースが開催されるようになったことが大きな要因だった。

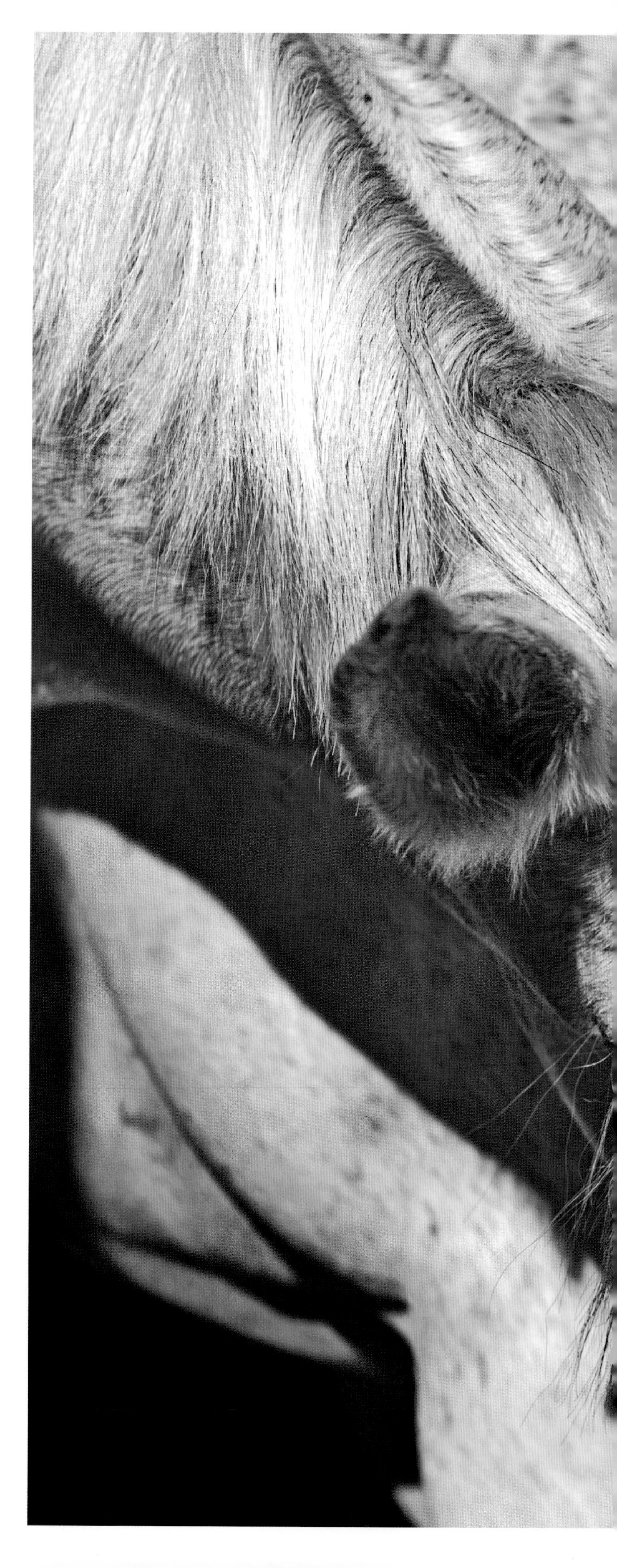

NORMAN COB

ノルマン・コブ

古代–フランス–やや希少

HEIGHT | 体高
155 〜165 cm(15.3 〜16.3ハンド)

APPEARANCE | 外見
非常に大きく魅力的な頭部に、筋肉質で引き締まったバランスの良い体つき。運動能力が高く、側対歩に優れている。原産国フランスでは尾が手綱に巻き込まれないよう伝統的に断尾していたが、現在その慣習は一般的でない。

COLOR | 毛色
鹿毛、栗毛がほとんどだが、まれに芦毛や粕毛も見られる。

APTITUDE | 適性
軽輓馬、速歩競走、乗馬。

フランス北西部のノルマンディ地域圏の西端に位置するマンシュ県はフランス馬の繁殖の中心地で、県内のサン=ローには国立種馬牧場があり、南に下るとアラ・デュ・パンという牧場もある。この2つの牧場とマンシュ県こそが、威厳あふれるノルマン・コブの生誕の地だ。

力強く敏捷なノルマン・コブの基礎となったのは、キンメリア人などの古代遊牧騎馬民族が西方へ連れ帰った中央アジアのステップ(大草原地帯)の小型馬だったと考えられている。それら中央アジアの馬たちは屈強なモウコウマを基礎として、東洋の砂漠で進化した馬との交配により洗練されたのち、ヨーロッパに広がったようだ。

当時、ノルマンディとその西に位地するブルターニュ地方に分布していたこの有能な小型馬は、やがて古代ローマの人々にも知れわたり、「ビデ(bidet)」と呼ばれるようになった。その呼び名は、「小型馬」や「ポニー」に対する愛称として古代ローマ人がつけたと言われており、このことからも、当時からこの馬が東洋の砂漠地帯に住む馬の影響により背丈が短く、がっしりとした体格であったことがうかがえる。

ビデはその後、粗野な風貌で重厚感があるローマの馬と交配され、これにより小型だが筋肉質の万能型使役馬が生まれた。この馬が基礎となってノルマン・ホースが生まれ、そこからノルマン・コブが誕生したと考えられている。そうして10世紀までにノルマンディは馬の産地として知られるようになり、その地方の農家は需要に合わせてすばらしい馬を繁殖すると評判を呼んだ。ヨーロッパで最も優秀な軍用馬とされた馬のなかにも、ノルマンディで繁殖された馬がいた。申し分のない環境で繁殖されたそれらの馬は、決して体高が高くはないが筋骨たくましく、体格に恵まれていた。

ノルマン・コブには、その発展の過程で2つの大きな転機があった。ひとつは、16〜17世紀にかけて、アラブ種や北アフリカのバルブ種との異種交配が行われたことだ。砂漠で育ったそれらの馬の血統を再び加えることにより、ノルマンディの馬には目覚ましい進歩が見られた。スピードと敏捷性が向上し、すっきりとした馬格が実現したのだ。もうひとつは、19世紀にノーフォーク・ロードスター(絶滅種)とサラブレッド、そして交雑種が交配に用いられたことだ。その結果、ノルマン・ホースの性質はさらに改善された。なかでも特筆すべきは、ノーフォーク・ロードスターから受け継いだエネルギッシュな速歩(はやあし)だ。

そんななか、1806年にサン=ローの種馬牧場が開設され、優秀な種牡馬たちが多数集められた。そうして20世紀初めまでにはノルマン・ホースは騎馬用のすっきりとした軽量馬と、筋肉をまとった馬車用の重量馬にはっきりと分かれるようになり、後者の筋肉質タイプの馬がノルマン・コブとして知られるようになった。汎用性が非常に高く、見事な速歩とあふれんばかりの存在感が魅力のこの馬は、馬車馬としてだけでなく、乗用や農用にも適していた。現在では、ノルマン・コブはさらに2つのタイプに分けられる。乗用馬に適した軽量タイプと、輓馬に向いた重量タイプだが、どちらも乗用馬としても、輓馬としても用いることができる。

こうしたはっきりとした歴史と、この馬ならではの特質を持っているにもかかわらず、そして現在も国立牧場でのみ繁殖されているにもかかわらず、ノルマン・コブの血統書はいまだに刊行されていない。そうしたこともあって、母馬がどの馬種であろうと、コブの父を持つ子はみなコブとされている。それでも今もなおこの馬はその特質を失わず、輝きを放ち続けている。

FRENCH TROTTER

フレンチ・トロッター

現代–フランス–一般的

HEIGHT | 体高
153～164cm（15.1～16.2ハンド）
APPEARANCE | 外見
頭部は大きいが形良く、横顔は直頭。頸は中程度の長さ。背の長さも並で、肩はほどよく傾斜している。尻は長く、後躯は屈強で、肢も力強く頑健。体つきは骨太でたくましい。
COLOR | 毛色
ほとんどが鹿毛、栗毛、青毛。
APTITUDE | 適性
繋駕速歩競走、乗馬。

堂々としたたたずまいが印象的なフレンチ・トロッターもノルマン・コブと同じく、ノルマンディ地域圏で誕生した馬だ。今ではこの馬は、大規模な種馬牧場だけでなく、個人のブリーダーの間でも広く繁殖されている。そうした個人のブリーダーは同時に2、3頭を所有し、訓練を積んでレースに出走させることも多い。

19世紀前半、ノルマンディのブリーダーたちは国の牧場管理局の援助を受けてイングリッシュ・サラブレッドやノーフォーク・ロードスター（絶滅種）、狩猟馬タイプの交雑種などを輸入していた。良質で洗練されたそれらの輸入馬は、体高が低くどっしりとした体格のノルマンディ産の旧種と交配された。輸入馬のなかでも特に重要な役割を担ったのがノーフォーク・ロードスターで、ノルマンディの馬にすばらしい速歩（はやあし）が備わるようになったのもその遺伝子のおかげだった。

初期のフレンチ・トロッターの発展に大きく貢献した馬も、ノーフォーク・ロードスターとサラブレッドの血統を継ぐヤングラトラー（1811年生まれ）だった。米国ではサラブレッドのメッセンジャー（1780年生まれ）がトロッターのアメリカン・スタンダードブレッド種の誕生に多大な影響を及ぼしたが、ヤングラトラーもフランスで同等の役割を果たした。つまり、コンケラン（1858年生まれ）の系統に代表されるフレンチ・トロッターの主要育種系統を確立したのだ。コンケランの子のレイノルド（1873年生まれ）と、孫にあたるフューシャ（1883年生まれ）が、初期のトロッターの繁殖に与えた影響は計り知れない。

ほかにも、馬種黎明期における重要な種牡馬として、トロッターのラヴァテル（1867年生まれ）や、ノーフォーク・ロードスターのノーフォークフェノメノン（1824年生まれ）、サラブレッドのサークイドピグテイル（1874年生まれ）とエアオブリン（1853年生まれ）の名も挙げないわけにはいかない。このように旧来のノルマン・ホースの繁殖にサラブレッドとノーフォーク・ロードスターの組み合わせを用いたことで肩の動きが改良され、新しいノルマン・ホース、つまりフレンチ・トロッターが誕生したのだ。そして彼らは、ここ100年でサラブレッドとアメリカン・スタンダードブレッドの影響を受けつつ、さらに洗練を極めた。

そんなフレンチ・トロッターは現在、非常に頑健な良質馬として知られている。特にたくましい後躯、均整がとれた体つき、そして見事なストライドが魅力だ。彼らはアメリカン・スタンダードブレッドの血統を大いに汲みながらも、側対歩ではなく斜対歩の速歩を堅持している。また非常に従順な性質で、その愛すべき特性とたくましい体格が必ず子に受け継がれることから、娯楽用のサドルホースや競技用馬の繁殖に用いられることが多い。

この馬のそうした特質を保つため、現在では公的な繁殖には基準を満たしたフレンチ・トロッターの種牡馬のみが用いられている。その基準とは、馬齢別レースの成績や、乗馬レースと馬車競走の経験に関するものだ。そして選択交配や構造的な改良を行う際には、厳選した繁殖牝馬が採用される。さらに1937年には、フレンチ・トロッターが有する唯一無二の特性を保つため、血統書から非フランス産馬が排除された（ただし、今ではフレンチ・ホースとスタンダードブレッドの交雑種の登録も認められている）。

フランスで初めて乗馬による速歩競走が行われたのは1806年で、米国で同競技が行われるようになった時期とほぼ重なる。この年、パリのシャン・ド・マルス公園で行われた乗馬による速歩競走が、フランス初の正式レースであった。フレンチ・トロッターを使ったこの乗馬競走は現在も開催されているが、今では繋駕速歩競走のほうが人気を集めている。

ORLOV TROTTER

オルロフ・トロッター

有史−ロシア−希少

HEIGHT｜体高
平均163cm（16ハンド）

APPEARANCE｜外見
大きいが形の良い頭部に、知性を感じさせる目。長くエレガントな頸はきれいなアーチを描いている。体つきは筋肉質で、き甲は抜けており、背は長くて平ら。胸は深く幅広で、後躯はたくましく力強い。肢は長く、距毛が見られる個体もある。

COLOR｜毛色
芦毛と青毛が主だが、ときおり栗毛や鹿毛も見られる。

APTITUDE｜適性
繋駕速歩競走、馬車競走、軽輓馬、乗馬。

選択交配が慎重に進められた末に誕生したオルロフ・トロッターは、凍てつく冬にも耐える、筋肉質で忍耐強い馬だ。また、先天的に歩幅が大きいが、雪の上でも足取りは安定しており、外見もエレガントで美しい。

オルロフ・トロッターの誕生とその目覚ましい発展は、優秀な馬の飼育家でもあったアレクセイ・グリゴリエヴィチ・オルロフ伯爵（1737〜1808年）の情熱と献身がなければ実現しなかった。エカチェリーナ2世（1729〜1796年）に仕えた功績により、ロシア南西部のヴェロネジに広大な土地を与えられたオルロフ伯爵は、そこにクレノフ牧場を建設した。それは、ロシア貴族向けの乗用にも馬車用にも使えるエレガントで頑強な馬を繁殖しようと考えてのことだった。具体的には、スピードとスタミナに優れ、険しい地形を長時間でも易々と進むことができる、滑らかなトロットの能力が備わった馬だ。

そこでオルロフ伯爵はまず良質馬の輸入を試み、中東からはアラブの種牡馬スメタンカなど砂漠地帯原産の馬を、ヨーロッパからはデンマーク王立フレデリクスボー牧場で誕生したデンマーク種の牝馬イザベリン（1768年生まれ）などを取り寄せた。そしてイザベリンとスメタンカの間に生まれたポルカンIという牡馬が、すばらしい働きをする。フリージアンの牝馬との間に牡のバルスI（1784年生まれ）など、良質なトロッターの子を多数もうけたのだ。そのバルスIはオルロフ・トロッターの基礎種牡馬の1頭とされているが、そのほかアラブ種のスルタンI（1763年頃生）が及ぼした影響も大きかった。

オルロフ伯爵は所有馬を厳重に管理し、決して種牡馬を売りに出さず、すべての繁殖を牧場内で行った。その繁殖には能力と体格に優れた良質の馬だけを用いて、慎重に選択交配を進めていった。ロシアに繋駕速歩競走を持ち込んだのもオルロフ伯爵であった。短期間ではあるが、オルロフ・トロッターがアメリカン・スタンダードブレッドをもしのぐ世界最速のトロッターとして君臨した時期もある。そのためオルロフ・トロッターは大変な人気を呼び、馬車用としてだけでなく競馬用としても広く用いられ、さらにドンやロシアン・ヘビー・ドラフト（ロシア重輓馬）などの品種改良にも使われた。

オルロフ伯爵は1808年に亡くなるが、牧場の繁殖プログラムは助手のヴァシリー・シーシキンに引き継がれた。しかし1831年にシーシキンが牧場を去り、オルロフの娘アナの手に経営が委ねられると、徐々に牧場の馬の品質が低下していった。また、その頃にはオルロフ・トロッターの繁殖はもはやクレノフ牧場の専売特許ではなくなり、地方全域で行われるようにもなっていた。

一方、米国ではアメリカン・スタンダードブレッドの人気が急速に高まり、スピードでもオルロフ・トロッターを完全に上回るようになっていた。こうした事態を受けて、オルロフはスタンダードブレッドと盛んに交配されるようになり、その結果としてロシアン・トロッターが新たな馬種として確立された。ただしこの馬は、オルロフよりもスピードでは勝っていたものの、品質や気品、スタミナなどの面で劣っていた。

そうしたなか、2度の世界大戦とロシア内戦（1918〜1920年）により、オルロフ・トロッターの血統は甚大な被害を受けた。それでも生き残っていた馬たちが軽輓馬として優れた能力を発揮したことで、オルロフはなんとか息を吹き返した。そして現在では、熱心な愛好家たちが高い汎用性を持つこの馬の血統を守る努力を続けた結果、頭数も少しずつだが増えつつある。

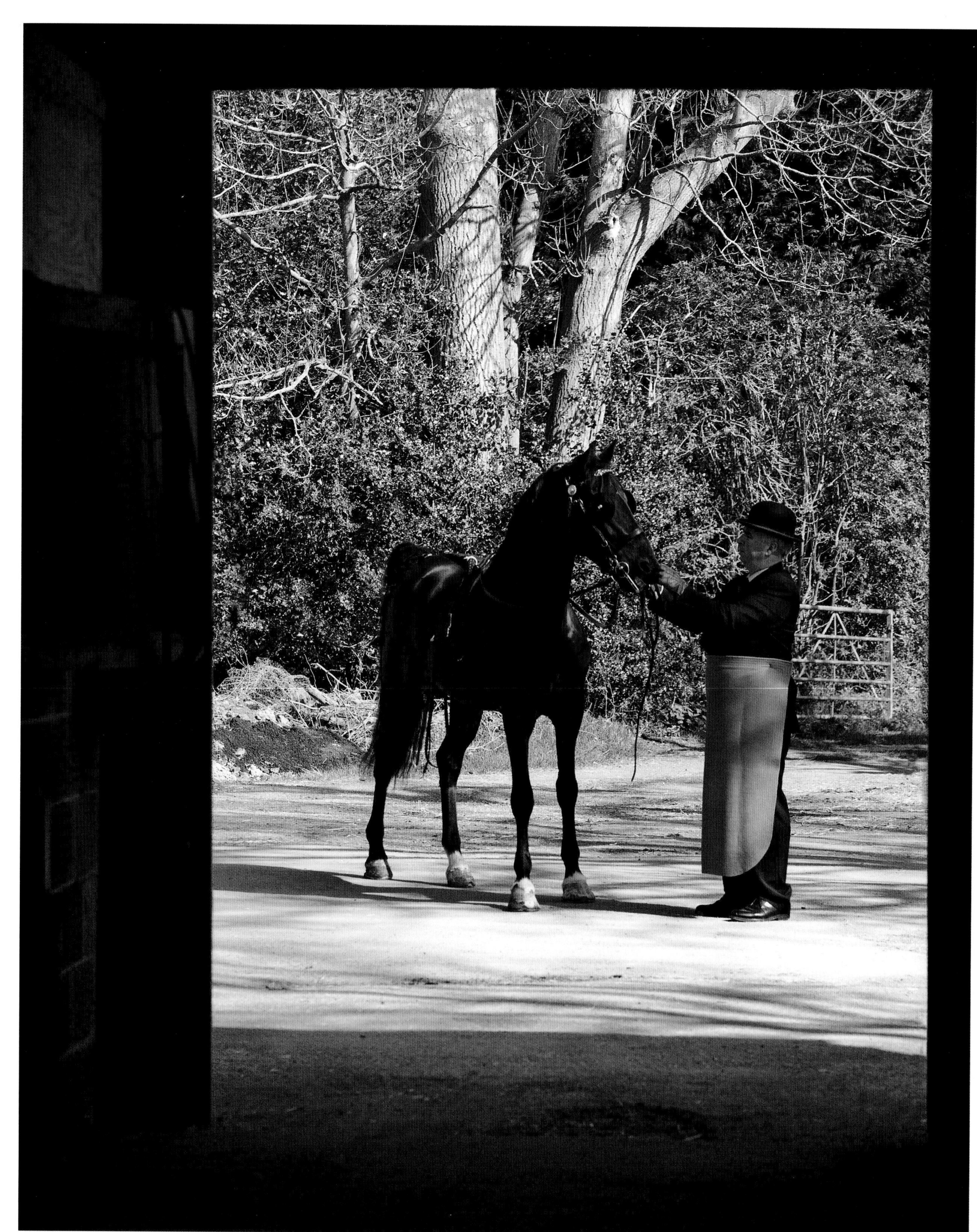

HACKNEY
ハクニー

有史－イングランド－絶滅危惧種

HEIGHT｜体高
142～155cm（14～15.3ハンド）
APPEARANCE｜外見
高い知性を感じさせるエレガントで小ぶりな頭部に、長く優美な頸。非常に引き締まった体つきで、肩は力強く傾斜している。胸は深く幅広。後躯は筋肉質で、平尻。尾付きは高く、尾を高く掲げることもできる。肢は頑強で、距毛はない。
COLOR｜毛色
鹿毛、青毛、栗毛、青鹿毛。
APTITUDE｜適性
馬車馬、馬車競走、乗馬、ショーイング。

ハクニー・ホースやハクニー・ポニーが速歩（はやあし）で馬車を引く姿は実に壮麗だ。ハクニー種の速歩はエネルギッシュかつ大胆で、きびきびと膝を高く上げる動作も人目を引く。しかし、ハクニー種はもともと乗用に作出された馬であり、現在も馬車馬としてだけでなく、優秀な乗用馬としても活躍している。

ハクニーという馬種名は、「快適な速歩を持つ軽量の乗用馬」という意味のフランス語「haquenée」に由来する。道路や競技用トラックが整備される前は、悪路でもある程度のスピードを保つことができる馬が必要とされた。そして中世の時代になると、すばらしい速歩と汎用性を持つイングランド産馬が評判を呼び、それらの馬が一般的に「ハクニー」と呼ばれるようになったのだ。

イングランドにはトロッターの産出で有名な地域が2つある。ヨークシャー・ロードスターやコーチ・ホース（いずれも絶滅種）、ハクニー種の産地であるヨークシャーと、ノーフォーク・ロードスターやノーフォーク・トロッター（いずれも絶滅種）の産地であるノーフォークだ。1700年代初め、それらのトロッターがアラブの血統により改良され、道路整備が進むにつれて華やかな外見と俊足を持つ忍耐強い馬を馬車用に繁殖する動きが見られ始めた。そうしたなか、近代におけるトロッターの発展に重要な影響を与えたのが、オリジナルシェールズ（1755年頃生まれ）だ。この牡馬は、サラブレッド三大始祖の1頭ダーレーアラビアン（1700年頃生まれ）の孫にあたる初期の有名なサラブレッド、ブレイズ（1733年生まれ）と、ハクニー種として登録されている牝馬との間に生まれた子であった。

オリジナルシェールズがもうけた子のなかでも、特に牡馬のドライバー（1765年生まれ）とスコットシェールズ（1762年生まれ）は、18世紀のノーフォーク・ロードスターの発展に大きく貢献した。また、スコットシェールズの血を汲む両親から生まれた牡馬マーシュランド（1802年生まれ）の働きも、同様に大きなものがあった。ノーフォーク・ロードスターは当時、クリーブランド・ベイとサラブレッドの交配種であるヨークシャー産の同系種よりも馬格で勝っていた。とはいえ、どちらも速歩の能力とスタミナに秀でていたことに変わりはなかった。現在のハクニー種は、このノーフォーク・ロードスターとヨークシャー産のトロッターとの交配により、19世紀前半に出現したものだ。

19世紀後半には、イングランド北西端カンブリア州に住むクリストファー・ウィルソンという人物がハクニー・ポニーを作出した。ウィルソンの目的は、ハクニー・ホースの性質とポニーの特性が同居する種を生み出すことだった。そこでウィルソンは選り抜きのフェル種の牝馬とトロッターを交配しつつ、ときおりウェルシュ種の牝馬を繁殖に取り入れた。その努力はハクニー・ポニーのサージョージ（1866年生まれ）誕生という形で結実する。ウィルソンはサージョージを用いた繁殖プログラムを慎重に進め、ついにはウィルソン（またはハクニー）・ポニーと呼ばれるポニー系統を確立させたのだった。

20世紀前半になると、そのハクニー・ポニーの人気が爆発し、世界各国へ輸出されるようになった。しかし、第二次世界大戦がこの美しい馬の運命を変えてしまう。ホースショーが激減したうえに、経済が疲弊したため上等な馬の繁殖を容易に行うことができなくなってしまったのだ。さらに戦後、自動車が普及したことにより、エレガントな馬車馬の需要が低下し、ハクニーは深刻な危機に陥った。しかし熱心な愛好家たちの努力により、数年でその美しさにさらに磨きがかけられ、現在では頭数こそまだ少ないものの、品評会では抜群の存在感を見せている。

CLEVELAND BAY

クリーブランド・ベイ

有史–イングランド–絶滅危惧IA類

HEIGHT｜体高
163～164cm（16～16.2ハンド）

APPEARANCE｜外見
愛らしく思慮深い印象を与える頭部に、大きく優しげな目と、長く立派な耳を持つ。筋肉質な頸はきれいなアーチ状。幅の広い肩はほどよく傾斜し、胸も幅広で深い。肢は筋肉質かつ頑強で、距毛はない。

COLOR｜毛色
鹿毛に黒の斑点が入る。

APTITUDE｜適性
馬車用、馬車競走、軽輓馬、乗馬、馬場馬術、障害飛越競技、狩猟。

高貴なたたずまいが特徴のクリーブランド・ベイは、在来ポニーを除くと英国で最も古い国産馬種となる。中世にヨークシャー地方のノース・ライディング北東部とクリーブランドで繁殖されたことから、この馬種名がつけられた。そこは吹きすさぶ風を遮るものがない開けた土地で、何世紀にもわたってその厳しい冬を耐え忍ぶなかでクリーブランド・ベイは非常に頑強な体と知性を身につけた。また、肢に距毛がないのも粘土質の土壌に適応した結果だ。

英国の北部地方で暮らす農家の人々は、もともと非常に屈強な万能馬を飼育していた。体高はそれほど高くはないが、どっしりと重厚感のある馬で、乗用馬や駄馬、軽輓馬、農耕馬として広く用いられていた。そうした馬たちのなかで、当時ヨークシャーの馬はチャップマン・ホース（「行商人の馬」の意）と呼ばれていた。その地方の行商人が大量の荷を載せた鹿毛の馬を連れていたことから、そう名付けられたようだ。このチャップマン・ホースは、当時ヨークシャーで盛んだった鉱業の現場でも、採鉱場から遠く離れた海岸まで重い荷を運搬できる馬として重宝されていた。

それから時を経て、17世紀にヨークシャーの在来馬と北アフリカのバルブを交配させたことで、クリーブランド・ベイの特性は発現したと考えられている。特に羊頭の横顔と全身から放つ威厳に、バルブの影響が色濃く表れている。また、国内ではイングランド内戦（1642～1651年）終結後、高級将校が所有していたアンダルシアンなどのスペイン馬がヨークシャー一帯で多く見られるようになるが、クリーブランド・ベイはそれらの馬からも大きな影響を受けた。頭部の形状、セルフキャリッジの能力、穏やかな性質は、すべてスペイン馬から受け継がれたものだ。

18世紀に入ると、さらに東洋馬と初期サラブレッドタイプの血統も加えられた。その頃にはすでに馬格がひと回り大きくなっていたクリーブランド・ベイは、有能な馬車馬としてだけでなく、乗用馬や狩猟馬としても高い評価を得るようになっていた。そして18世紀末には馬種として一定の特性が定着し、それ以降は他種からの影響を受けることはなかった。

その後、道路の整備が進み、よりスピードの出る馬車馬が求められるようになると、クリーブランド・ベイはサラブレッドと交配された。その結果生まれたのが、ヨークシャー・ロードスター（絶滅種）というすばらしい品種だ。しかし皮肉にも、ヨークシャー・ロードスターの人気が高まったことでクリーブランド・ベイは衰退の一途をたどることになり、1880年代には絶滅の危機に瀕した。そこで1884年にクリーブランド・ベイ協会（CBHS＝The Cleveland Bay Horse Society）が設立され、これをきっかけに海外から再び関心が寄せられるようになった。

そうして頭数を回復させたクリーブランド・ベイは第一次世界大戦（1914～1918年）でも活躍したが、その一方で多くの馬が戦死し、再び頭数の激減という事態に直面した。さらに、その後もこの馬を取り巻く状況は悪化の一途をたどり、1960年代には英国に4頭しか種牡馬が残されていないという事態に陥った。この危機的状況に手を差し伸べたのがエリザベス2世で、1961年に若牡馬のマルグレイブサプリームを買い取り、海外流出の危機から救った。そのマルグレイブサプリームは、純粋種とも交雑種とも交配され、1970年代には国内の種牡馬の数を36頭にまで増やした。英国王室の厩舎であるロイヤル・ミューズでその姿を見ることができるクリーブランド・ベイは、今日もなお王室の援助を受けながら繁殖が進められている。

CLEVELAND BAY | クリーブランド・ベイ

KLADRUBY

クラドルーバー

有史−チェコ−希少

HEIGHT｜体高
164～173cm（16.2～17ハンド）

APPEARANCE｜外見
広い額と大きく優しげな目、そして羊頭の横顔が特徴的。アーチ状の頸は立ち姿での角度が高く、その動きにも威厳がある。体つきは均整がとれ、肩、後躯ともに力強い。ニーアクションが大きい（膝を大きく屈伸させる）速歩を行う。

COLOR｜毛色
芦毛か青毛。

APTITUDE｜適性
馬車馬、馬車競走、軽輓馬、乗馬、馬場馬術、クラシカル馬場馬術。

チェコの歩みを象徴する威厳あふれるクラドルーバーは、同国唯一の在来種であり、現在は世界で最も希少な馬種のひとつに数えられている。1995年には「国の重要文化財」にも指定された。だが、400年というその歴史のなかで、クラドルーバーは数奇な運命に翻弄され続けてきた。

1562年、馬の繁殖農場を含むチェコ西部の広大な土地が、ハプスブルク家出身の神聖ローマ皇帝マクシミリアン２世（1527～1576年）の手に渡った。マクシミリアン２世はその地でスペイン馬を基礎とする馬の繁殖に着手し、1579年には息子のルドルフ２世（1552～1612年）が種馬牧場を新たに建設した。父と同じくスペイン馬の熱心な愛好家だったルドルフ2世は、クラドルビに建てたその牧場で６～８頭立ての祭式馬車を引くエレガントな重輓馬を作出すべく、スペイン馬とネアポリタンを交配に用いた。そうして生まれたのが、チェコが誇るこのクラドルーバーだ。その牧場は今日もなお、現存する最古の牧場としてクラドルーバー繁殖の中心的役割を担っている。

一方、マクシミリアン２世の弟、オーストリア大公カール２世（1540～1590年）も1580年にスロベニアのリピツァに牧場を建設し、ハプスブルク家にふさわしい威厳あふれる乗用馬と騎馬の作出を目指して繁殖を続けた。その結果、カール２世はクラドルーバーによく似た特徴を持つリピッツァナーを誕生させた。

芦毛と青毛のクラドルーバーに限って繁殖されるようになったのは18世紀のことで、現在もこの２色しか認められていない。昔は月毛や駁毛の発現も見られたが、馬車馬としての見栄えが重視されたため、むらのある毛色は排除されたのだ。前述したようにスペイン馬とネアポリタンを基礎として作出されたクラドルーバーは、基礎種の特徴である羊頭の美しい頭部に、堂々としたたたずまい、軽快な速歩（はやあし）、そして豊かなたてがみと尾を受け継いだ。彼らはまた、デンマークやアイルランド産の馬、ドイツのオルデンブルクの馬、チェコ産の重種の使役馬などの影響も受けている。

しかしクラドルーバーの記録はすべて、七年戦争（1756～1763年）中に焼けてしまったため、初期の歴史については詳しいことがわかっていない。それでも最も重要な系統が、現在まで残されている芦毛の系統馬であるジェネラーレ、ジェネラリッシムス、ファヴォリ、ルドルフォの４系統と、青毛の系統馬であるサクラモソ、ソロ、シグラヴィ・パクラ、ロムキの４系統であることは間違いない。

だが、青毛の系統は絶滅の危機に陥ったこともあった。1930年代に多くの馬が食肉にされ、生き残った青毛の個体は牝馬２、３頭と牡馬のサクラモソソロXXXI（のちにソロと改名）のみという状況になったのだ。この危機を救ったのがフランティシェク・ビレク教授らで、彼らは生き残った青毛の牝馬にリピッツァナーとフリージアンを交配して群れを再構築した。こうして青毛のクラドルーバーは命をつなぎ、サクラモソ系統が確立されたのだ。一方、芦毛のクラドルーバーは現在にいたるまでクラドルビの国立牧場で繁殖が続けられている。

ちなみに、青毛の馬と芦毛の馬では、繁殖方法の相違による違いが表れる。芦毛の馬は細身で背が高い軽量タイプで、スペイン馬に似た動きをするのに対し、青毛は聖職者の馬車馬として繁殖されていたこともあり、ネアポリタンの特性を受け継ぐどっしりとした馬格をしているのだ。とはいえどちらもエレガントな外見が特徴で、馬車競走に秀でているうえにレクリエーション用の乗用馬にも適し、さらに馬場馬術でも高い能力を発揮する。

DØLE GUDBRANDSDAL/COLDBLOODED TROTTER

デール・グッドブランダール/冷血種トロッター

古代−ノルウェー−一般的

HEIGHT | 体高
143 ～155cm(14.1 ～15.3ハンド)
APPEARANCE | 外見
小ぶりで角ばった直頭に、筋肉質の短い顎。肩は幅広で、背はほどよい長さ。胸は深く、後躯はきわめてたくましい。短く力強い肢には距毛が見られる。
COLOR | 毛色
青鹿毛か鹿毛が主だが、ときおり青毛や栗毛、薄墨毛、芦毛も見られる。
APTITUDE | 適性
農用馬、軽輓馬、繋駕速歩競走、駄馬、乗馬。

息を呑むほどに美しいノルウェーのグッドブランダール渓谷。取り囲む尾根から視線を下ろせば、あちらこちらに湖が点在し、肥沃な牧草地が広がっている。この渓谷は、オスロと北海をつなぐ交易路として、古くからノルウェーにおける流通の中心的役割を果たしてきた。そしてこの渓谷こそが、デール・グッドブランダール(デール・ホース)と、その近縁種である冷血種トロッター(デール・トロッター)のふるさとでもある。

デール・ホースの起源は、英国の在来ポニーであるフェルやデールズの起源と重なる。いずれも不屈の馬と称されるオランダ原産のフリージアンから多大な影響を受けて古代に発展した馬だ。デール・ホースは現在もなおフリージアンとの類似性を呈しているが、生息地の特殊性もその発展に少なからぬ影響を与えたと考えられる。広大な草原で生を受け、自らの力でたくましく成長した彼らはきわめて頑強で忍耐強く、粗食に耐える性質を身につけたのだ。

このデール・ホースは馬格のわりに馬力があるため、主に森林で使役馬や駄馬として用いられていた。また牽引力にも優れていたことから、軽輓馬や乗用馬、農用馬として使われることもあった。しかし時代が変わると、この馬の用途に変化が訪れ、やがて2つのタイプに区分されるようになった。重輓馬タイプと、軽量で俊足のトロッタータイプだ。前者は19世紀半ばまで輓馬として広く用いられていたが、競馬やそのほかの馬術競技が人気を集めるようになると、軽快な側対歩ができる後者が競走馬として重宝されるようになった。

こうした流れのなか、さらにスピードを上げるために、サラブレッドを交配に用いる取り組みが始まった。そのなかで最も大きな役割を果たしたのが、1834年に輸入されたサラブレッドの種牡馬オディン(1830年生まれ)だ。一方、重量タイプのデール・ホースも、同じくサラブレッドの種牡馬バルダーⅣ(1849年生まれ)の影響を大きく受けた。このようにサラブレッドをはじめとする軽種の血が加えられたあとも、デール・ホースはがっしりとした馬格とおとなしく穏やかな性質、そして驚異的な馬力を失うことはなかった。

だが、エネルギッシュなトロッターを求める風潮が生まれると、使役馬の需要が低下し、重量タイプのデール・ホースは衰退期を迎えた。そこでブリーダーたちは、これまで何世紀にもわたり人々に貢献し続けてきたこの馬を救おうと、再分類の取り組みに着手する。その結果、現在では重量タイプと、敏捷性の高い軽量トロッタータイプの差はかなり縮まったが、それでもなお両者はそれぞれの特性を保持し続けている。

ノルウェーでは、国が馬の繁殖を管理し、使用する種牡馬の品質に関わる法律も定められている。デール・ホースの場合はどちらのタイプもホースショーで一定の成績を収め、トロットの審査に合格した種牡馬でなければその子の血統書登録は認められない。また審査に合格しても、膝および膝下のレントゲン検査を定期的に受け、不具合が認められた種牡馬は繁殖プログラムから外される。これは、20世紀に重量タイプの保護を目的に行われた同系交配により、肢に問題を抱えた馬が数多く出現したためだ。こうした厳しいシステムのおかげで、デール・ホースの品質は保たれていると言ってよい。

同様のトロット審査などはデール・トロッターにも行われ、種牡馬は繁殖プログラムへの採用に先立ち、レーストラックで審査を受ける。そうした冷血種のトロッターによる繋駕速歩競走は、現在もノルウェーで人気を博している。

FINNISH UNIVERSAL

フィニッシュ・ユニバーサル

近代–フィンランド–一般的

HEIGHT｜体高
平均155cm(15.3ハンド)

APPEARANCE｜外見
4タイプに分けられるが、いずれのタイプも知性を感じさせる美しい頭部が印象的で、均整のとれた筋肉質な体つきを持つ。

COLOR｜毛色
栗毛が主だが、青毛、青鹿毛、粕毛も見られる。

APTITUDE｜適性
繋駕速歩競走、馬車競走、軽輓馬、農用馬、乗馬、馬場馬術、障害飛越競技、競馬、馬術競技。

フィンホースとも呼ばれる近代馬フィニッシュ・ユニバーサルは、1907年に血統書が確立されてようやく世に知られるようになった。しかし、この印象的な馬種の誕生の背景には何千年もの歴史がある。馬種名に含まれる「ユニバーサル(Universal=万能)」という語が示すように、フィニッシュ・ユニバーサルは世界で最も汎用性が高い馬のひとつだ。だが、この馬の最大の魅力はなんと言っても、馬種全体に定着したそのすばらしい気質だろう。非常に従順な性質で、与えられた仕事を献身的にこなしてくれるのだ。

厳しい冬を越さなければならないフィンランドの人々は、伝統的に馬に頼って生活し、馬と互いに助け合うなかで密接な関係を築いてきた。危険な道中には馬の背に乗り、荷の運搬や農作業、森林での作業の際にもその力を借りた。古代遺跡の調査からは、フィンランドの馬が飼い主の隣に埋葬されていたこともわかっている。時を経て近代化が進んだ都会では、消防車やタクシーを引いたり、輸送手段となったりすることもあった。実際、19～20世紀初めにかけては、何十万頭もの馬がフィンランドで使役馬として働いていた。

フィンランドには馬を用いた競技の長い伝統もある。とりわけ盛んなのが繋駕速歩競走だ。この競技は1800年代初めから行われていたという記録が残されているが、実際にはそれより前から行われていたようだ。馬を用いた古い競技のなかには氷上で行われるものもあった。これはフィニッシュ・ユニバーサルの足取りがいかに安定しているかを示す確かな証拠と言えるだろう。

そんなフィニッシュ・ユニバーサルの祖先はタルパンやその子孫、そしてモウコウマなどだと推測されているが、この馬の特徴が形成されるにあたっては、フィンランド特有の風土が及ぼした影響がかなり大きかったと思われる。厳しい環境のなか、前述したようなさまざまな役割を担ったフィニッシュ・ユニバーサルは、その過程で頑強な体と安定した足取り、そして持久力を身につけたのだ。

ただし、馬種が確立され始めた当初は非常に小柄な体型で、1630年代にフィンランドの軽騎兵隊が中央ヨーロッパ遠征にこの馬を大量に帯同したときには、そのあまりの小ささに不満が噴出したほどだった。しかし三十年戦争(1618～1648年)の際には、この小型馬が見せた不屈の精神や敏捷性、勇敢さや忍耐力に誰もが驚いたという。ちなみに体高は時を経るごとに伸び、現在ではポニーサイズのものを除くと、平均で155cm(15.3ハンド)ほどになった。これは16～17世紀にかけてフリージアンが、のちにアラブの種牡馬やスウェーデン南部の重輓馬が交配に用いられたことによる。

その歴史の初期段階で、フィニッシュ・ユニバーサルは2つのタイプに分けられた。農作業や林業、運搬に用いられる重輓馬タイプと、交通手段として用いられる軽量タイプだ。どちらのタイプも先天的なトロットの歩様を見せるが、これはのちに軽量タイプのみ強調されるようになった。

そういった目的の選択交配は19世紀になるとますます行われるようになり、1907年からは種牡馬の血統書を国が管理し、1918年には牝馬の血統書も国の管轄下に置かれることとなった。そして1970年、牡牝両方の血統書が「フィンランド馬およびトロッター協会」の管理下に入ると同時に、フィニッシュ・ユニバーサルは使役馬、トロッター、乗用馬、ポニーサイズの4タイプに分類されるようになった。そのいずれのタイプも登録前に審査を受けなければならず、このシステムが馬種の継続的な向上に貢献している。

第6章 | 驚異的な敏捷性

馬の驚異的な運動能力と敏捷性が最も発揮されるのが馬術競技だ。19～20世紀にかけて、それまで主流であった騎馬や農耕馬の需要が急落し、娯楽産業が拡大の一途をたどったことが馬術競技の発展をもたらし、ひいては多種多様な馬種の出現へとつながった。馬術競技の多くは軍隊、戦闘訓練、狩猟から起こったもので、競技馬が産声を上げたのは東洋の地であった。

最古の馬術競技は中央アジアと東アジアで誕生した。これはスピード感にあふれ、非常に激しく、きわめて危険なスポーツであった。最初に馬術競技が行われた正確な時期は不明だが、記録をたどると、2チームが目標物を奪い合う競技が行われていたこと、そして地域によって内容や形式がさまざまであったことがわかる。たとえばポロに酷似したスポーツは、紀元前6世紀にはその発祥の地とされるペルシア(現在のイラン)で行われていた。ダレイオス1世(紀元前550～同486年)が統治していた時代だ。しかし紀元前1405～同1359年にカンバ王が統治していたインドのマニプル州で、棒と球を使った騎馬スポーツがすでに行われていたという記録もある。

アフガニスタンでブズカシという残忍な競技が盛んに行われるようになったのも同じ頃だ。現在も国技として続けられているブズカシは、馬も人も死傷する危険性をはらむ、世界で最も激しい馬術競技のひとつで、何十人あるいは何百人という単位で構成される騎馬隊がボールに見立てたヤギや子牛の死骸を奪い合う(もともとは生きたヤギを使っていた)。この競技に用いられるのはきわめて敏捷性の高い強靭な牡馬で、優秀な馬は高値で取引されることになる。

競技者たちは、戦闘から派生したそれらのスポーツを通して馬術によりいっそうの磨きをかけ、その技術をまた戦闘の場で生かした。前述したように紀元前6世紀にペルシアで誕生したとされるポロはブズカシのような残忍さはなかったが、競技者に高い乗馬技術が求められるという点では共通していた。当時、ペルシアは良質馬の産地として広く知られ、特に優れたスピードと馬格を併せ持つニサイア種は人々の羨望の的であった。そのペルシアでチャウガン(chauganまたはchougan)と呼ばれ親しまれていたポロは、中東や中国、日本、チベット、インド(特にアッサムとビルマの間に位置するマニプル州)、パキスタンへとまたたく間に広がった。

そして、のちに「ボール」を意味するチベット語「プル(pulu)」からポロと名付けられたこのスポーツは、馬繁殖の黄金時代に突入していた中国の唐朝(618～907年)で爆発的な人気を呼んだ。芸術品や墓の出土品から、この時代の馬ががっしりとした体格にすらりとした肢を持っていたことがわかっており、おそらくペルシアのニサイアや砂漠地帯に住む馬(アハルテケの祖先であるトルコマンなど)、さらにはモウコウマの影響を受けたものと考えられる。

一方、モンゴルの遊牧民たちは、スピード感あふれる闘争的要素の強い初期の馬術競技を好んだ。たとえばチンギス・ハン(1162～1227年)とその家臣たちは、切断した敵の頭を転がしてポロをしたと言われている。モンゴルの馬は当時、世界一のスタミナと持久力を誇り、遊牧民の生活の軸となっていた。アジアではほかにも、ヤギや羊の頭を用いたチーム制馬術競技が行われていたようだ。ルールもほとんど確立されていないそれらの野蛮なゲームには、俊敏で持久力のある頑強な小型馬が不可欠であった。

やがてポロはインドとパキスタンでも盛んに行われるようになったが、パキスタンのギルギットでは現在も古代のゲーム形式を反映した壮絶なゲームが行われている。その舞台となるのが標高4000メートル近い高地、シャンドゥール峠に設けられた石塀囲いの細長いフィールドだ。「天国と地獄の分かれ目」との異名をとるその峠にたどり着くには、急勾配の小道を9～13時間ほど4輪馬車に揺られ、さらに最長5日間も馬に乗って山を登り続けなければならない。西洋の近代ポロでは、7分間のピリオド[訳注:この区切りを「チャッカー」と言い、1試合で6チャッカー行う]ごとにポニーを替えることができるが、シャンドゥールのポロでは1時間の試合を通して、5日間かけて峠を登ってきたそ

の馬1頭を使い続ける。それでも馬は驚異的なスタミナを発揮し、機敏に動いては果敢に戦う。なかでもインドのプンジャーブ州やアフガニスタン北部で繁殖された馬が優秀だと評判を呼んでいる。

ムガル帝国を建設したムハンマド・バーブル（1483 ～1530年）もポロの熱心な愛好家で、16世紀に国内の富裕層にポロを流行させた。その後、バーブルの孫にあたるアクバル大帝（1542 ～1605年）がひとつのスポーツとしてルールを定め、アーグラに建設した巨大な厩舎でポロ用の敏捷な小型ポニーの繁殖を開始した。しかし18世紀の半ばになり、ムガル朝が衰退すると、それと足並みをそろえるようにインドでのポロ人気も下火になる。それでもアッサムやマニプルなどの僻地では、独自のルールのもと、富裕層に限らず庶民も楽しめるスポーツとして根強い人気が続いた。その地方のポロにはマニプル産ポニーが用いられ、19世紀に英国人の一行が初めて目にしたのもこの地域のポロだった。

その英国人というのは、紅茶のプランテーションを建設するためにマニプル州のカチャー渓谷を訪れたベンガル軍のジョセフ・シェラー中尉らで、1857年のことだった。初めてポロの試合を目撃したシェラー中尉は、このスポーツにすっかり心を奪われ、1859年にカチャーにヨーロッパ発のポロ・クラブ（シルチャー・ポロ・クラブ）を設立した。さらに、現存する世界最古のクラブであるカルカッタ・ポロ・クラブ（1863年創設）が発足したのも、シェラー中尉による献身的な努力によるおかげだ。そんな彼が「ポロの父」と呼ばれているのも、なんら不思議ではない。

そうしてこのスポーツは英国にも伝わり、1869年に同国で初の試合が行われた。そのときに使われたのは、小型のサラブレッドにアラブやバルブを掛け合わせた英国産ポニーだった。そして1870年代になると、ポロはオーストラリアや南北米大陸へも広がり、現在ではそれぞれの国がポロ・ポニーの繁殖を手掛けている。

中央アジアと東アジア発祥の馬術競技はほかにもある。そのひとつが、危険な地形を舞台にイノシシを高速で追うピッグ・スティッキングというスポーツで、これは3000年前から行われていた「槍を用いたイノシシ狩り」から発展した。ピッグ・スティッキングに用いられる

のは、非常に勇敢で敏捷性が高く、果敢に獲物を追いつつも形勢が変われば瞬時に身を引くことができる賢い馬だ。英国の将校たちは、18世紀の終わりにインドでピッグ・スティッキングに遭遇してからというもの、第二次世界大戦で下火になるまでこのスポーツに情熱を注いだ。その一方でスペインとアルゼンチンでは現在もこのスポーツが盛んに行われており、闘牛で活躍するスペインやポルトガル産の馬が高い能力を発揮している。

かたや障害飛越競技や総合馬術競技、スティープルチェイスなどの近代スポーツは、英国とアイルランドの狩猟から発展した(ただし、歴史的に見ると軍事的要素も色濃い)。英国では都市化の拡大とともに開けた土地が減り、住宅や農場あるいは牧場の建設のために森林が次々と切り開かれた結果、野生の動物が減少する一方で、家畜を襲うキツネが蔓延し、それが新たな狩りの対象となった。また、土地の区画化によって敷地が塀や柵で囲われるようになると、馬たちにはそうした障害物を飛び越えることも求められるようになった。そういった流れのなかで18世紀に誕生した障害飛越競技が、スティープルチェイスだ。

このスティープルチェイス以外で初めて障害飛越競技が公式に行われたのは、1865年の王立ダブリン協会(作物や家畜の品種改良の研究を行う団体)主催のショーにおいてで、そのときには「高跳び」と「幅跳び」の競技を基礎として、通常は狩猟場で行われるクロスカントリー競技が競技場内で行われた。当時の馬は軍事的役割が大きく、競技者もほとんどが軍人だったが、一般市民の参加もあった。その翌年には、パリでも障害飛越競技が行われている。

そうしたなか、19世紀の乗馬界に最も大きな影響を与えた人物の1人が、「前方騎座」を考案したイタリアの騎兵将校フェデリコ・カプリッリ(1868 ～1907年)だ。西洋では古くから不自然な体勢を人為的に馬に強いる馬術が主流であったが、カプリッリは高速で乗馬する場合、短い鐙を用いて鞍よりも前方に姿勢を傾け、馬の重心移動に合わせて騎乗者が自らバランスをとることの有効性に目をつけた。彼が提唱する馬術が世界に浸透するまでには多少の時間がかかったが、イタリアの騎兵学校が海外の軍事学生を受け入れたことにより、徐々に普及していった。

そのイタリアの学校で学んだ1人に若い米国人騎兵将校もおり、カプリッリの前方騎座を自国に持ち帰った。そしてそれが、1909年に米国のナショナル・ホースショー内で開催された第1回ネイションズ・カップにつながる。現在、世界で最も古く、最も誉れ高い障害飛越の団体競技として知られる大会だ。今では一般市民の参加も認められているが、当時は各国の軍人騎手が参加して障害飛越の腕を競った。オリンピックでも、障害飛越競技は1900年のパリ大会で初めて種目として採用され、さらに1912年のストックホルム大会では障害飛越競技、馬場馬術、総合馬術の3競技が公式種目となった。とはいえ第二次世界大戦が終わるまでは、障害飛越競技は騎兵たちのスポーツであった。

1921年になると国際馬術連盟(Fédération Equestre Internationale)が設立され、馬術競技の世界共通ルールも定められた。そして2年後の1923年には、英国における障害飛越競技の運営組織として、英国障害飛越競技協会(British Show Jumping Association。現在はBritish showjumpingと改称)が設立された。一方、米国では1918年にすでに米国ホースショー協会(American Horse Shows Association)

が設立されており、同協会は1933年に米国馬術連盟(United States Equestrian Federation)として再編成されている。

総合馬術競技の発展に寄与したとされるのはフランスの騎馬隊で、彼らは1902年にパリ郊外で4種目からなるシャンピオナ・デュ・シュヴァル・ダルム(Championnat du Cheval d'Armes)と呼ばれるイベントを開催した。これは軍用馬のための競技で、馬場馬術、スティープルチェイス、30マイル(約48km)競走、障害飛越競技を通して持久力や従順性、敏捷性やスピードなど、馬のあらゆる能力を審査するものだった。このようなイベントはもともと「ミリタリー(軍事訓練)」と呼ばれていたが、のちに総合馬術競技として広がった。

総合馬術競技は前に述べたように、1912年のストックホルム・オリンピックでも公式種目となったが、そのときには5日間にわたって競技が行われ、軍人が自らの所有馬か軍に所属する馬を用いて参加した。競技1日目に行われたのは、33マイル(約53km)を4時間で走り切る持久力審査と、クロスカントリーによる耐久審査で、2日目には休息日があてられた。3日目はスピード審査のスティープルチェイスで、続く4日目は障害飛越競技、そして最終日には馬場馬術競技で調教度が審査された。なお、オリンピックのこの種目に参加できるのは、1952年のヘルシンキ大会までは騎兵隊将校の男性のみだったが、それ以降は一般の男女も参加できるようになっている。

総合馬術には豊富なスタミナとスピード、そして敏捷性が求められるため、当初はサラブレッドもしくはその血統が濃い馬が最適とされた。しかしやがて、ホルスタインやセル・フランセ、ベルギー温血種、オランダ温血種、アイリッシュ・スポーツ・ホースなどの温血種が競技の上位を独占するようになっていく。これには馬の市場の変化が大いに関係していた。第二次世界大戦後、騎馬や使役馬の需要が著しく低下する一方で、娯楽産業における馬の人気が向上し、一般市民も馬術競技に参加したり乗馬を楽しんだりするようになった。こうした変化を受けて、ブリーダーたちはこぞってさまざまな温血種の量産に着手する。その温血種の繁殖の基礎となったのは年老いた軍用馬や使役馬だったが、綿密に計算された繁殖プログラムを長期的に継続した結果、トップクラスの競技馬が次々と誕生したのだ。ちなみに温血種とは、サラブレッドまたはアラブ種の血統にほかの馬種を交配させた軽種馬のことを言い、障害飛越競技や馬場馬術で高い能力を発揮するコンチネンタル・スポーツ・ホース(ヨーロッパ大陸原産の競技馬)として知られる。

現在成長著しい馬場馬術競技は古代ギリシャで起こり、その動きは何世紀にもわたり軍用馬の訓練に取り入れられてきた。その一方で、騎兵や狩猟とはまったく別の分野から発展した馬術競技もある。たとえば南北米大陸やオーストラリアでは、馬上から行う伝統的な牧畜作業をもとに、さまざまな馬術競技が誕生した。

なかでも有名なのが、オーストラリアン・ストック・ホースやウェラー種を用いたキャンプドラフティング(牛などの動物の群れから1頭を引き離し、コースに沿って誘導する)や、米国とカナダで行われているカッティング(牛の群れから1頭だけを切り離す)、ローピング(投げ縄)、ステアレスリング(牛の頸をひねって引き倒す)、ペニング(群れのなかから指定した牛を囲いに追い込む)などの競技だ。こうした競技では騎手の牧畜技術と馬の能力が同時に試されるが、ペニングには特にアメリカン・クォーター・ホースとカナディアン・カッティング・ホースが秀でているというように、馬種による特性も大きくものを言う。

MANIPURI

マニプリ

古代—インド—希少

HEIGHT｜体高
112～132cm(11～13ハンド)

APPEARANCE｜外見
凹状あるいは羊頭の横顔に、アーモンド型の大きな目。やや湾曲した耳は機敏に動く。頸は緩やかなアーチ状で、き甲は抜けており、肩は傾斜している。胸は深く、背は筋肉質。斜尻で、尾付きは高い。肢は頑丈でたくましい。

COLOR｜毛色
ほとんどが濃淡の鹿毛だが、芦毛、栗毛、青鹿毛、駁毛なども見られる。

APTITUDE｜適性
乗馬、ポロ、馬術競技。

インド北東部に位置するマニプル州は、東西南北をそれぞれミャンマー、アッサム州、ミゾラム州、ナガランド州に囲まれている。点在する渓谷、起伏のある丘、開かれた平地の美しさから「宝石の地」との異名を持つここマニプルで、マニプリあるいはメイテイ・サゴルとも呼ばれる世界最古のポロ・ポニーは産声を上げた。

マニプリの誕生に関する記録は残されていないが、この馬は地方の神話や伝説にたびたび登場する。そのなかでマニプリは、最高神アティヤ・シダバの息子アシバが創造した空飛ぶ馬、シャマドン・アヤングバの末裔だとされている。また、生物と豊穣と進化の神を崇めるメイテイ族の「ライハラオバ」という祭りとも関わりが深い。

数々の伝説のなかで最も有名なのは、そのメイテイ族に伝わるアシバとアパンバの兄弟にまつわるものだ。そこでは次のような内容が語られている。人間を創造し、農業の知恵を授けたアパンバに嫉妬したアシバが、その邪魔をしようと企て、翼を持つ馬、シャマドン・アヤングバを差し向けた。しかしアヤングバはアパンバに捕らえられ、罰として翼を切り落とされたあと、家畜として人間の手に渡る。そうして人間の世界で生きるようになったアヤングバから生まれた馬が、現在のマニプリの祖先となった——。なお、翼を切り落とされる前のアヤンバの小像は、馬に関わりの深い森の神「マージン神」(シヴァ神の化身とされる)を祀るヘインガング村の寺院でも見ることができる。

マニプリとポロ、そしてマニプル地方は、それぞれが歴史のなかで密接に絡み合い、数々の伝説をつむいできた。一般的には、ポロは紀元前6世紀のペルシアで誕生したとされているが、古代経典の『ポロ規定(Kangjeirol)』には、紀元前1405～同1359年までマニプルを統治したカングバ王が、杖を器用に操って竹の根を転がす技を地方の祭りで披露したのがポロの始まりだと明記されている。カングバ王は祭りの翌日、小型のポニーに乗ってこの技を習得するよう家臣に命じたという。

このスポーツは、マニプル地方の言葉でポニーを指す「サゴル(sagol)」と、「カングバの杖」という意味の「カングジェイ(kangjei)」の2語を組み合わせ、サゴル・カングジェイと名付けられた。それから十数世紀が経過した紀元33年には、ンゴンダ・ライレン・パカングバとライサナの結婚を記念して、ポロの試合が行われたとの記録も残されている。その後もサゴル・カングジェイの人気は続き、16～19世紀のムガル朝の時代に全盛期を迎えた。

めまぐるしく展開するポロの試合を戦うには、機敏で技能の高いポニーが必要であった。そうした能力は騎馬に求められる能力とも重なったため、優秀なポロ・ポニーであるマニプリは、やがて地方の騎兵隊の中枢としても活躍するようになった。俊敏さと粘り強さを併せ持ち、小柄な体型にもまったくハンディを感じさせないマニプリには、人々から惜しみない称賛の声が集まった。しかしそんなマニプリも、発展の過程においては戦争による間接的な影響を受けた。マニプル地方の兵士たちが、ビルマ(現在のミャンマー)のシャンや、モウコウマなどを戦利品として、あるいは捕獲して次々と地元に持ち帰ったのに加えて、タタール人もモンゴルから馬を持ち込んだため、そうした外来種としばしば交配されるようになったのだ。たとえばシャンは、マニプリとの共通点も多くあったが、マニプリよりも馬格が大きかった。

さらに1859年には、英国政府が1頭のアラブの種牡馬と8頭の牝馬をマニプル地方に送り込んだことにより、マニプリに新たな血統が加わることになった。それ以降もアラブの輸入は細々ながらも続けられ、20世紀初めには熱心なポロ愛好家で、ホース・スポーツの普及に情熱を注いだチュラチャンド・シング大王（1891〜1941年）も自らアラブ種を2頭輸入している。その後、第二次世界大戦中には陸軍の馬調達部が持ち込んだオーストラリアのウェラーの血統も加えられたが、アラブから受けた影響を凌駕することはなかった。

現在のマニプリもそれほど体高は高くないが、体全体に優美さをまとっている。筋肉が発達した非常にたくましい馬であり、そのコンパクトな体つきからは想像もできないほどの驚異的な力を秘めている。毛色は基本的に濃淡の鹿毛だが、ほかにも芦毛、栗毛、青鹿毛、粕毛、青毛など14種類の毛色が認められる。横顔はアラブから受け継いだ凹状と、モウコウマの影響を感じさせる羊頭の両方が見られ、いずれもアーモンド型の大きな目を持つ。

しかしマニプリの最大の特徴は、ポロの試合でいかんなく発揮される傑出した持久力と敏捷性だ。西洋で行われるトップクラスのポロの試合では、ゲーム展開の速さを考慮して7分間のチャッカーごとに馬を交替することができるが、マニプル地方で行われるポロでは試合の途中でポニーを替えることはない。このことからも、マニプリがいかに強靭なスタミナの持ち主であるかがわかるだろう。ちなみに、ポロ用ポニーの体高には当初、「マニプリの最高体高である13ハンド（132cm）以下」との制限が設けられていたが、その後上限が引き上げられ、やがては制限自体が完全に廃止された。

西洋人が初めてポロとマニプリに出会ったのは、1857年に英国の兵士と民間人が紅茶のプランテーションの建設のために、マニプル州のカチャー渓谷を訪れたときのことだった。それまでポロはマニプル地方独自の娯楽として親しまれ、村のチーム同士で試合が行われていた。このスポーツを初めて目にしたベンガル軍のジョセフ・シェラー中尉らは、その魅力にすっかり心奪われ、1859年にはカチャーにヨーロッパ初のポロ・クラブ（シルチャー・ポロ・クラブ）を設立した。そして1869年になると英国でも初めてポロの試合が行われ、間もなくオーストラリアや南北米大陸にも広がっていった。

そうしてポロの人気が高まっていくと、マニプリは引く手あまたとなり、国外へ大量に輸出されるようになった。その結果、現地の頭数が著しく減ってしまい、最終的には輸出が禁止されたが、現在もなお頭数は減り続けている。これは故郷の都市化が進み、生息地が失われたことが原因である。

驚異的な敏捷性 | OUTSTANDING AGILITY

POLO PONY

ポロ・ポニー

有史–英国/オーストラリア/米国/アルゼンチン–一般的

HEIGHT | 体高
155cm(15.3ハンド)以下(体高制限はない)
APPEARANCE | 外見
概して小型でエレガントであり、均整がとれた体つき。全体的に筋骨たくましく頑健で、肢の骨も強く、蹄は堅牢。
COLOR | 毛色
あらゆる毛色が認められる。
APTITUDE | 適性
乗馬、ポロ、ショーイング、馬術競技。

ポロ・ポニーというのは品種名ではなく馬のタイプ名であり、国や地域によって異なる馬種を用いて、さまざまな系統が繁殖されている。なかでも繁殖が盛んに行われているのが、アルゼンチン、北米、オーストラリア、そして英国だ。このように繁殖地が世界に散在しているにもかかわらず、どの系統も激しいスポーツをエネルギッシュに戦う特性は共通して保持し続けている。

ポロ・ポニーは高い知性と敏捷性を持つことで知られる、非常に優れた馬だ。馬格は中程度だが、スピード、運動神経、持久力に秀でている。筋肉質な肩と幅広の胸、力強い背と頑強な後躯が、この馬の何よりの魅力だ。肢も力強く、関節と骨の連結がしっかりとしている。また、たてがみはそぎ落とし、尾を編み上げて縛るが、これは競技中に毛を道具に巻き込まないようにするための処置である。

1857年にインドのマニプル州でポロを初めて目にした英国の兵士たちは、すぐにこのスポーツの虜になった。そして1869年、ハンプシャー州アルダーショットの10期軽騎兵将校たちが英国で初めてポロの試合を行い、その3年後にはウェールズ南東部のモンマスシャーにてポロ・クラブが発足する。そうして1874年までには、ハーリンガム・クラブ(大英帝国のポロ本部として1939年まで運営を続けた)の尽力によりポロはスポーツとして確立され、1875年にはハーリンガム・ポロ委員会がイングランド式ルールを制定、さらにその翌年、英国におけるポロ・ポニーの体高制限を142cm(14ハンド)と定めた。同委員会は1925年にハーリンガム・ポロ協会と名称を改め、英国やアイルランドなど27カ国の統括機関として現在も活動を続けている。

英国は、西洋で初めてポロに特化したポニーの繁殖を手掛けた国でもあった。英国在来のポニーであるダートムアやウェルシュ、ニュー・フォレスト、コネマラなどに、小型のサラブレッドやアラブ、バルブを交配させ、サラブレッドの優雅さとスピード、そして在来ポニーのスタミナと活力と敏捷性を保持するポニーを作出したのだ。

そうした流れを受けて1893年にはポロ・ポニー血統書協会が設立され、翌年刊行の血統書第1巻には57頭の牡馬と316頭の牝馬が登録された。ただし、その記念すべき種牡馬登録第1号は、アラブ種を用いて交配された米国生まれのポニーだった。ともあれ、この協会は発足からわずか1年足らずで海外でも認知されるまでに成長し、こうして英国生まれのポロ・ポニーは順調に市民権を得るようになっていった。

同じ時期の1895年、ポロ・ポニーの体高制限は144cm(14.2ハンド)に引き上げられた。それでも血統書協会は体高をそれ以下に抑えるのに苦慮し、1919年にはついに英国産ポロ・ポニーの体高制限が廃止されるにいたった。すると、サラブレッドを交配に用いることが増え、ポニーの大型化が進んだ。だが、こうした方向転換がポロ・ポニーから「ポニー」としての本来の性質を奪い、現代のポロ・ポニーにいたってはほとんど名ばかりの状態となった。

しかしその一方で英国ポニー協会(1913年にポロ・ポニー血統書協会から改称)では、このような状態になる頃には在来種の保存と改善、そして万能型乗用ポニーの作出という目的のもと、ポロ・ポニーよりも在来のポニーに重点を置いた交配計画に着手するようになっていた。そうしたポニーは現在、ショーイングや馬車競技で大いに人気を集めている。

スポーツとしてのポロは、英国で初めて試合が行われてから間もない1870年代にオーストラリアや南北米大陸にも広まり、すぐに人気を博した。正確な時期は定かではないが、オーストラリアでは

1880年代にはすでにヴィクトリア州のウェスタン・ディストリクトと南オーストラリア州でチームが創設され、現在にまで続く熾烈な戦いが繰り広げられていた。そうした初期の頃にオーストラリアで使われていたのは国産のウェラーや、ウェラーにアラブまたはサラブレッドを掛けた交雑種だった。そのウェラーは1940年代まで多数、英印軍に輸出され、マニプリをはじめとするインド原産馬との異種交配に用いられて、そこからポロ・ポニーも誕生した。また、オーストラリアン・ストック・ホースとサラブレッドの交配により、オーストラリア産ポロ・ポニーも誕生している。現代のオーストラリアのポロ・ポニーも、サラブレッドから大きな影響を受けている。

一方、米国では、1876年に英国ハーリンガム・クラブで行われたポロの試合を観戦し、たちまち魅了された新聞界の重鎮ジェームズ・ゴードン・ベネットが、帰国するとニューヨーク5番街39丁目のディッケルズ乗馬アカデミーで同国初のポロの試合を主催した。同じ年には、米国初のクラブであるウェストチェスター・ポロ・クラブも設立された。このクラブは現在、ロードアイランド州ニューポートに本拠地を構えている。さらに1886年には、現在では最も権威ある国際ポロ・イベントのひとつとなっているウェストチェスター・カップが開催され、ウェストチェスター・ポロ・クラブが英国のクラブと初めて国際試合を戦った。

北米における初期のポロ・ポニーは、小型のサラブレッドにアメリカン・クォーター・ホースから派生した使役馬や牧畜用馬を交配して繁殖された。この交配により、敏捷性と加速力、持久力と知性に優れた小型馬が誕生した。その一方で、アルゼンチンなど南米から取り寄せた馬もサラブレッドとの交配に盛んに用いられた。そして1916年に米国で体高制限が廃止されると、前述したように英国でもその3年後に体高に関するルールが撤廃され、ポロ・ポニーは大型化の道を歩むことになった。

今やトップクラスのプレイヤーとポニーを輩出するまでになったアルゼンチンには、英国からやってきた技術者と牧場経営者たちによってポロは持ち込まれた。この国の新聞にポロが初めて登場したのは1874年、複数のレースとスティープルチェイス、ポロ3試合が行われたアズール・イングリッシュ・レース・ミーティングというイベントについて書かれた記事だった。同紙は翌年、イングランド人所有のブエノスアイレスの牧場で行われた"南米初"の大会も記事にしている。

アルゼンチンではその後1888年にブエノスアイレス・ハーリンガム・クラブが設立され、その翌年には同クラブによって初のトーナメントが開催された。そして1893年、ブエノスアイレスのパレルモでアルゼンチン・ポロ・オープン・チャンピオンシップが初めて開催される。現在も続くこの大会は前述したウェストチェスター・カップと同じく、世界で最も権威あるポロ・イベントのひとつとして知られ、パレルモの競技場は「ポロの大聖堂(カテドラル)」と呼ばれている。

ポロが上陸して以来、アルゼンチンの人々はこのスポーツを熱烈に愛し、その熱狂ぶりは今もなお変わらない。乗馬の伝統が息づくこの国は、現存の使役馬で最強を誇るアルゼンチン・クリオージョをはじめ、あらゆる分野に傑出した馬を数多く世に送り出してきた。クリオージョはアルゼンチンにおける初期のポロ・ポニーの基礎をつくった馬でもあり、その血統は現代のアルゼンチン・ポロ・ポニーにも脈々と受け継がれている。

アルゼンチンのブリーダーたちはその後、国産馬のスピードを強化するために、クリオージョとサラブレッドの種牡馬の交配を開始した。その結果、優れた加速力を持ちながら、クリオージョの特性である高い持久力と頑強さを受け継ぐ良質のポロ・ポニーが誕生した。アルゼンチンのポロ・ポニー・ブリーダーズ協会が発足したのは1984年と比較的最近のことだが、徹底した血統情報の管理と綿密に計算された繁殖活動により、その良質のポニーであるポロ・アルゼンティーノ種は確立されたのだった。

質の良いポロ・ポニーの繁殖には高い技術と深い知識が求められる。また、トップレベルに分類されるポニーには牝馬が多いのだが、それを繁殖馬として用いるためにはポロ・ポニーとしてのキャリアを早々に切り上げさせなければいけないジレンマもあった。しかしそんな問題も、胚移植の導入により解消された。トップクラスの牝馬はポロ・ポニーとしての活動を継続し、別の牝馬が代理母として体内で胚を育てるのだ。そして現在もなおアルゼンチンと米国の両国では、ブリーダーがより良い選択交配を行えるよう、繁殖の血統やパフォーマンスの記録などの詳細な登録を通して、優れた種畜を輩出するパターンを確立する努力が続けられている。

WOOF WEAR

AUSTRALIAN PONY

オーストラリアン・ポニー

近代－オーストラリア－一般的

HEIGHT｜体高
142cm以下(14ハンド以下)

APPEARANCE｜外見
美しい頭部に、広い額と大きな目。小さな耳はよく動く。頸は均整のとれたアーチ状で、たてがみの生え際がくっきりしている。肩は傾斜しており、き甲はよく抜けている。背は力強く、尻は筋肉質。

COLOR｜毛色
芦毛が主だが、あらゆる毛色が認められる。

APTITUDE｜適性
乗馬、ショーイング、馬場馬術、ポロ、障害飛越競技、総合馬術、ウェスタン乗馬、馬術競技。

世界屈指の良馬産出国として知られるオーストラリア。だが、この広大な土地にはもともと在来馬は存在していなかった。ここへ初めて馬がたどり着いたのは1788年、南アフリカのケープタウンから食料や生活必需品を積み込んだ英国植民船団「ファースト・フリート」が、ニューサウスウェールズに植民地を建設すべくやってきたときのことだった。

オーストラリアの馬の黎明期を支えたのは、インドや南アフリカ、ヨーロッパ大陸、そしてオーストラリア大陸の北部に位置するティモール島、スンバ島、スンバワ島などのインドネシアの島々からやってきた輸入馬であった。そうした馬たちにはさまざまなタイプがいたが、どの馬も共通して粘り強さを備えていた。なかでもヨーロッパと南アフリカの馬たちは、長く困難な航海を乗り越えてやってきただけあって非常に頑強で、長旅の直後からまったく異なる気候条件にもすばやく順応し、精力的に働いた。

オーストラリアにやってきた初期のポニーも、馬と同様に使役馬として用いられた。オーストラリアン・ポニー誕生の礎を築いたのは、頑強で用途が広く、体も肢も丈夫なそれらのポニーだった。そのなかにはティモール島の屈強な小型のポニーや、スンバ島とスンバワ島出身の洗練されたサンダルウッド・ポニーも含まれていた。インドネシア出身のそれらのポニーは、中央アジアの原始馬(モウコウマやモウコノウマ、タルパンなど)から派生し、のちにアラブとバルブから影響を受けて進化を遂げた種であった。

そうしたインドネシア産ポニーが輸入されるようになったのは1803年のことで、最初のポニーはティモール島からオーストラリア南東部のシドニー・コーブにやってきた。そして1831年にアジアとの主要貿易窓口としてコバーグ半島のポート・エッシントン(オーストラリア北部の準州ノーザンテリトリーに位置する)が開かれると、ティモール島以外のインドネシアの島々からも、移住者に連れられて多くのポニーが渡ってくる。だが、この地は1849年に放棄され、その過程で解放され野生化したポニーたちは自然交配を繰り返した。そうしたポニーたちは、やがてはブランビーと呼ばれる再野生化馬の群れに加わったと考えられている。

同じ頃、インドからのアラブ種に加えて、イングランドからもさまざまなポニーが輸入されるようになっていた。シェトランド、ウェルシュ・マウンテン(セクションA)、コブタイプのウェルシュ・ポニー(セクションC)、エクスムア、ハクニー・ホースとハクニー・ポニー、ハンガリアン・ポニーなどだ。それらの馬は、小型サラブレッドとインドネシア産ポニーとともに、現代の美しいオーストラリアン・ポニー誕生の礎を築いた。そして19世紀半ばに使役馬に特化した繁殖計画が確立され、持久力と従順性に優れた頑強な馬の作出が目下の目標となった。

そうした流れを受けて1931年になると、オーストラリアのポニーの血統と育種系統の登録を行うオーストラリアン・ポニー血統書協会(APSB = Australian Pony Stud Book Society)が設立される。当初はシェトランド、ハクニー、オーストラリアン・ポニーの3馬種のみが対象となっていたが、1950年にはウェルシュ種のセクションA～Dもすべて対象となり、その後さらにニュー・フォレスト、ハイランド、ダートムア、コネマラも追加され、1995年にはフィヨルドも対象となった。今日では、APSBはオーストラリア原産のポニーを含む9種のポニーの登録に加えて、APSBが認定した乗用ポニーと交雑種の登録も行っている(ただし1960年以降、APSB登録のウェルシュ種セクションAおよびセクションBの交配種以外の血統は、オーストラリアン・ポニーの血統書からは排除されている)。

APSBが1936年に刊行した血統書第1巻には、協会発足以前に確立されたポニー種に大きな影響を与えた種畜のリストも参考資料として掲載され、そこにはオーストラリアン・ポニーの誕生に貢献した国産ポニーがウェルシュ種のセクションAまたはセクションCに起源を持つことも明記されている。

そのリストに挙げられている牡馬の8頭のうち7頭と牝馬1頭は、19世紀後半～20世紀前半にかけて輸入されたもので、なかでも1910年に輸入されたウェルシュ種セクションAの牡馬ディオルグレーライト(1900年生まれ)と、1909年に輸入されたセクションCのリトル・ジム(1906年生まれ)がオーストラリアン・ポニーの誕生に大きな影響を与えたとされている。世界で最も美しいポニーと称されるディオルグレーライトは、ウェルシュ・マウンテン・ポニー(セクションA)の基礎となったアラブ種の子孫、ディオルスターライトの子であった。そんなディオルグレーライトは、ウェルシュ種繁殖の権威であり、APSB設立にも多大な貢献をしたアンソニー・ホーダーンの手によりオーストラリアに輸入された。

そのほか、サーカス団とともにオーストラリアにやってきたと言われるハンガリアン・ポニーのボニーチャーリー(誕生年不明)と、2頭だけ輸入されたエクスムア種のうちの1頭、サートーマス(もう1頭はデニングトンコート)がもうけたタムオシャンター(1882年生まれ)も、オーストラリアン・ポニーの種牡馬として重要な役割を果たしたと言われている。さらに、ウェルシュ・マウンテン(セクションA)とアラブの血が流れるロウリンシルバーチーフ(1947年生まれ)とバロリンフェルカ(1957年生まれ)も、オーストラリアン・ポニーの発展に大きく貢献した。

良質のオーストラリアン・ポニーに備わるリズミカルで滑らかな歩様は、ウェルシュ・マウンテンとアラブの両方の血統を継ぐそれらの馬たちによって出現した特性と言っていい。そしてそういった彼らの魅力は、1979年に設立されたオーストラリアン・ポニー・オーナー・ブリーダー協会により世に広められることとなった。

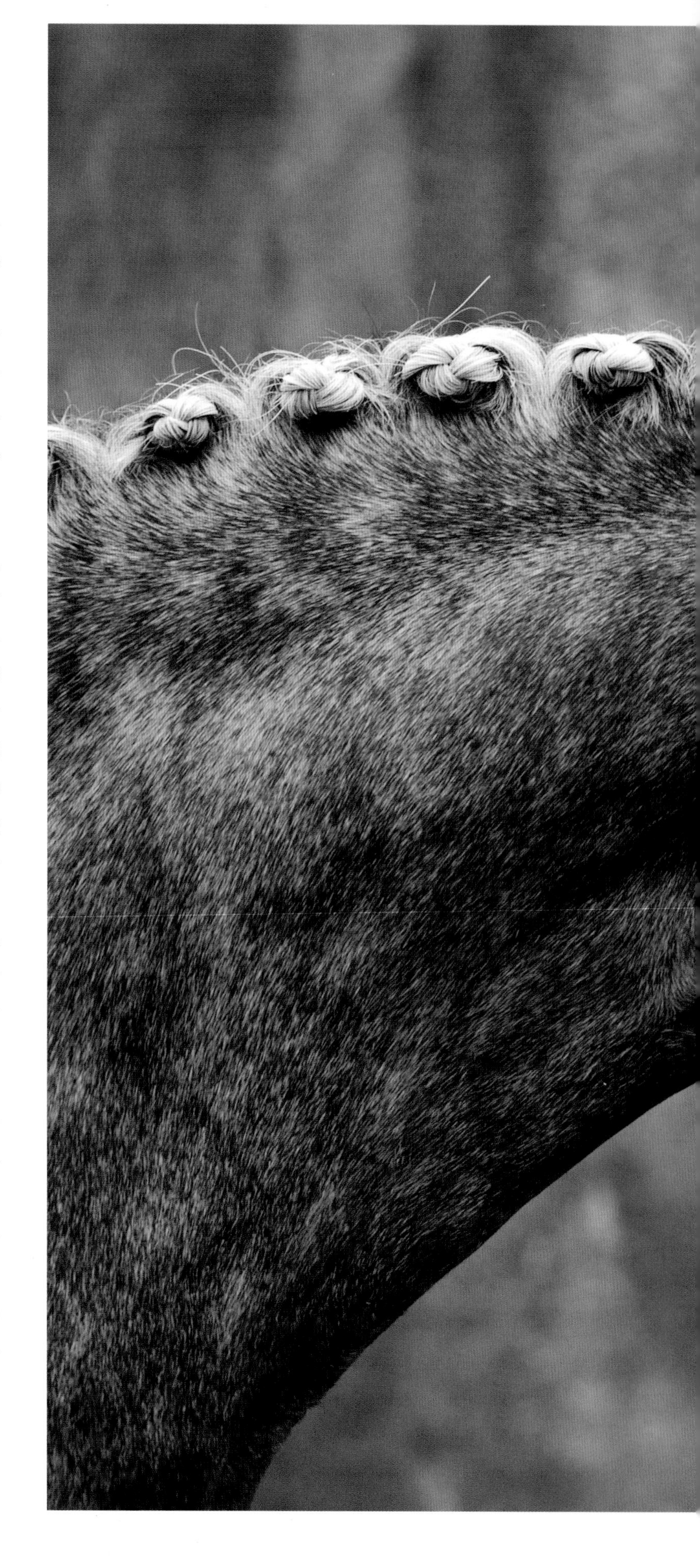

AUSTRALIAN STOCK HORSE

オーストラリアン・ストック・ホース

有史－オーストラリア－一般的

HEIGHT｜体高
142〜163cm（14〜16ハンド）
APPEARANCE｜外見
がっしりとした頸に、理想的とも言える美しい頭部。肩は傾斜しており、き甲は抜けている。胸は深いが、さほど広くはない。背は中程度の長さで力強く、腹袋は豊か。後躯は力強い。
COLOR｜毛色
あらゆる毛色が認められる。
APTITUDE｜適性
乗馬、牧畜用馬、馬場馬術、障害飛越競技、総合馬術、ウェスタン乗馬、馬術競技。

オーストラリアン・ストック・ホースは「あらゆる需要に応える馬」と形容される通り、非常に汎用性の高い多才な馬だ。障害飛越競技、ポロ、馬場馬術、さらには後述するキャンプドラフティングなど、さまざまな乗馬競技で高い能力を発揮する。

このオーストラリアン・ストック・ホースは、オーストラリア産のほかの馬種と同じく、18世紀から輸入されるようになった馬と、初期の入植者によって持ち込まれた馬から誕生した。つまり、この馬を含むオーストラリア原産馬の多様な遺伝子プールは、アラブやバルブ、英国産ポニー、サラブレッド、イベリア馬、ヨーロッパ原産種、インドネシア原産種、輓馬などによって築き上げられたのだ。オーストラリアン・ストック・ホースは、オーストラリア産の馬のなかでもウェラーと歴史的に密接な関わりがあり、第二次世界大戦が終わるまでは同一種とみなされていた。

ウェラーはオーストラリアで初めて誕生した馬種で、その歴史は1788年に始まる。この年、ニューサウスウェールズに植民地を建設すべく、南アフリカのケープタウンから英国植民船団「ファースト・フリート」がやってきた。そのとき彼らに伴われてオーストラリアに初めて上陸した馬たちが、ウェラーの基礎となったのだ。やがてウェラー種として知られるようになるニューサウスウェールズ州の馬たちは、その高い汎用性と頑強さから使役馬として重宝されたほか、軍用馬としても活躍した。ちなみにこの地は現在もなお、オーストラリア国内の馬繁殖の中核を担っている。

そのウェラー種の発展に最も影響を与えたのは、18世紀末にオーストラリアに到来し、1830年代に輸入頭数が飛躍的に伸びた初期のイングリッシュ・サラブレッドだった。ウェラーもその頃には持久力が強化され、屈強な馬に成長していた。そうしたウェラーの牝馬とサラブレッドが交配され、やがてエレガントで運動能力が高く、頑健な馬が誕生する。それらの馬はオーストラリア国内の牧場で広く用いられることとなり、ストック・ホース（「牧畜の馬」の意）やステーション・ホース（「牧場の馬」の意）と呼ばれるようになった。

しかし20世紀になると馬の役割に変化が生じ始め、使役馬の需要が低下する。それに代わってもてはやされるようになったのが近代的な競走馬タイプの馬で、サラブレッドやアラブに加えて、1950年代にオーストラリアに渡来したアメリカン・クォーター・ホースを用いた交配が盛んに行われるようになった。そうして誕生したのが、より運動能力に優れたオーストラリアン・ストック・ホースだ。その馬種名が1971年に与えられると、同年6月にはオーストラリアン・ストック・ホース協会が設立され、馬種を保護するための血統書も刊行された。現在、世界中に支所を展開するまでに成長したこの協会は、競技や品評会の開催を通して馬種の普及に努めている。

オーストラリアン・ストック・ホースは、現在では乗馬をはじめとするさまざまなレジャー産業でその姿を見ることができるが、オーストラリア国内の牧場では使役馬として今もなお活躍を続けている。また、牧畜作業に秀でたこの馬には俊敏に牛を追う能力が先天的に備わっているため、オーストラリア発祥のキャンプドラフティングでも圧倒的な強さを誇る。キャンプドラフティングとは、騎手が牛の群れから1頭を切り離すカッティングを行い、一連の障害をくぐり抜けて囲いに追い込むスポーツだ。馬の知性や敏捷性、服従性、スピード、そして牛追いの能力が試されるこの競技において、オーストラリアン・ストック・ホースはその多才ぶりをいかんなく披露してくれる。

SELLE FRANÇAIS

セル・フランセ

近代–フランス–一般的

HEIGHT | 体高
153～173cm(15.1～17ハンド)

APPEARANCE | 外見
頭部は非常に美しく、横顔はまっすぐかやや凸状。頸はアーチ状で、き甲は抜けており、肩は傾斜している。後躯は筋骨たくましい。

COLOR | 毛色
ほとんどが栗毛か鹿毛だが、まれに芦毛が見られ、ごくまれに鹿粕毛も見られる。

APTITUDE | 適性
乗馬、競馬、馬場馬術、障害飛越競技、総合馬術、ショーイング、馬術競技。

フレンチ・サドル・ホースとも呼ばれるセル・フランセは誕生以来、「無敵の温血種」とされ、障害飛越の分野で名を馳せてきた。知性にあふれ、筋骨たくましい体を躍動させるこの馬は、穏やかな気性でも知られている。そんなセル・フランセは、伝統的な馬の産地であるフランス北西部のノルマンディ地方で生まれた。

その昔、ほかの馬に比べて体高が高くしっかりとした骨格を持っていたノルマンディの馬は、軍用馬として長らく重宝された。ノルマン・コンクエスト(1066年のノルマンディ公によるイングランド征服)の刺繍画「バイユーのタペストリー」にも、その堂々とした姿が描かれている。この地方の良質な馬は英国にも数多く持ち込まれ、当時の国産馬の改良に用いられた。だが、それから何百年も経過した18世紀の終わりには、逆にイングリッシュ・サラブレッドや交雑種、ノーフォーク・トロッター(絶滅種)、そしてアラブの血統が次々とノルマンディの馬の発展に影響を与えることになった。

そうしたなか、ノルマンディ産の牝馬にイングランド産馬とアラブを体系的に交配させたところ、2つのタイプのアングロ=ノルマン・ホースが生まれた。ひとつは、ブーロンネとペルシュロンの種牡馬から影響を受けた重種のコブタイプと輓馬タイプの馬で、見るからに力強い大型馬であったが、見た目のわりに敏捷性に優れ、すばらしいトロットが見られた。もうひとつは、軍用馬や乗用馬に適した気品のある馬で、これがやがてセル・フランセとして発展することとなった。

こうした乗用馬からはさらに、軽輓馬または馬車馬に適した、流線型の馬体を持つサブタイプが派生した。それがのちにフレンチ・トロッターとして発展することになる馬で、ノーフォーク・ロードスター(絶滅種)の影響が色濃く表れた、すばらしい速歩(はやあし)の歩様を持っていた。各地で誕生したさまざまな馬のタイプは、地理的条件や系統の差異により分化したものだった。たとえばノルマンディ地方のコタンタン半島の先端に位置するラ・アーグ地方では、19世紀にアラブの影響を受けた娯楽用のサドルホースが誕生した。当時、コタンタン半島のほぼ全域にトロッターが多く分布していたが、その地方にだけアラブの種牡馬が数多く存在していたのだ。また、同じくノルマンディ地方のベッサンは最高級のサドルホースの産地として長い歴史を誇り、現在のセル・フランセの多くがこの地域にルーツを持つと言われている。

しかしフランスの種畜は、2度の世界大戦によって激減した。そこで生き延びたアングロ=ノルマンの牝馬たちは、サラブレッドの種牡馬と交配された。その交配に用いられたサラブレッドの多くは、長い歴史を誇るノルマンディ地方の2つの国立牧場で特に良質とされた馬たちだった。なかでもオレンジピールは優秀な種牡馬で、20世紀を代表する障害飛越競技馬を多数世に送り出した。さらにその孫にあたるイブラヒム(1952年生まれ)は、子の牡馬クアストル(1960年生まれ)とアルメZ(1966年生まれ)を通して、現代セル・フランセの2大血統の確立に大きく貢献した。

そんなセル・フランセの血統書第1巻は1965年に刊行された。これは、1958年12月の行政命令を受けて、地方ごとに管理されていたアングロ=ノルマンの血統書が、「セル・フランセの馬(Cheval de Selle Français)」の血統書として統合されたことによる。そして現在では、セル・フランセは障害飛越競技、馬場馬術、総合馬術に秀でたタイプと、非純血馬(サラブレッド以外の馬)の競馬に用いられる軽量タイプの2つのタイプに分けられて、米国やオーストラリア、ヨーロッパ各国など世界中で繁殖されている。

SELLE FRANÇAIS | セル・フランセ

OLDENBURG

オルデンブルグ

有史–ドイツ–一般的

HEIGHT | 体高
163～175cm(16～17.2ハンド)
APPEARANCE | 外見
横顔は直頭かやや羊頭気味で、がっしりした頸はアーチを描く。胸は深く、き甲は抜けている。筋肉質な肩と力強い平尻を持ち、後躯もたくましい。
COLOR | 毛色
ほとんどが鹿毛、青毛、青鹿毛、芦毛。
APTITUDE | 適性
乗馬、馬場馬術、障害飛越競技、総合馬術、輓馬、馬術競技。

ドイツ原産のオルデンブルグは17世紀のヨーロッパで最も名を馳せた馬で、外国の要人が来訪した際には贈り物として献上するのが常だった。そして現代のオルデンブルグは、時代のニーズに合わせて旧種の改良に成功した好例と言っても過言ではなく、馬場馬術と障害飛越競技に秀でた競技馬として絶大な人気を誇っている。

オルデンブルグ誕生のきっかけをつくったのは、1573～1603年までドイツ北西部の都市オルデンブルクの君主であったヨハン7世(1540～1603年)だった。熱心な馬の愛好家でもあったヨハン7世は、オランダのフリージアンを基礎とする軍用馬を用いて馬の繁殖を行っていた。その繁殖プログラムはやがて息子のグラフ・アントン・ギュンター・フォン・オルデンブルク(1583～1667年)に引き継がれることになったが、ギュンターもまた精力的に繁殖活動を続けた。

その過程でギュンターは種馬牧場をいくつも建設し、父親の厩舎で誕生したフリージアン系の馬に加えて、スペインやナポリ、ポーランド、トルコ、デンマーク、イングランドなどヨーロッパ各地で入手した馬や、バルブを含む北アフリカの馬なども用いて繁殖を行った。そうしたなか、ついにフリージアンの血を汲む馬と地元の馬との交配から、すばらしいタイプの馬が誕生する。これこそが、のちにオルデンブルグと呼ばれるようになる馬だ。

ギュンターによる徹底した管理のもと、その後オルデンブルグはクラドルーバーによく似たタイプとして発展した。スペイン馬の影響が色濃い、重厚感と優美さを併せ持った馬で、主に古典馬場馬術の競技馬や軍用馬として活躍し、大型のものは馬車馬として用いられた。

しかしギュンターが他界し、生誕地であるオルデンブルクがデンマークの支配下に入ると、馬の繁殖は質より量に重きが置かれ、軍用や農用の使役馬が多く繁殖されるようになった。その結果、オルデンブルグも優美さを失い、外見も野性味を帯びていった。

だが19世紀に入ると、オルデンブルグの本来の姿を取り戻そうという動きが起こり、1820年には審査に合格した種牡馬のみを繁殖に用いることが法律で定められた。一方でこの時期には、スペイン馬やネアポリタン、バルブ、フランス産馬、イングランド産馬がオルデンブルグの牝馬と交配され、オルデンブルグ・カロシャーと呼ばれるタイプの馬も誕生した。

それから第一次世界大戦までは、重量タイプの騎馬と馬車馬、さらには耕作馬としてのオルデンブルグの繁殖が盛んに行われた。しかし戦時中に重宝されたそうしたタイプの馬たちも、第二次世界大戦後には使役馬の人気がすっかり廃れてしまったため、頭数が激減してしまう。そこで熱心なブリーダーたちが時代のニーズに合った馬を作出しようと活動を開始した結果、オルデンブルグは競技馬として復活を果たした。

そうしたスポーツ・ホースのタイプに分類される近代オルデンブルグの繁殖は、1950年代後半に始まった。それは、ドイツのブリーダーたちがオルデンブルグ種の質を向上させる一手段としてフランス原産馬に目をつけたことがきっかけだった。つまり、近代オルデンブルグは彼らがサラブレッドの血統に加えて、ノルマンディの馬やアングロ=ノルマンの馬を交配に取り入れたことで誕生したのだ。そして現在では、近代オルデンブルグは卓越した良質馬として広く知られている。これは、ひとえにその登録プロセスのおかげだと言える。血統書に登録するためには、厳正なる審査を通過しなければならず、また繁殖に用いられる前には広範囲に及ぶ実技テストに合格しなければならないのだ。

HOLSTEIN

ホルスタイン

古代–ドイツ–一般的

HEIGHT | 体高
163～173cm（16～17ハンド）
APPEARANCE | 外見
非常に均整のとれた馬格で、サラブレッドの影響を強く感じさせるが、そこへさらに頑健さが加わっている。まさに、あらゆる面で優れたトップアスリートといった趣。
COLOR | 毛色
ほとんどが鹿毛、青毛、青鹿毛、芦毛。
APTITUDE | 適性
乗馬、馬場馬術、障害飛越競技、総合馬術、ショーイング、輓馬、馬車競技、馬術競技、騎兵用馬。

ドイツ最古の温血種であるホルスタイン（ホルスタイナーとも呼ばれる）は、今から700年ほど前にドイツ北部、シュレースヴィヒ=ホルシュタイン州のエルムスホルンで誕生した。チェコ北部からドイツを北西に流れて北海に注ぐエルベ川周辺の湿地帯には、昔から馬が生息していた。それらは西アジアから遊牧民により持ち込まれたものと思われ、実際に古代トルクメニスタンの馬によく似たデザート・ホースの特性が見られた。そうした馬たちは、何世紀もかけて進化を続け、気温が低く湿度の高いドイツ北部の気候に順応していった。

この地方で馬の繁殖が始まったのは13世紀のことで、肥沃な湿地帯でユーテルゼン男子修道会の修道士がその活動を行っていた。そして1517年にドイツ東部のザクセン州で宗教革命が起こると、この修道院で繁殖されたホルスタインを含む上質の馬は地主たちの手に渡り、スペイン馬や東洋馬、ネアポリタンなどの種牡馬との交配によりさらに改良が加えられた。シュレースヴィヒ=ホルシュタインの伯爵たちが、使役馬や軍用馬として用いることができる屈強な大型馬の繁殖を推奨したからだ。

そうした馬たちはまたたく間にヨーロッパ中で評判となり、16世紀からデンマークやスペイン、イタリア、フランスに軍用馬として輸出され始めた。またドイツ国内でも、ドルトムントやミュンスターを中心とする西部のヴェストファーレン地域や北部のメクレンブルク地域などで、地元産馬の種畜の改良に用いられるようになった。ホルスタインは早い段階から、厳正なる保全のもと一定の質が維持されていたが、1713年に君主であったプロイセン王フリードリヒ・ヴィルヘルム1世が体格と健康状態に関する種牡馬の審査を命じたことにより、馬種発展のための管理がさらに徹底された。

その頃には、前述したドイツ北西部だけでなく、国内の各州でも地元産馬の改良にホルスタインが広く用いられるようになっていた。なかでも有名なのが、1735年にニーダーザクセン州のツェレに開設された州立牧場で誕生したハノーバー種だ。1800年代の初めには、イングリッシュ・サラブレッドの血統を加えてやや軽量の良質馬が繁殖され、1830年代からはヨークシャー・コーチ・ホースやハノーバー、オルデンブルクの馬との交配も行われるようになった。

だが、高い質を誇るホルスタインも、第二次世界大戦が終結する頃には激減していた。さらに1874年に設立されたシュレースヴィヒ=ホルシュタイン州立トラベンタール牧場も1960年に閉鎖され、ホルスタインのブリーダーたちは繁殖計画の見直しを迫られることとなった。そこで彼らはトラベンタール牧場にいた種牡馬をホルスタイン誕生の地であるエルムスホルンに送り、種畜の復元に着手する。その際に彼らが用いたのは、コテージサン（1944年生まれ）やレディキラー（1961年生まれ）といったアングロ=ノルマンの馬や、コルドゥラブリール（1968年生まれ）やアルメZ（1966年生まれ）などのセル・フランセ、およびサラブレッドの種牡馬だった。そうした努力が実り、ホルスタインは見事復活を果たしたのだった。

現在もホルスタインの種畜は徹底的に管理され、2歳半を迎えた牡馬は馬格、タイプ、動きを含むさまざまな審査を受けなければならない。審査を受けた牡馬のうち、種牡馬としての資格が与えられるのはほんの数パーセントの馬だけだ。さらに3歳を迎えた牡馬は100日間の審査の対象となり、これに合格した馬だけが血統書に登録される。牝馬も同様に検査を受け、合格した馬だけが牝馬台帳に登録される。

HANOVERIAN

ハノーバー

有史–ドイツ–一般的

HEIGHT | 体高
164cm(16.2ハンド)が理想

APPEARANCE | 外見
美しい頭部に、筋肉質で長いアーチ状の頸。肩と後躯は非常に力強く、き甲はよく抜けている。腹袋は豊かで、胸は深い。肢も力強く、蹄は堅牢。

COLOR | 毛色
ほとんどが栗毛、鹿毛、青毛。

APTITUDE | 適性
乗馬、馬場馬術、障害飛越競技、総合馬術、馬車用、馬術競技。

ハノーバーは、穏やかな気候と肥沃な大地が広がるドイツ北西部のニーダーザクセン州に開設された州立牧場で誕生した。この馬種はまさに体系的な繁殖と格付けによる産物であり、3世紀にわたって移り変わる人々のニーズに対応しつつ、進化を遂げてきた。そのためヨーロッパの温血種のなかで最も有名で、最も普及した馬種でもある。汎用性が非常に高い彼らは、現在では特に馬場馬術、障害飛越競技、総合馬術、馬車競技で卓越した存在感を放っている。そんな誇り高きハノーバーは、ニーダーザクセン州の州旗と紋章にも描かれている。

ハノーバーが誕生した州立牧場は1735年、グレートブリテン王国国王でハノーファー選帝侯[訳注:ハノーファーは1692年に選帝侯国となり、1815～1866年まで王国を形成した。1946年よりニーダーザクセン州の州都]であったジョージ2世(1683～1760年)によってツェレに設立された。この牧場では、ホルスタインの種牡馬と初期のイングリッシュ・サラブレッドを用いた繁殖が行われていた。設立当初は地元の農民に良質の牡馬を低価格で提供することを目的としていたが、やがて地元の馬の改良を目指して繁殖が進められるようになり、その結果ハノーバーが誕生することとなったのだ。

ツェレ牧場では繁殖開始以来、その記録をすべて保管しており、これが1888年の王立農業協会による血統書刊行の際に大いに役立った。その血統書の管理は1899年に農業会議所が引き継ぎ、さらに1922年にはハノーバー温血種連盟(Verband hannoverscher Warmblutzüchter)が設立された。同連盟は現在も馬種の統括機関として血統書を管理し、馬種の継続的な発展と特性保持のための活動を精力的に行っている。

ツェレ牧場の開設以降の馬種発展の歴史は、繁殖の観点から4つの段階に分けられる。第1段階は、牧場が開設された1735年からナポレオンによるハノーファー支配が終焉を迎える1813年までで、この時期にはナポレオン戦争(1799～1815年頃)によって牧場の種畜が大打撃を受け、約100頭いた馬が1816年には30頭にまで減ってしまった。

第2段階は1815年から1870年までで、個人所有のイングリッシュ・サラブレッドやサラブレッドの交雑種、そしてドイツ北部のメクレンブルク産馬を基盤とした種牡馬の再構築が進められた。この2つの段階では、騎馬あるいは農耕馬に用いる屈強な大型馬の作出が主な目的とされていたが、第2段階でサラブレッドの血統が積極的に取り入れられたことから、全体として軽量タイプの馬のほうが多く誕生した。実際、その当時ツェレの牧場で管理されていた種畜の3分の1がサラブレッドであった。

第3段階は1870年から1945年頃にかけてで、この段階が終わりに近づくと、農業用の使役馬よりも乗用に適した馬を繁殖する動きが盛んになった。その後、現在にいたる第4段階でも、農耕馬や軍用馬の需要はさらに低下し、優秀なスポーツ・ホースを作出しようとする流れが生まれたため、トラケナーやサラブレッド、アングロ=アラブが積極的に交配に用いられるようになった。

このような変遷をたどり発展してきたハノーバーだが、この馬種を含む近代温血種の飛躍的な成長は、それぞれの団体が実践する格付けや種畜選択の厳格なシステムによるところが大きい。ハノーバー温血種連盟も牝馬と牡馬の繁殖に関するさまざまな基準を設け、いずれも血統書への登録は格付け審査に合格した馬のみを認めている。

DANISH WARMBLOOD

デンマーク温血種

近代–デンマーク–一般的

HEIGHT | 体高
平均164cm(16.2ハンド)

APPEARANCE | 外見
エレガントで美しく、非常に均整のとれた体つき。体系的な繁殖によって、すばらしい馬格と気質、そして類まれな運動能力が保持されている。

COLOR | 毛色
ほとんどが鹿毛、青毛、栗毛。

APTITUDE | 適性
乗馬、ショーイング、馬場馬術、障害飛越競技、馬術競技。

デンマークの人々は、北欧青銅器時代(紀元前1800～同600年頃)あるいはそれ以前から馬と深い関係を築いてきた。その時代の最も美しい出土品と言えば、何よりもまず、牝馬と思われる馬が太陽を乗せた4輪馬車を引くブロンズ像「太陽神の戦車」(紀元前1500年頃)が挙げられるだろう。洗練された美しいこの彫刻には、エレガントで筋骨たくましい馬の姿が刻まれている。これはまさしくデンマークの人々が現代まで守り続けてきた馬の特性だ。そうした地で生まれたデンマーク温血種(Dansk Varmblod)は、温血種のなかでも新種に分類されるが、それでもその根底には何世紀にもわたって構築された種畜の歴史が息づいている。

このデンマークで最古の馬種は、16世紀にイベリア半島の在来馬から誕生したフレデリクスボルグだ。その歴史は、伯爵戦争(1534～1536年)と呼ばれる内乱後にデンマーク=ノルウェー王に即位したクリスチャン3世(1503～1559年)が、国教をローマ・カトリック教会からルター派に移行する際にカトリック修道院が所有していた良質馬を没収して、王室の馬としたことから始まる。それらの馬の多くはヒレレズホルム領主の館に移され、のちにクリスチャン3世の息子、フレデリク2世(1534～1588年)がこの地に王立牧場を設立する(それをきっかけにこの町はフレデリクスボーと地名が改められた)。フレデリクスボー牧場はその後、息子のクリスチャン4世(1577～1648年)に引き継がれ、そこに彼がイベリア馬を中心とした良質の馬を大量に取り寄せて、デンマークの在来馬と交配させた結果生まれたのがフレデリクスボルグだ。

このようにデンマーク王室と馬は非常に密接な関係を持ち、王族は伝統的に馬の繁殖に深く関わってきた。現在でも、デンマーク王女ベネディクテがデンマーク温血種協会を後援している。王女はこれまで馬場馬術のグランプリ(規定種目)馬を3頭も繁殖し、娘のナターリエも馬場馬術選手として活躍している。こうした王室との関係を象徴するかのように、デンマーク温血種の焼き印には波の上に浮かぶ王冠があしらわれている。この焼き印はデンマーク温血種協会が認めた種畜の子であることの証だ。

前述したような過程で誕生したフレデリクスボルグがデンマーク温血種の基礎となったのは間違いないが、20世紀にはイングリッシュ・サラブレッドの血統も取り入れられた。これは、従来の重量タイプのデンマーク種を軽量化し、現代馬術競技に適した運動能力の高い馬を作出するためだった。この交配はのちに、セル・フランセやトラケナー、ポーランド産のウィルコポルスキー、そしてサラブレッドの血を入れることでさらに改良が施された。その結果、デンマーク温血種は現在では類まれなる運動能力、穏やかな気質、そしてあらゆる競技に傑出した力を見せる馬として知られている。

これは、デンマーク温血種協会の努力によるところも大きい(同協会は、1962年創設のデンマーク・スポーツ・ホース協会とデンマーク軽種馬協会が統合して、1978年までに発足した)。同協会がトップレベルの競技馬を輩出するという目標を掲げて実践した厳正なる格付けと種畜選定、そして外国産の良質な種牡馬を積極的に取り入れる姿勢などが功を奏し、デンマーク温血種はごく短期間のうちに最高の競技馬として成長を遂げたのだ。特に馬場馬術や障害飛越競技に秀でた馬の産出を目標に繁殖が進められたため、今では多くの馬が総合馬術でも好成績を収めている。さらに2004年には、協会は血統馬の確立を目指して障害飛越競技馬プログラムをスタートさせ、その効果も着実に表れている。

DANISH WARMBLOOD | デンマーク温血種

DUTCH WARMBLOOD
オランダ温血種

近代–オランダ–一般的

HEIGHT | 体高
平均164cm(16.2ハンド)
APPEARANCE | 外見
頭部は形良く、筋肉質な頸はアーチを描く。力強い肩はほどよく傾斜しており、き甲は抜けている。腹袋は豊かで、胸は深い。後躯はたくましく、尾付きが高い。尾は高く掲げることもできる。肢は頑強。
COLOR | 毛色
ほとんどが鹿毛、青毛、栗毛、芦毛。
APTITUDE | 適性
乗馬、ショーイング、馬場馬術、障害飛越競技、馬術競技。

オランダという国は国土は小さいが、現存する世界最大のスポーツ・ホースの血統書のひとつを所有している。その血統書は、1887年にイングランド王ウィリアム3世(1817～1890年)が立ち上げた地方ごとの血統書を統合して1969年に刊行された。その管理を行っているのはオランダ王立温血種登録協会(KWPN = Koninklijke Vereniging Warmbloed Paardenstamboek Nederland)で、その略称であるKWPNはオランダ温血種、またはロイヤル・オランダ・スポーツ・ホースの別称としても用いられる。協会名に「王立(Koninklijke)」の冠がついたのは1988年で、オランダのベアトリクス女王(1938年～。現在は退位)によって付与された。

このKWPNの登録馬は、馬場馬術や障害飛越競技、馬車競技、そして最近では総合馬術の分野でも高い能力を発揮し、最も成功した温血種のひとつとして世界中で人気を集めている。また、近代オランダ・スポーツ・ホースの基礎をつくった国産の輓馬やヘルデルラント種もKWPNの管轄下にある。

オランダの農民たちは何世紀にもわたり、頑健で力強い農耕馬の繁殖を続けてきた。それらの馬は特に輓馬として重宝され、小規模な農場で精力的に働いていた。だが、20世紀に入ると自動車の普及に伴い、その活躍の場は徐々に失われてしまう。しかしそうしたなか、オランダ北部のフローニンゲン周辺の地域では、後躯が力強く筋骨たくましい重種の馬が作出された。重い粘土質の海底土から土壌がなるその地域では、1日中働き続けられるだけの頑強さを持つ馬が求められたからだ。それらの馬の基礎となったのは、フリージアンと重種オルデンブルグの旧種であった。

一方、オランダ東部のヘルダーラント州では、土壌が砂状に近かったため、より軽量の農耕馬が求められた。そこで農民たちは、イングランドから輸入したヨークシャー・コーチ・ホースやノーフォーク・ロードスター(いずれも絶滅種)などの馬車馬、クリーブランド・ベイ、ハクニー、サラブレッド、アラブ、さらにはフランスのアングロ=ノルマンなどと地元産の牝馬を交配させた。その結果誕生したのが汎用性と優美さを併せ持つ最高の輓馬であるヘルデルラント種で、この馬は現在も乗用馬や輓馬として用いられている。

それから少し経ち20世紀後半になると、一部のブリーダーたちが品評会で注目を集めるような華やかな馬を作出しようと繁殖に乗り出し、現在オランダ・ハーネス・ホースとして知られる馬が誕生した。さらに同じ頃には、現代のニーズに合ったオランダ・スポーツ・ホースを作出しようと考え、体系的な繁殖計画に着手したブリーダーたちもいた。そうして彼らがまず生み出したのが、頑健で穏やかな気質のすばらしいサドルホースだ。これは、フローニンゲンの馬とヘルデルラント種の交配により誕生したものだった。

そして、このサドルホースにサラブレッドやアングロ=ノルマン、ホルスタイン、ハノーバーの血を加えて、ついにスポーツ・ホース・タイプの馬が誕生する。このオランダ・スポーツ・ホースの出現と成功は、オランダのブリーダーたちが構築した綿密な繁殖計画と、障害飛越と馬場馬術に優れた馬に特化した種畜選定プロセスのたまものだ。その繁殖計画では健康な体と頑健さ、および穏やかな気性の保持が最優先事項とされ、それらの特性は見事、オランダの馬全体に定着した。

オランダでは、種牡馬は繁殖に用いられる前にあらゆる審査を受けなければならない。健康面と精液の状態、気質と身体的構造、そ

ANKY.

して運動能力などの審査だ。さまざまな選定プロセスのクライマックスは、50 ～70日にわたって行われる実技試験だ。この試験では、牡馬はKWPNの代表者と招待されたゲストによる訓練および乗馬の審査を受け、パフォーマンスと気質の両面で厳しく査定される。さらに獣医による評価も行われ、繁殖に不適切と判断されればその時点で脱落する。

一方、最終試験をパスした牡馬は晴れて種牡馬として認可され、そのすばらしい特性を子に受け継がせることになる。ただし、その後も格付け審査は続き、生まれた子の姿質――「keur(良)」と「preferent(優)」の2等級に分けられる――によって親馬の等級も決まる。親馬が一般の種牡馬から「keur」に認定されるためには、その子どもが7歳になるまでに優れた身体的構造と運動能力を受け継いでいると認められなければならないのだ。最高の等級にあたる「preferent」は、「kuer」に認定されたあとも優秀な子孫をもうけた場合にのみ与えられる栄誉で、プロセスの性質上、死後に与えられることもある。

繁殖牝馬についても品質管理が徹底されており、地元で開催されるホースショーで3歳から審査を受け、身体的構造と運動能力に加えて、障害飛越の試験を受けることもある。すべての審査を経て適切と判断されればようやく血統書に登録する資格が与えられ、KWPNブランドの証明としてライオンの焼き印が入れられる。

ちなみに、地元の審査で判定される牝馬の等級には下から順に「ster」「keur」「PROK」「IBOP」「EPTM」「elite」「sport」「preferent」「prestatie」と9つもあり、個々の等級は登録書にも明記される。一番下の「ster」と判定された牝馬が、その後「keur」と認定されるためには中央審査へと進み、それをクリアしなければならない。さらに「keur」以上の等級を得るとなると、実技審査と子の能力審査両方の合格が条件となる。そうして中央審査を優秀な成績で通過した上位の馬は、馬種最高の栄誉である全国牝馬審査に進むことが許される。オランダ・スポーツ・ホースの高い品質は、こうしたきめ細やかな選定プロセスによって守られているのだ。

BELGIAN WARMBLOOD

ベルギー温血種

近代–ベルギー–一般的

HEIGHT｜体高
平均164cm(16.2ハンド)

APPEARANCE｜外見
洗練された容姿と、高い運動能力を併せ持つ。体つきは均整がとれ、肩がほどよく傾斜しているため、滑らかな側対歩が可能となっている。

COLOR｜毛色
あらゆる単色が認められる。

APTITUDE｜適性
乗馬、ショーイング、馬場馬術、障害飛越競技、総合馬術、馬術競技。

ベルギーは古くから、ベルジアン・ブラバントに代表されるすばらしい輓馬を数多く輩出してきた。それらの馬は時代のニーズに合わせてさまざまな交配がなされ、そこから派生した馬は中世に軍用馬や農耕馬としてヨーロッパ中で評判を呼んだ。ただし、国内では輓馬が重用され続けたため、娯楽用のサドルホースが繁殖されることはほとんどなかった。その結果、馬の繁殖で名を馳せたベルギーも、20世紀に入る頃にはトレンドに取り残されてしまう。農耕馬と軍馬の役割が徐々に消滅し、馬術競技への関心が高まったからだ。そうした流れを受けてベルギーの馬産業も方向性の転換を強いられたが、彼らはそんな難しい局面も見事に乗り越えてみせた。

その頃、娯楽用の乗用馬を持たなかったベルギーの人々は、軽量タイプの農耕馬に鞍をつけて乗馬を楽しんでいた。そんなさなかの1937年、カノン・アンドレ・デ・メイという人物がベルギー北西部のウェスト=フランデレン州ボージングに、気軽に乗馬を楽しめるルーラル・カバルリ(「田舎の騎馬隊」の意)という施設を開設する。この施設で用いられたのは、平日に使役馬として働くさまざまなタイプの馬だったが、すぐに熱心な愛好家たちが集うようになり、彼らはやがて「カノンの馬乗り」と呼ばれるようになった。

さらに翌年には、施設内でさまざまな馬術競技を含むホースショーも開催され、大きな反響を呼んだ。ショーに参加した馬のなかには、重種タイプの馬が25頭と、牝の輓馬にサラブレッドかトロッターを交配させたと思われる軽種タイプの馬が14頭いた。このショーの成功はつまり、隣国のフランスやドイツやオランダと同じく、ベルギーでも優れたサドルホースが求められていることを意味していた。

実際、そういった声を受けてベルギーでもサドルホースの作出に向けた動きが起こる。その礎を築いたのは、軽量タイプの在来馬の牝とオランダのヘルデルラント種の牡だった。この交配から良質の重量タイプが誕生すると、さらにホルスタインやハノーバー、セル・フランセ、アングロ=アラブ、オランダ温血種(KWPN)、サラブレッドなど、ヨーロッパ各国から取り寄せた良馬を用いて改良が加えられた。そしてベルギー農業省がベルギー温血種の体系的繁殖を認可して間もない1953年6月、種牡馬審査が初めて実施される。さらにその2年後には血統書が刊行され、ベルギー・サドルホース協会が設立された。この協会は1970年にベルギー温血種協会と名称を改め、ベルギー温血種は今ではBWP(Belgische Warmbloed Paard)として広く知られるようになった。

BWPは前述したように外国産の優れた種牡馬を積極的に取り入れたことで、すばらしい馬種として確立された。なかでもハノーバーのフリューゲルヴァンラロッシュ(1956年生まれ)、ルガノヴァンラロッシュ(1963年生まれ)、ボレロ(1975年生まれ)、ホルスタインのコデックス(1962年生まれ)、トラケナーのアプグランツ(1943年生まれ)、セル・フランセのコルドゥラブリエ(1968年生まれ)、そしてサラブレッドのコテージサン(1944年生まれ)とレディキラー(1961年生まれ)などが与えた影響が大きかった。BWPは今や世界屈指の良血を誇り、それが能力の高さにも表れている。この優れた資質を維持するために、BWPもほかの国々の温血種と同じく、厳しい審査に合格しなければ繁殖に用いることができない。

なお、基本的にはBWPと同じ馬だが、ベルギー・スポーツ・ホースと呼ばれる馬がいる。これは騎馬の作出過程で1920年に誕生した現代スポーツ・ホースであり、王立ベルギー・スポーツ・ホース協会が独自の血統書(sBs血統書)を刊行して管理している。

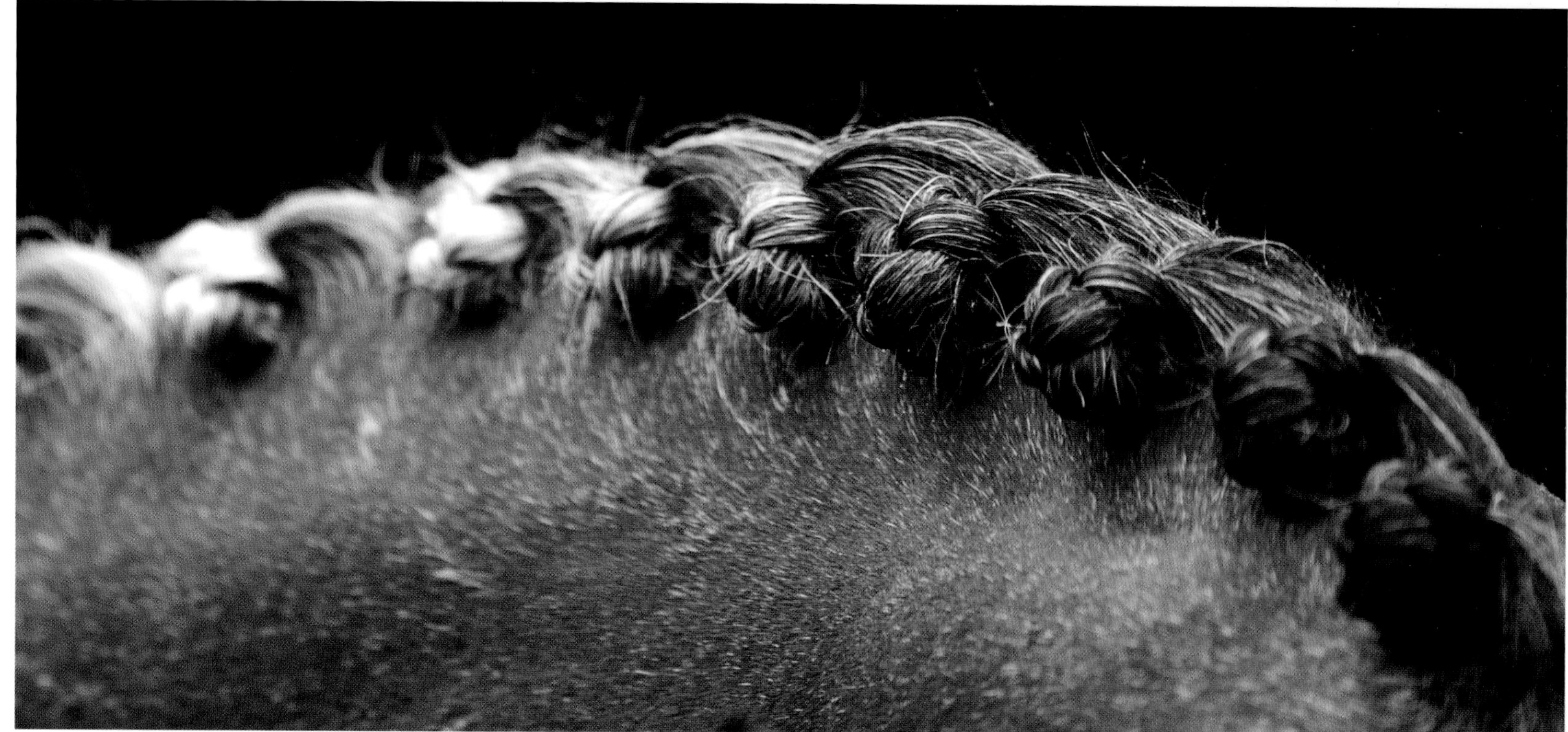

IRISH SPORTS HORSE

アイリッシュ・スポーツ・ホース

近代–アイルランド–一般的

HEIGHT｜体高
154～165cm（15.2～16.3ハンド）

APPEARANCE｜外見
エレガントで美しい容姿と、きわめて高い運動能力を併せ持つ。また、見るからに誠実で穏やかそうな雰囲気を醸し出している。

COLOR｜毛色
あらゆる単色が認められるが、駁毛も発現する。

APTITUDE｜適性
乗馬、ショーイング、馬場馬術、障害飛越競技、総合馬術、ハンティング、馬術競技。

アイリッシュ・ハンターとも呼ばれるアイリッシュ・スポーツ・ホース（ISH）は、トップクラスの障害飛越能力を有する世界屈指の競技馬だ。世界スポーツ・ホース連盟（WBFSH＝World Breeding Federation for Sports Horses）が主催する馬術競技でも常に上位にランクインしている。

このISHはアイリッシュ・ドラフトとサラブレッドとの交配により誕生した馬だが、最近ではホルスタインやセル・フランセ、ハノーバー、オランダ温血種など、ヨーロッパ大陸原産の温血種からも影響を受けるようになった。ISHのすばらしい運動能力と敏捷性は、それらサラブレッドや温血種から与えられたものだ。一方、アイリッシュ・ドラフトからもアイルランド原産馬特有の穏やかな気質を受け継いでいる。

アイルランドでは10世紀頃、小型ながら堂々としたたたずまいのアイリッシュ・ホビーが誕生し、評判を呼んだ。残念ながらこのホビーは絶滅してしまったが、彼らは存命中、アイリッシュ・ドラフトからコネマラまで、さまざまな馬種の発展に貢献した。こうしたアイルランドの馬たちは、中世にフランスやベルギーの重種から、のちにはイベリア半島の在来馬から影響を受けた。彼らは発展の初期段階から高い汎用性が求められ、そうしたなかでアイリッシュ・ドラフトは近代ISHの特徴である誠実で慎ましやかな気質と寛大で勇敢な性質を身につけた。高い運動能力と持久力、そして類まれなる障害飛越の能力で知られるISHの気質には、アイリッシュ・ドラフトから受けた影響が色濃く表れているのだ。

ISHが馬種として確立されたのは20世紀のことだった。当時はその適性からアイリッシュ・ハンターという馬種名がつけられたが、それ以前はアイリッシュ交雑種として認識されていた。その後、繁殖の目標がひとつに統合されたことで特定のタイプの馬が誕生するようになり、やがてISHとして血統書が設けられることになった。その血統書は1993年からアイリッシュ・ホース委員会が管理していたが、2008年からはISHとアイリッシュ・ドラフトの血統書はともに、ホース・スポーツ・アイルランドが統括するアイリッシュ・ホース・レジスターの管轄下に入った。

馬の登録を申請する際の条件は、両親ともにアイリッシュ・ホース・レジスターの登録馬であることだ。ただし、その繁殖に用いた種牡馬は、体の構造と動き、運動能力と障害飛越能力などの厳正なる審査をクリアした馬でなければならない。最近では牝馬の審査も行われるなど、馬種の継続的な発展のための取り組みが続けられている。さらに審査を経て"認可"された種牡馬と"選定"された牝馬には、自身と子の馬場馬術能力、障害飛越能力、総合馬術能力に基づいて、5段階の評価を受ける資格も与えられる。

ISHの良血の一端を担ったのが、アイリッシュ・ドラフトの種牡馬キングオブダイアモンズ（1962年生まれ）だった。彼の子には、障害飛越競技界のレジェンドであるスペシャルエンヴォイやミルストリートルビー（ともに1980年生まれ）などがいる。また、同じくアイリッシュ・ドラフトのクローヴァーヒル（1973年生まれ）も、国際舞台で活躍した障害飛越競技馬を39頭ももうけるなど、ISHの発展に多大なる貢献をした。そのほかアイリッシュ・ドラフトのシークレスト（1979年生まれ）も、クルージング（1985年生まれ）というすばらしいISHをもうけた。アイリッシュ・ドラフト以外では、ホルスタインのカヴァリエロイヤル（1978年生まれ）の貢献も大きい。彼は、偉大なるセル・フランセのコルドゥラブリエ（1968年生まれ）を父に、ホルスタインのリグストラ（1974年生まれ。多才なサラブレッド、レディキラーの子孫）を母に持つ良馬であった。

INDEX | 索引

［馬種・タイプ名］

［地域・民族］

CREDITS | クレジット

2 *Rustico* (Lusitano)
Moravita
Ton & Aletta Duivenvoorden
info@moravita.com
www.moravita.com

5 *Sunheri* and *Rani* (Marwari)
Dharumpara Stud
Satish Seemar
www.satishseemar.com

6–7 Camargue
Association des Éleveurs de Chevaux de Race Camargue
www.aecrc.com

8–9 Banker Horse
Corolla Wild Horse Fund
Karen McCalpin
director@corollawildhorses.org
www.corollawildhorses.org

10–11 *Sena* (Lusitano)
Morgado Lusitano
António Maria Carneiro Pacheco
info@morgadolusitano.pt
www.morgadolusitano.pt

12–13 Icelandic
Þingeyrar
Gunnar Ríkharðsson & Helga Thoroddsen
thingeyrar@thingeyrar.is
www.thingeyrar.is

14–15 Mustang
Return to Freedom Wild Horse Sanctuary
Neda de Mayo
info@returntofreedom.org
www.returntofreedom.org

19 *Tyllagush* (Akhal Teke)
Studfarm Gurtbil
Maria Motsak
begoniya97@mail.ru
www.gurtbil.ru

20–21 Icelandic
Þingeyrar
Gunnar Ríkharðsson & Helga Thoroddsen
thingeyrar@thingeyrar.is
www.thingeyrar.is

22, 25 Asiatic Wild Horse
Hustai National Park
Professor N. Bandi
takhi@hustai.mn
www.hustai.mn

26 Tarpan foal
RSPB Minsmere Nature Reserve
Andy Needle
andy.needle@rspb.org.uk
www.rspb.org.uk

28 *Attila Goral von Birkenhain* (Hucul)
Silke & Thomas Falschlunger
silke.falschlunger@gmx.at
www.huzule.at

31 *Altyn-Pasha* (Akhal Teke)
Studfarm Gurtbil
Maria Motsak
begoniya97@mail.ru
www.gurtbil.ru

32 *Tyllagush* (Akhal Teke)
Studfarm Gurtbil
Maria Motsak
begoniya97@mail.ru
www.gurtbil.ru

34 *Casbrook Kozzarr Zeven* (Caspian)
Miran & Xerxes Caspians & Best Carriages
Pandora and Eric Best
Pandora.Rene@environment-agency.gov.uk
www.bestcarriages.co.uk

37 Kazakh Eagle Hunter Bakayak Batan
Bayan-Ölgii Province, Mongolia

39 Exmoor foal
The Marlborough Downs Riding Centre
Jilly Carter
mail@mantongrange.com

41, 43, 44–45 Icelandic
Þingeyrar
Gunnar Ríkharðsson & Helga Thoroddsen
thingeyrar@thingeyrar.is
www.thingeyrar.is

47 *Atlantic Royal Star* (Connemara)
Sophie Ellis

48, 51 *Oldforge the Gladiator* (Welsh Section D)
Catchpool Shetlands
Lara Stevens
info@kingsheadgower.co.uk
www.catchpoolshetlands.co.uk

50 *Kirred Benjamin* (Welsh Section A)
Longlands Farm
Julia Evans
epevans@btconnect.com
www.longlandscarefarm.co.uk

52 New Forest Pony
New Forest National Park, UK
www.new-forest-national-park.com

54 *Charlie* (Fell)
Parklands Farm
Helen L. Plank
helenparklands@aol.com

56 *Quintus Van't Geerland* (Friesian)
Moravita
Marjolein Drenth
info@moravita.com
www.moravita.com

59 *Poet of Meadowcove* (Friesian)
Fryslan Valley Sport Horses
Arnold & Lisa Warmels
www.fryslanvalley.com

60 *Jaffa* (Ariègeois)
Centre d'élevage du Cheval de Mérens
Simone & Xavier Paquin
siemerens@orange.fr
http://sie-merens.com

62–63, 65 Camargue
Association des Éleveurs de Chevaux de Race Camargue
www.aecrc.com

66, 68 *Lori's Flashpoint AF Lyn* (Knabstrup)
Cayuse Sportaloosas
Vince & Samantha McAuliffe
sportaloosa@bigpond.com
www.cayuseappaloosas.com

70 *Linda* (behind) & *Leila* (in front) (Noriker & Spotted Pinzgauer)
Enrico Nagler
press@altabadia.org
www.altabadia.org

70 *Rebell* (Noriker & Spotted Pinzgauer)
Andrea Comploi
press@altabadia.org
www.altabadia.org

73 *Gajraj* (Marwari)
Marwari Bloodlines
Francesca Kelly & Raghuvendra Singh Dundlod
fkelly8254@aol.com
http://horsemarwari.com

74 *Sena* (Lusitano)
Morgado Lusitano
António Maria Carneiro Pacheco
info@morgadolusitano.pt
www.morgadolusitano.pt

76 *Lasnami* (Barb)
Élevage de chevaux Barbes et Arabe-Barbes
Claire Martin
harasdufreysse@gmail.com
http://harasdufreysse.com

79 *Jaouad* (Barb)
Élevage de chevaux Barbes et Arabe-Barbes
Claire Martin
harasdufreysse@gmail.com
http://harasdufreysse.com

80 *Narcissus* (Andalusian)
Martin Robles Rodriguez
martinypaquita@gmail.com

83 Andalusian
Sierra Trails
Dallas Love
info@spain-horse-riding.com
www.spain-horse-riding.com

84–85 Sorraia
Coudelaria Alter Real
Francisco Beja
far@alterreal.pt
http://far.alterreal.pt

86, 88 *Smokey* (Lipizzaner)
Moravita
Ton & Aletta Duivenvoorden
info@moravita.com
www.moravita.com

89 *Favori XXVII* (Lipizzaner)
Haras du Pin
Muriel Meneux
harasdupintourisme@orange.fr
www.haras-national-du-pin.com

90 *Rustico* (Lusitano)
Moravita
Ton & Aletta Duivenvoorden
info@moravita.com
www.moravita.com

90 *Sena* (Lusitano)
Morgado Lusitano
António Maria Carneiro Pacheco
info@morgadolusitano.pt
www.morgadolusitano.pt

92 *Coronel* (Alter Real)
Coudelaria Alter Real
Francisco Beja
far@alterreal.pt
http://far.alterreal.pt

94 *Hojbaks Paztinak* (Frederiksborg)
Moravita
Ton & Aletta Duivenvoorden
info@moravita.com
www.moravita.com

97 *Comberton William* (Percheron)
Joli Farm
Jo Wallis
joollett@yahoo.co.uk

99 *Traverz* (Don)
Paul Olegovich Moschalkova
argamak@inbox.ru
www.horses.ru/museum.htm

101, 103 *Hinnerk TSF* (Trakehner)
La Berangerie
Christian Pellerin
juliepellerin@me.com

104 *Newhaven Snap* (Waler)
Wiradjuri Walers
Brad Cook & Deborah Kelly
wiradjuri.walers@gmail.com
http://wiradjuriwalers.webs.com

107 *Wiradjuri CJ Murphy* (Waler)
Wiradjuri Walers
Brad Cook & Deborah Kelly
wiradjuri.walers@gmail.com
http://wiradjuriwalers.webs.com

108–9 Australian Brumby
Kosciuszko National Park
info@australianbrumbyalliance.org.au
www.australianbrumbyalliance.org.au

111 *Gajraj* (Marwari)
Marwari Bloodlines
Francesca Kelly & Raghuvendra Singh Dundlod
fkelly8254@aol.com
http://horsemarwari.com

113 Marwari
Marwari Bloodlines
Francesca Kelly & Raghuvendra Singh Dundlod
fkelly8254@aol.com
http://horsemarwari.com

114, 115 *Rani, Sunheri, Kala Kanta* (Marwari)
Dharumpara Stud
Satish Seemar
www.satishseemar.com

117 Shetland
Catchpool Shetlands
Lara Stevens
www.catchpoolshetlands.co.uk

118, 120 *Morkel* (Fjord)
Norsk Hestesenter (Norwegian Equine Center)
Marie Thorson Kolstad
kari.hustad@nhest.no
www.nhest.no

122–23 *Copley Lane Master John* (Dales)
Carmilo Stud
Sandra George
carmilo@hotmail.co.uk

124 *Carina* (Haflinger)
Maneggio Teresa
Evelyn Adang
evelyn@maneggioteresa.it
www.maneggioteresa.it

126 *Foxleat Victory* (Dartmoor)
Dixieland Dartmoors
Jamie Sheehy
dixieland@hotmail.co.uk
www.dixielanddartmoors.co.uk

128 *Indomito del Belagaio* (Maremmana)
Dott. A. Andrighetti
a.andrighetti@corpoforestale.it

130 *Kaline de Rivière* (Breton)
Pierre Bailleyeax

133 *Unic* and *Ulhan de Colincthun* (Boulonnais)
Ferme de Colincthun
Philippe Peuvion

135 *Thunder* (Belgian Brabant)
Parelli Natural Horsemanship, Parelli Center
www.parelli.com

136–37, 139 *Bluffview's Shelly Ann* (Clydesdale)
Jack & Carol Angelbeck
friesian1040@aol.com
www.friesianusa.com

140 *Monty* and *Prince* (Shire)
Wadworth Breweries
Charles Bartholomew
triciahurle@wadworth.co.uk
www.wadworth.co.uk

142 *Donhead Hall Alexandra* (Suffolk Punch)
Randolph Hiscock
randyhiscock@talk21.com

144 *Tulip* (Suffolk Punch)
Mrs. Buckles

145 *Tollemache Dorothy* (Suffolk Punch)
Lord & Lady Tollemache

147 *Bobby, Lord of the Manor* (Irish Draft)
Lucinda Freedman
Cliveden Stud
lucindaburrell@aol.com

148 *Madame Charmain of Catchpool* and *Collette of Catchpuddle* (Shetland)
Catchpool Shetlands
Lara Stevens
www.catchpoolshetlands.co.uk

148 *Camelot of Catchpool* and *Farah of Catchpool* (Shetland)
Catchpool Shetlands
Lara Stevens
www.catchpoolshetlands.co.uk

150 *Diamante of Catchpool, Amber of Catchpuddle* & *Kransit of Gott* (Shetland)
Catchpool Shetlands
Lara Stevens
www.catchpoolshetlands.co.uk

153 *Lucy First Class of Dinefwr* (Highland)
Lucinda Dargavel

155 *Foxlynch Tiglath* (Appaloosa)
Jackie Lund

156 Argentinean Criollo
Estancia Los Potreros
The Beggs
bookings@ride-americas.com
www.estancialospotreros.com

158, 160–61 Mustang
Return to Freedom Wild Horse Sanctuary
Neda de Mayo
info@returntofreedom.org
www.returntofreedom.org

162 *LEA Poema* (Peruvian Paso)
La Estancia Alegre, Inc.
Barbara Windom
barbara@leaperuvianhorses.com
www.laestanciaalegre.com

165 *LEA Sacajawea* (Peruvian Paso)
La Estancia Alegre, Inc.
Barbara Windom
barbara@leaperuvianhorses.com
www.laestanciaalegre.com

167 *Profeta de Besilu* (Paso Fino)
Besilu
The Besilu Collection
ctobon@besilucollection.com
www.besilu.com

168 Argentinean Criollo
Estancia Los Potreros
The Beggs
bookings@ride-americas.com
www.estancialospotreros.com

171 *Apolo do Salto, Norte do Conforto, Ourofino El Far, Urano* and *Patek de Maripá* (Mangalarga Marchador)
Mangalarga Marchador stallions of the vitrine horse project
Astrid Oberniedermayr & Dieter Mader
www.abccmm.com.br, www.klassisch-iberisch.de

173 *Chameleon* (Appaloosa)
Finca La Guabina, Cuba

175 *DZ Weedo* (Appaloosa)
Char O Lot Ranch
Sue Schembri
info@charolotranch.com
www.charolotranch.com

176 *Ali* (Pony of the Americas)
KS's Pony Farm
Kenneth & Pat Steele
KSsPOAs@aol.com
www.ksspony farm.com

178 *Sonnys Amigo Bar* (American Paint)
Eagle Point Ranch
Terry & Marsha Dixon
eaglepoint@ripnet.com
www.eaglepointranch.ca

180–82 American Quarter Horse
San Cristobal Ranch
Grant & Connie Mitchell
singletonhorses@mac.com
www.singletonranches.com

185 *Shanghai* (Morgan)
Widenhill
Tami Johnson
morgans@windenhill.com
http://windenhill.com

186 *Purple Sonny Delight* (Tennessee Walking Horse)
Double Springs Farm LLC
Pam Rooks
tracecoll@aol.com
www.doublespringsfarmllc.com

189 *Niangua's Carousel Dancer* (Missouri Fox Trotter)
Sandy Brown
ssb9840@embarqmail.com

191 *CH Titelist Symbol* (American Saddlebred)
Stephens College
ebeard@stephens.edu
www.stephens.edu

192 Banker Horse
Corolla Wild Horse Fund
Karen McCalpin
director@corollawildhorses.org
www.corollawildhorses.org

194 Chincoteague Pony
Chincoteague Island
Assateague Island National Seashore National Park Service
www.nps.gov/asis/naturescience/horses.htm
Chincoteague National Wildlife Refuge
Chincoteague Volunteer Fire Company
FW5RW_CNWR@fws.gov
www.fws.gov/northeast/chinco

197 *G.S. Autumn* (Rocky Mountain Horse)
Dream Gait Stables
Christy DeWeese
dreamgaitstables@insightbb.com
www.dreamgaitstables.com

198, 201 *TFN Warrior's Apo Hopa* and *TFN Woyawaste Cikala* (American Bashkir Curly)
Three Feathers Native Curly Horses
Shawn Tucker
threefeathers@earthlink.net
www.three-feathers.com

203 Døle Gudbrandsdal
Norsk Hestesenter (Norwegian Equine Center)
kari.hustad@nhest.no
www.nhest.no

204–5 *Stainmore Wolfhound* (Cleveland Bay)
Ridgemor Farm, Inc.
Natalia Mock tratraver@aol.com
www.ridgemor.net

206 *Simeon Shifran* (Arabian)
Simeon Stud
Marion Richmond
simeonst@bigpond.net.au
www.simeonstud.com

209 *R.S. Almontasir* (Arabian)
Al Shahama Equestrian Club
Rashed Musabah Salem Rashed Al Shamsi
saeed@sheq-club.com
www.sheq-club.com

211 *On Borrowed Wings, Starluck, Preuty Boy* (English Thoroughbred)
Mr. A. T. A. Wates

211 *Alberta's Run* (English Thoroughbred)
Gleadhill House Stud Limited
kathrynrevitt@hemway.co.uk
www.hemway.co.uk

212 *Guaranda (GB)* (English Thoroughbred)
Plantation Stud
adrian@plantationstud.com
www.plantationstud.com

214–15 English Thoroughbred
McPherson Racing
Graeme & Seanin McPherson
info@mcphersonracing.co.uk
www.mcphersonracing.co.uk

216–17 Australian Thoroughbred
Royal Randwick Australian Jockey Club
www.ajc.org.au

218 *Mr. Besilu* (American Thoroughbred)
Besilu
The Besilu Collection
ctobon@besilucollection.com
www.besilu.com

220 *Loves Illusion* (American Thoroughbred)
Ridgemor Farm, Inc.
Natalia Mock
tratraver@aol.com
www.ridgemor.net

222, 224–25 American Standardbred
Pompano Racetrack
John Yinger
http://pompano-park.isleofcapricasinos.com

227 *Sea the Gray* (American Standardbred)
Olympus Sport Horses
Andrew & Heather Caudill
oshcaudill@aol.com
http://oshorses.com/

228 Norman Cob
Haras du Pin
Muriel Meneux
harasdupintourisme@orange.fr
www.haras-national-du-pin.com

230 *Uvularia* (French Trotter)
Ecurie Cheffreville
Bertrand de Folleville
bertranddefolleville@orange.fr

232 *President* (Orlov Trotter)
Central Moscow Hippodrome
V. Kazakov
www.cmh.ru

234–35 *Optik* (Orlov Trotter)
Central Moscow Hippodrome
LLC "SFAT"
www.cmh.ru

236 *Perry Bridge Romany Prince* (Hackney)
Sharon & Rubin Carter
rsgc1@btinternet.com

239 *Stainmore Wolfhound* (Cleveland Bay)
Ridgemor Farm, Inc.
Natalia Mock tratraver@aol.com
www.ridgemor.net

240 *Siglavy Pakra Mantova* (Kladruby)
Moravita
Ton & Aletta Duivenvoorden
info@moravita.com
www.moravita.com

242 *Høiby Kabben* (Døle Gudbrandsdal)
Norsk Hestesenter (Norwegian Equine Center)
Stian Ellefsen
kari.hustad@nhest.no
www.nhest.no

244 *Violento* (Finnish Universal)
Mari Niittumaa
anne.laitinen@hippolis.fi

247 Polo Pony
Watership Down Polo Club
Madeleine Lloyd Webber

249 Polo Pony
Watership Down Polo Club
Madeleine Lloyd Webber

250 *Manipuri King* (Manipuri)
Whispering Bamboo River Lodge,
Assam, India
Annegret & Doljit Pangging
doljit@gmail.com

252 *Manipuri Great* (Manipuri)
Whispering Bamboo River Lodge,
Assam, India
Annegret & Doljit Pangging
doljit@gmail.com

253 *Manipuri Tawango* and *Chingkey* (Manipuri)
Whispering Bamboo River Lodge, Assam, India
Annegret & Doljit Pangging
doljit@gmail.com

254 *La Nueva T* (Polo Pony)
Nico Talamoni
ntalamoni@gmail.com

257 *Chico, Texas,* and *Negro* (Polo Pony)
South West Polo
Mrs. Jemima Brockett
southwestpolo@hotmail.com
www.poloonthebeach.com

258 *Koora-Lyn Cosack* (Australian Pony)
Koora-Lyn Australian Pony Stud
Lynette Hohlweck
info@kooralyn.com
www.kooralyn.com

261 *Koora-Lyn Enchanted* (Australian Pony)
Koora-Lyn Australian Pony Stud
Lynette Hohlweck
info@kooralyn.com
www.kooralyn.com

262 *Shining Buddy* (Australian Stock Horse)
Shining Stock Horses
Nicholas Horn
nic-nic13@hotmail.com

265 *Diamant de Semilly* (Selle Français)
Haras du Beaufour
The Levallois Family

266 *Alfie* (Oldenburg)
Lovehill Farm
Nikki Webster
nikki.webster@btinternet.com

269 *Isle of Athens* (Holstein)
Isle of Wight Farm
Gary Edmonds & Julie Biliston
islewight@bigpond.com
www.islewight.com

270 *West Point* (Hanoverian)
Parelli Natural Horsemanship, Parelli Center
www.parelli.com

273 *Come to Me* (Danish Warmblood)
Hill Cottage Dressage Centre
Charlotte Pedersen
charlottestibbard@hotmail.com
www.hillcottagedressage.com

274 *AEA Tuschinski* (Dutch Warmblood)
AEA Burong
Dirk Dijkstra & Alisha Griffiths
info@aeaburong.com
www.aeaburong.com

276 *AEA Metallic* (Dutch Warmblood)
AEA Burong
Dirk Dijkstra & Alisha Griffiths
info@aeaburong.com
www.aeaburong.com

278 *Extreme of Cavallini* (Belgian Warmblood)
Paddock Woods Stallions
Max Routledge
stud@pwstallions.co.uk
www.pwstallions.co.uk

280 *TSH Highland McGuire* (Irish Sports Horse)
How High
Bec & James Lindwall
info@howhigh.com.au
www.howhigh.com.au

ACKNOWLEDGMENTS　謝辞

本書は、多くの人々の協力と厚意なくしては完成しなかった。
時間を費やしてアドバイスを与えてくれたり、快く馬を撮影させてくれたりした方々、
情報を提供してくれた方々、そして惜しみない助力をくれた出版社の方々に心からの感謝を。
さらに、以下の諸氏にも感謝の意を表したいと思う。

アディルカーン・サブーロフ
エイドリアン＆ジャン・クイン
アリソン・コリンズ
アン・バーナード
ベン＆オジ・モイル
ミノッティ・シャ
クリストファー・アダムス
ドロレス・ビゴ
グラント＆コニー・ミッチェル
グレッグ・クイン
ヘザー・スタディ
ジェレミー・ゼール
ジミー・マーティン
ジョニー・ロバーツ
ジュリア・クズネーツォバ
ジュリー・ペレリン
カーリ・ハスタッド
リー・ステイシー
レイラ・キンナリー
ルーシー・モンテプラド
マンフレッド＆シュビレ・カニンス
マーク・ワーズワース
マリオン・リッチモンド
マッティ・ラッキスト
マイケル・グルーバー
マイケル・ハリソン
ナオミ・ウィリアムズ
ロバート・クラーク
ロビン・サーメント
サンドラ・モーグ
サンジャル・アリン
サラ・ボザム
サティシュ・シーマー
ステファン・ルー
ティト＆ナターシャ・ポンテコルヴォ
トム・ボンド
トニー・ストロンバーグ
トレヴァー・ディビス
バイオレット・ブルース
ウィル＆ゾーイ・スタンパー
ユードビル・シーマー
ザンナ・アディルベコワ

最後に、本書の完成を信じて尽力してくれた以下の方々にも感謝したい。

トリスタン・デ・ランシー
ジェーン・レイン
フィリップ・コントス

さらに情報を得たい方は、以下のサイトへアクセスしていただきたい。

www.astridharrisson.com.

【著　者】

タムシン・ピッケラル（Tamsin Pickeral）

美術史家であり、動物研究家。獣医師の娘としてイングランドの片田舎に生まれ、常にいろいろな動物たちに囲まれて幼少期を過ごす。そのなかには馬や犬、猫、フェレットのほか、怪我をして保護された野生のリスもいた。その後、ヨーロッパと北米で動物看護師として働き、実践的な馬の看護や健康管理も経験する。現在は、それまでの経験を生かして動物をテーマにした作家活動に専念。著作の多くは、さまざまな国で翻訳されている。主な著書に『世界で一番美しい猫の図鑑』『世界で一番美しい犬の図鑑』（ともにエクスナレッジ）、『Budget Horse and Pony Care（馬とポニーの飼育に必要な予算）』『The Horse: 30,000 Years of the Horse in Art（馬――その3万年の芸術史）』（ともに未邦訳）などがある。

【写真家】

アストリッド・ハリソン（Astrid Harrisson）

写真家。2008年初めにアルゼンチン北西部の高地にある牧場で働きながら、馬などの動物の写真を撮り始める。このときの経験は、エスタンシア（アルゼンチンの広大な牛の放牧場）の歴史に関する1冊の本の形で結実した。以後、米国やアンデス山麓、キューバ、スイス、モザンビーク、アイスランド、地中海に浮かぶミノルカ島など、世界各地で動物写真を撮り続けている。

【訳　者】

川岸 史（かわぎし・ふみ）

翻訳家。立教大学ドイツ文学科卒。主な訳書に『人生最後の食事』（シンコーミュージックエンタテイメント）、『フランケンウィニー ビジュアルブック』（小学館集英社プロダクション）、『建築する動物』『夜行性動物写真集』（ともにスペースシャワーネットワーク）、『チャンスを逃さない技術』（日本実業出版社）など。映像翻訳、コミック翻訳、『通訳・翻訳ジャーナル』でのコラム執筆も行う。

世界で一番美しい馬の図鑑

2017年9月1日　初版第1刷発行
2022年1月31日　　第3刷発行

著　者　タムシン・ピッケラル
写真家　アストリッド・ハリソン
訳　者　川岸 史
発行者　澤井聖一
発行所　株式会社エクスナレッジ
〒106-0032 東京都港区六本木 7-2-26
https://www.xknowledge.co.jp/

編　集　Tel：03-3403-1381 ／ Fax：03-3403-1345
mail：info@xknowledge.co.jp
販　売　Tel：03-3403-1321 ／ Fax：03-3403-1829